高等院校信息技术规划教材

网络安全实用技术
（第 3 版）

贾铁军		主　编
侯丽波　倪振松　张书台		副主编
刘巧红　李　洋　王喜德		

清华大学出版社

北　京

内 容 简 介

本书重点介绍网络安全实用技术。全书共 12 章,主要内容包括网络安全的威胁及发展态势;网络安全相关概念、内容和方法;网络协议安全及 IPv6 安全、网络安全体系结构与管理、无线网络安全;黑客攻防、入侵检测与防御;身份认证与访问控制、网络安全审计;密码及加密技术;网络病毒防范;防火墙应用;操作系统与站点安全、数据库安全;电子交易安全、网络安全新技术及解决方案等,涵盖"攻(攻击)、防(防范)、测(检测)、控(控制),管(管理)、评(评估)"等常用技术和应用及同步实验,体现"教、学、练、做、用一体化"。以"项目分析、任务驱动、知识拓展、实现提升"展开,并提供微课视频等资源。

本书可作为高等院校计算机类、电子信息类、电子商务类、工程和管理类等专业的网络安全相关课程的教材,也可作为人员培训及自学参考用书。

图书在版编目(CIP)数据

网络安全实用技术/贾铁军主编.—3 版.—北京:清华大学出版社,2020.3 (2021.8重印)
高等院校信息技术规划教材
ISBN 978-7-302-54696-2

Ⅰ.①网… Ⅱ.①贾… Ⅲ.①计算机网络-安全技术-高等学校-教材 Ⅳ.①TP393.08

中国版本图书馆 CIP 数据核字(2019)第 296734 号

责任编辑:白立军 杨 帆
封面设计:常雪影
责任校对:焦丽丽
责任印制:宋 林

出版发行:清华大学出版社
　　　　网　　址:http://www.tup.com.cn,http://www.wqbook.com
　　　　地　　址:北京清华大学学研大厦 A 座　　　　邮　　编:100084
　　　　社 总 机:010-62770175　　　　　　　　　邮　　购:010-83470235
　　　　投稿与读者服务:010-62776969,c-service@tup.tsinghua.edu.cn
　　　　质量反馈:010-62772015,zhiliang@tup.tsinghua.edu.cn
　　　　课件下载:http://www.tup.com.cn,010-83470236
印 装 者:三河市龙大印装有限公司
经　　销:全国新华书店
开　　本:185mm×260mm　　印　　张:23.5　　字　　数:543 千字
版　　次:2015 年 6 月第 1 版　　2020 年 5 月第 3 版　　印　　次:2021 年 8 月第 3 次印刷
定　　价:59.00 元

产品编号:083679-01

进入 21 世纪现代信息化社会,随着各种网络技术的快速发展和广泛应用,很多网络安全问题也随之而来,致使网络安全技术的重要性更加突出。网络安全已经成为各国关注的焦点,不仅关系到国家安全和社会稳定,也关系到机构及个人用户的信息资源和资产安全。作为热门研究和人才需求的新领域,必须在法律、管理、技术、教育各方面采取切实可行的有效措施,才能确保网络建设与应用"又好又快"发展。

网络空间已经逐步发展成为继陆、海、空、天之后的第五大战略空间,是影响国家安全、社会稳定、经济发展和文化传播的核心、关键和基础。网络空间具有开放、异构、移动、动态、安全等特性,不断演化出下一代互联网、5G 移动通信网络、移动互联网、物联网等新型网络形式,以及云计算、大数据、社交网络等众多新型的服务模式。

网络安全已经成为世界热门研究课题之一,引起社会广泛关注。网络安全是系统工程,已经成为信息化建设和应用的首要任务。网络安全管理和技术涉及法律法规、政策、策略、规范、标准、机制、措施和对策等方面,它们是网络安全的重要保障。

信息、物资、能源已经成为人类社会赖以生存与发展的三大支柱和重要保障,信息技术的快速发展为人类社会带来深刻变革,电子商务、电子银行和电子政务的广泛应用,使计算机网络已经深入国家的政治、经济、文化和国防建设等各个领域,遍布现代信息化社会的工作和生活各个层面,数字化经济和全球电子交易一体化正在形成。网络安全不仅关系到国计民生,还与国家安全密切相关,不仅涉及国家政治、军事和经济各方面,而且关乎国家的安全和主权。随着信息化和网络技术的广泛应用,网络安全的重要性尤为突出。

网络安全是一门涉及计算机科学、网络技术、信息安全技术、通信技术、计算数学、密码技术和信息论等多学科的综合性交叉学科,是计算机与信息科学的重要组成部分,也是近 20 年发展起来的新兴学科。需要综合信息安全、网络技术与管理、分布式计算、人工智能等多个领域知识和研究成果，其概念、理论和技术正在不断发展完善之中。

随着信息技术的快速发展与广泛应用，网络安全的内涵在不断地扩展，从最初的信息保密性发展到信息的完整性、可用性、可控性和可审查性，进而又发展为"攻（攻击）、防（防范）、测（检测）、控（控制）、管（管理）、评（评估）"等多方面的基本理论和实施技术。

为满足高校计算机、电子信息、电子商务、工程及管理类本科生、研究生等高级人才培养的需要，我们在获得"上海市普通高校精品课程"和"上海市普通高等院校优秀教材奖"基础上，入选国家新闻出版广电总局的"十三五"国家重点出版物出版规划项目，并获教育部研究项目和"上海市高校优质在线课程建设项目"。编者多年在高校从事计算机网络与安全等领域的教学、科研及学科专业建设和管理工作，特别是多次在全国应邀为"网络空间安全专业核心课程"专任教师做报告，并为"全国网络安全高级研修班"讲学，主持过计算机网络安全方面的科研项目研究，积累了大量的宝贵实践经验，谨以此书奉献给广大师生和其他读者。

本书共分12章，介绍常用网络安全技术和应用及同步实验，主要包括网络安全的现状及态势；网络安全相关概念、内容和方法；网络协议安全及IPv6安全、网络安全体系结构及管理、无线网络安全；黑客攻防、入侵检测与防御；身份认证与访问控制、网络安全审计；密码及加密技术；计算机/手机病毒防范；防火墙技术及应用；操作系统与站点安全、数据库安全；电子交易安全、网络安全新技术及解决方案等。

本书结构：教学目标、项目分析、案例引导、任务驱动、知识拓展、项目实施、实际应用、项目小结、同步实验指导、练习与实践等，便于实践教学、课外延伸学习和网络安全综合应用与实践练习等，可根据专业选用。书中带 * 部分为选学内容。

本书重点介绍最新网络安全技术、成果、方法和实际应用，其特点如下。

（1）内容先进，结构新颖。吸收了国内外大量的新知识、新技术、新方法和国际通用准则。"教、学、练、做、用一体化"，注重科学性、先进性、操作性。图文并茂、学以致用。

（2）注重实用性和特色。坚持"实用、规范、突出特色"原则，突出实用及素质能力培养，以项目化任务驱动、案例教学和同步实验，将理论知识与实际应用有机结合。

（3）资源丰富，便于教学。通过上海市普通高校精品课程网站，提供多媒体课件、教学大纲和计划、电子教案、动画视频、同步实验及复习与测试等教学资源，便于实践教学、课外延伸和综合应用等。同时，还提供微课视频等资源。

本书由教育部研究项目、"十三五"国家重点出版物出版规划项目及上海市普通高校精品课程暨上海市高校优质在线课程负责人贾铁军教授任主编并编写第1、3、12章，侯丽波副教授（辽宁警察学院）任副主编并编写第2章，倪振松副教授（福建师范大学）任副主编并编写第6、8章，张书台（上海海洋大学）任副主编并编写第7、11章，刘巧红（上海健康医学院）任副主编并编写第4、5章，李洋（上海建桥学院）任副主编并编写第10章，王喜德（哈尔滨学院）任副主编并编写第9章。陈国秦、王坚等多位同仁和研究生对全书的文字、图表进行了校对、编排及资料核对，并完成了部分资源制作。

非常感谢清华大学出版社的大力支持和帮助，为本书的编写提供了许多重要帮助、指导意见和参考资料。并提出很好的重要修改意见和建议，同时，非常感谢对本书编写给予大力支持和帮助的院校及各界同仁。在本书编写过程中，编者参阅了大量的文献资料,在此向相关作者深表谢意!

　　由于网络安全技术涉及的内容比较庞杂,而且有关技术方法及应用发展快,知识更新迅速,加之编写时间比较仓促,编者水平及时间有限,书中难免存在不妥之处,敬请不吝赐教! 欢迎提出宝贵意见和建议。网课网址 https://next. xuetangx. com/course/shdjc08091001895/1510641。主编邮箱:jiatj@163. com。

编　者

2020 年 1 月于上海

目录

contents

项目 1

project 1

网络安全概述

"网络安全的核心是国家安全"。进入 21 世纪现代信息化社会,各种网络技术的快速发展和广泛应用,给企事业机构及个人用户的工作、交流和生活带来极大便利,但与此同时,网络安全问题更加突出。网络安全问题受到世界高度重视并成为人们关注的热点,既关系到国家安全和社会稳定,也关系到网络信息化与信息化建设的顺利发展,用户资产和信息资源的安全,并成为热门研究和人才需求的新领域。

重点:网络安全的概念、特点、目标、内容、模型和常用技术。

难点:网络安全的特点、因素分析,网络安全模型,构建虚拟局域网。

关键:网络安全的概念、特点、目标、内容和常用技术。

目标:掌握网络安全的概念、特点、目标及内容,了解网络安全面临的威胁及因素分析,掌握网络安全模型和常用技术,理解构建和设置虚拟局域网的操作方法。

1.1 项目分析 网络空间安全威胁分析

教学视频
课程视频
1.1-1

【引导案例】 全球相继出现很多网络安全严重事件:近几年,一些国家或地区先后发生网络信息战、黑客攻击企事业机构网站、几十亿客户信息被泄露、世界范围内的网络"勒索病毒"泛滥等,每年 98% 以上的网民用户曾遭遇或受到过电信网络诈骗短信等的骚扰。2016 年网络犯罪给全球造成了 4500 亿美元的损失,专家预计到 2021 年,这个数字可能增加到 1 万亿美元。因此,各种用户迫切希望掌握相关网络安全防范知识、技术和方法。

1.1.1 网络空间安全威胁及现状分析

特别理解
网络空间安
全基本概念

网络空间已经作为第五大战略空间,成为影响国家安全、社会稳定、经济发展、文化传播及人民生活的第一要素和重要安全保障,其安全性至关重要且急需解决。

（1）法律法规、安全意识和管理欠缺。世界各国在网络空间安全保护方面，制定的各种法律法规和管理政策等相对滞后、不完善且更新不及时。安全意识薄弱、管理失当。

（2）国内外或不同机构行业等网络安全标准和规范不统一。网络安全是一项系统工程，需要统一规范和标准进行需求分析、设计、实现及测评。

（3）政府机构与企业的出发点、思路和侧重点不同。政府机构注重对网络信息资源及网络安全的管理控制，如可管性和可控性；企业则注重其经济效益、可用性和可靠性。

（4）网络安全威胁及隐患增多。计算机、手机和电视等各种网络的开放性、交互性和分散性等特点，以及网络系统从设计到实现，自身存在的缺陷、安全漏洞和隐患，致使网络存在着巨大的威胁和风险，时常受到的侵扰、攻击、威胁和隐患也在增多，严重影响了正常的网络运行和实际应用。

【案例1-1】　网络战已经成为一种新的战场攻击方式。未来世界各国之间严重冲突的一种形式，特别是随着"万物互联的物联网"时代的到来，能源、基础设施、交通、医疗等领域也正在面临上升的网络战攻击风险。越来越多的国家开始把网络空间列为未来重要的国防空间。据新华社消息，美国总统特朗普2017年8月18日宣布，将美军网络司令部升级为美军第十个联合作战司令部，地位与美国中央司令部等主要作战司令部持平。这意味着，网络空间正式与海洋、陆地、天空和太空并列成为美军的第五战场，令人担忧网络空间军事化趋势已经开始加剧。

（5）网络安全技术和手段滞后。网络安全技术的研发及更新，通常滞后于现实出现的急需解决的网络安全问题，时常更新也不及时、不完善。

📖知识拓展
网络安全重要性及意义

（6）网络安全威胁新变化，黑客利益产业链惊人。移动安全、大数据、云安全、社交网络、物联网等成为新的攻击点。黑客利益产业链和针对性攻击范围广且不断增强。📖

【案例1-2】　黑客利益产业链严重。全球每天黑客的交易额数以亿元计，2017年中国的木马产业链收入上百亿元。湖北省某地警方破获一起制造传播具有远程控制功能的木马病毒网络犯罪团伙，是国内破获的首个产业链完整的木马犯罪案件。嫌疑人杨某等编写、贩卖木马程序。原本互不相识的几位犯罪嫌疑人，在不到半年的时间就非法获利近200万元。木马程序灰鸽子产业链如图1-1所示。

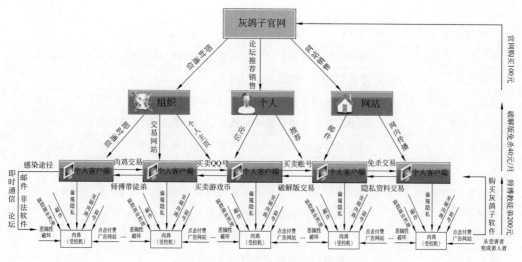

图 1-1　木马程序灰鸽子产业链

1.1.2　网络安全威胁的种类及途径

1. 网络安全威胁的主要类型

网络安全面临的威胁和隐患主要涉及人为因素、网络系统(含软硬件及数据资源)和运行环境等。网络安全威胁主要表现为非授权访问、窃听、黑客入侵、冒名顶替、病毒破坏、干扰系统正常运行、篡改或破坏数据等。网络安全威胁的主要类型有多种分法,按照对网络的威胁攻击方式大致可分为主动攻击和被动攻击两大类。📖

【案例 1-3】　全球网络安全威胁类型的数量剧增。网络安全咨询公司 Momentum Cyber 的调查数据显示,各种网络安全威胁类型的数量超过 100 万个,全球网络安全市场价值已经超过了 1200 亿美元。Cybersecurity Ventures 也预测,到 2021 年,网络犯罪成本每年将耗费 6 万亿美元,高于 2015 年的 3 万亿美元。网络安全领域充斥着各类亟待解决的问题。

常见的网络安全面临的主要威胁类型,如表 1-1 所示。

表 1-1　常见的网络安全面临的主要威胁类型

威胁类型	说　　明
非授权访问	通过口令、密码和系统漏洞等手段获取系统访问权
窃听	窃听网络传输信息

威胁类型	说　　明
篡改信息	攻击者对合法用户之间的通信信息篡改后,发送给他人
伪造文件	将伪造的文件信息发送给他人
窃取	盗取系统重要的软件或硬件、信息和资料
截获/删改	数据在网络系统传输中被截获、删除、修改、替换或破坏
病毒破坏	利用计算机木马病毒及恶意软件进行破坏或恶意控制他人系统
行为否认	通信实体否认已经发生的行为
拒绝服务攻击	攻击者以某种方式使系统响应减慢或瘫痪,阻止用户获得服务
截获信息	攻击者从有关设备发出的无线射频或其他电磁辐射中获取信息
人为疏忽	已授权人为了利益或由于疏忽将信息泄露给未授权人
信息泄露	信息被泄露或暴露给非授权用户
物理破坏	通过计算机及其网络或部件进行破坏,或绕过物理控制非法访问
讹传	攻击者获得某些非正常信息后,发送给他人
旁路控制	利用系统的缺陷或安全脆弱性的非正常控制
服务欺骗	欺骗合法用户或系统,骗取他人信任以便谋取私利
冒名顶替	假冒他人或系统用户进行活动
资源耗尽	故意超负荷使用某一资源,导致其他用户服务中断
消息重发	重发某次截获的备份合法数据,达到获取信任并非法侵权的目的
陷阱门	设置陷阱"机关"系统或部件,骗取特定数据以违反安全策略
媒体废弃物	利用媒体废弃物得到可利用信息,以便非法使用
信息战	为国家或集团利益,通过信息战进行网络干扰、破坏或攻击

2. 网络安全威胁的主要途径

全球各种计算机网络、手机网络、电视网络或物联网等其他网络被入侵攻击的事件频发,各种攻击的途径及种类各异且变化多端。随着网络技术和应用的不断发展扩大,大量网络系统的功能、网络资源和应用服务等已经成为黑客攻击的主要目标。目前,网络的主要应用包括电子交易、网上银行、股票证券、即时通信、邮件、网游、下载各种文件或单击链接等都存在大量的安全威胁和隐患。

【案例1-4】 中国是网络安全攻击的最大受害国。卡巴斯基发布2018年第二季度分布式拒绝服务(distributed denial of service,DDoS)攻击报告显示59%的攻击事件发生在中国,境内外网络犯罪集团或个人的攻击力度更大,其中大部分的攻击来自境外,而且,在攻击方法和手段上变得更加复杂多变并趋向于动态化、隐蔽化。

网络安全威胁的主要途径，可以用如图 1-2 所示的方式很直观地表示出来。

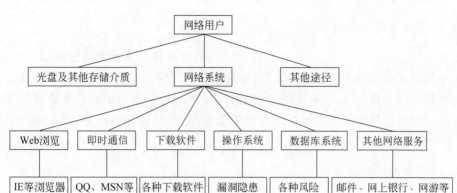

图 1-2　网络安全威胁的主要途径

1.1.3　网络安全风险及隐患分析

网络安全的风险及脆弱性涉及网络系统设计、结构、层次、范畴、应用和管理机制等方面，要做好网络安全防范，必须深入调研、分析和研究处理网络系统的安全风险及隐患。

1. 网络系统安全风险及隐患

（1）网络系统面临的安全风险。国际互联网在研发创建初期，仅限于计算和科研，其设计及技术基础并不安全。随着现代互联网的快速发展和广泛应用，使其具有开放性、国际性和自由性等特点，导致网络系统出现了一些安全风险和隐患，主要因素通常包括 8 方面：网络开放性隐患多、网络共享风险大、系统结构复杂有漏洞、身份认证难、边界难确定受威胁、传输路径与结点隐患多、信息高度聚集易受攻击、国际竞争加剧。📖

📖知识拓展
网络安全威胁
和风险加剧

【案例 1-5】　国际网络恶意活动会上升到战争水平。2018 年 7 月 24 日，美国网络司令部司令兼国家安全局(NSA)局长保罗·中曾根宣布，已成立一支小型专项小组，旨在解决某些国家给网络空间带来的威胁。中曾根表示，关于针对基础设施的攻击很可能升级成为真正的战争，必须采取一系列措施。

（2）网络服务协议的安全隐患。常用的互联网服务安全包括 Web 浏览服务安全、文件传输(FTP)服务安全、E-mail 服务安全、远程登录(TELNET)安全、DNS 域名安全和设备的实体安全。网络运行的机制基于网络协议，不同结点间的信息交换约定机制通过协议数据单元来实现。TCP/IP 在设计初期没考虑安全问题，只注重异构网的互连，Internet 的广泛应用对网络系统的安全威胁和风险增大。互联网基础协议 TCP/IP、

FTP、RPC（远程进程调用）和 NFS 等不仅公开，也都存在许多安全漏洞和隐患。

2. 操作系统的漏洞及隐患

操作系统安全（operation system security）是指各种操作系统本身及其运行的安全，通过其对网络系统软硬件资源的整体有效控制，并对所管理的资源提供安全保护。操作系统是网络系统中最基本、最重要的系统软件，设计与开发过程中的疏忽给其留下了漏洞和隐患。主要包括操作系统体系结构和研发漏洞、创建进程的隐患、服务及设置的风险、配置和初始化错误等。

3. 防火墙的局限性及风险

网络防火墙可以有效地阻止外部网基于 IP 包头的攻击和非信任地址的访问，但是无法阻止基于数据内容的黑客攻击和病毒入侵，也无法控制内部网的侵扰破坏等。其安全局限性还需要入侵检测系统（intrusion detection system，IDS）、入侵防御系统（intrusion prevention system，IPS）或统一威胁管理（unified threat management，UTM）等技术进行弥补，协助系统应对各种网络攻击，以扩展系统管理员的防范能力（包括安全检测、异常辨识、响应、防范和审计等）。

4. 网络数据库的安全风险

📖知识拓展
网络数据及
数据库安全

数据库安全不仅包括数据库系统本身的安全，还包括其中最核心、最关键的数据（信息）安全，需要确保业务数据资源的安全可靠和正确有效，确保数据的安全性、完整性和并发控制。数据库存在的不安全因素包括非法用户窃取数据资源，授权用户超出权限进行数据访问、更改和破坏等。📖

5. 网络安全管理及其他问题

网络安全是一项重要的系统工程，需要各方面协同管理。网络安全管理产生的漏洞和疏忽都属于人为因素，如果缺乏完善的相关法律法规、管理技术规范和安全管理组织及人员，缺少定期的安全检查、测试和实时有效的安全监控，将是网络安全的最大问题。

（1）相关法律法规和安全管理政策问题。网络安全相关的法律法规不健全，如管理体制、保障体系、机制、方式方法、权限、监控、管理策略、措施和审计等问题。

（2）管理漏洞和操作人员问题。主要是管理疏忽、失误、误操作及水平能力等。如系统安全配置不当所造成的安全漏洞，用户安全意识不强与疏忽，密码选择不慎等，都会对网络安全构成威胁。而疏于管理与防范，以及个别内部人员贪心邪念成为最大威胁。

实体安全、运行环境安全及传输安全是网络安全的重要基础。利用光缆、同轴电缆、微波、卫星通信等通信传播方式，防止电磁干扰及泄漏等各种安全问题。

1.1.4 网络空间安全威胁的发展态势

【案例 1-6】 **全球各种网络用户的数量和隐患急剧增加。** 据权威机构估计，到 2020 年年底，全球网络用户将上升至 50 亿户，移动用户将上升至 100 亿户。其中，中国互联网用户数量急剧增加，网民规模、宽带网民数、国家顶级域名注册量 3 项指标仍居世界第一。各种网络操作系统及应用程序的漏洞隐患不断出现，相比发达国家在网络安全技术、网络用户安全意识和防范能力都比较薄弱，更容易带来更多的网络安全威胁、隐患和风险。

国内外很多网络安全监管机构，对近几年各种网络安全威胁，特别是新出现的各种各样的网络攻击手段等多次进行过深入调查、分析和研究。发现各种网络攻击工具更加简单化、智能化、自动化，攻击手段更加复杂多变，攻击目标直指网络基础协议和操作系统，黑客培训更加广泛，甚至通过网络传授即可达到"黑客技术"速成。对网络安全监管部门、科研机构以及信息化网络建设、管理、开发、设计和用户，提出了新课题与新挑战。

中国电子信息产业发展研究院等研究机构，在对国内外网络安全问题进行认真分析和研究的基础上，提出未来网络空间安全威胁发展态势主要包括下述内容。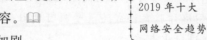

📖 知识拓展
2019 年十大
网络安全趋势

(1) 全球网络空间军备竞赛进一步加剧。

(2) 国际网络空间的话语权争夺更加激烈。

(3) 可能发生有组织的大规模网络攻击威胁增大。

(4) 移动互联网各种安全事件增加。

(5) 智能互连设备成为网络攻击的新目标。

(6) 各种网络控制系统的安全风险加大。

(7) 可能发生大规模网络信息泄露事件。

(8) 网络安全事件造成更大损失。

(9) 网络信息安全产业高速发展。

☺讨论思考

(1) 为何说网络存在着安全漏洞和隐患？

(2) 网络安全面临的主要威胁类型和途径有哪些？

(3) 网络安全的风险及隐患具体有哪些？

(4) 网络空间安全威胁的发展态势是什么？

1.2 任务1 网络安全的概念和内容

1.2.1 目标要求

本任务主要学习目标的具体要求如下。

（1）熟悉信息安全和网络安全等相关基本概念。
（2）掌握网络安全的主要目标及特点。
（3）理解网络安全涉及的内容及侧重点。

1.2.2 知识要点

【案例1-7】 2017年近80％网友曾遭遇电信网络诈骗。2016年前10个月，全国共破获电信诈骗案件9.3万起，收缴赃款、赃物价值人民币23.8亿元，为群众挽回经济损失48.7亿元。2015年，全国电信网络诈骗案发生59万余起，被骗222亿元。2016年，山东省女大学生被骗近万元学费导致猝死、某教授被骗上千万元等案件，使电信网络诈骗案件成为最受瞩目的社会热点之一。公安等相关部门为破解这个多年顽疾进行重点整治。

随着信息化建设和IT技术的快速发展，各种网络应用更加广泛深入，网络信息安全更加重要。

1. 网络安全的概念、目标和特点

由于全球现代社会信息化的快速发展和广泛应用，网络安全知识技术方法更新很快，尚无统一定义。

1）信息安全、网络安全及网络空间安全的概念

中国工程院沈昌祥院士，对信息安全（information security）的定义：保护信息和信息系统不被非授权访问、使用、泄露、修改和破坏，为信息和信息系统提供保密性、完整性、可用性、可控性和不可否认性（可审查性）。信息安全的实质是保护信息系统和信息资源免受各种威胁、干扰和破坏，即保证信息的安全性。主要目标是防止信息被非授权泄露、更改、破坏或使信息被非法的系统辨识与控制，确保信息的保密性、完整性、可用性、可控性和可审查性（信息安全五大特征）。📖

我国在《计算机信息系统安全保护条例》中对信息安全的定义：计算机信息系统的安全保护，应当保障计算机及其相关的配套设备、设施（含网络）的安全，运行环境的安全，保障信息的安全，保障计算机功能的正常发挥，以维护计算机信息系统安全运行。

国际标准化组织（ISO）对于信息安全提出的定义：为数据处理系统建立和采取的技术及管理保护，保护计算机硬件、软件、数据信息不因偶然及恶意的原因而遭到破坏、更改和泄露。

网络安全（network security）是指利用各种网络技术、管理和控制等措施，保证网络系统和信息的保密性、完整性、可用性、可控性和可审查性受到保护，即保证网络系统的硬件、软件及系统中的数据资源得到完整、准确、连续运行与服务，不受干扰破坏和非授权使用。ISO/IEC 27032—2012 的网络安全的定义则是指对网络的设计、实施和运营等过程中的信息及其相关系统的安全保护。

📖知识拓展
网络安全涉及的内容

🖱注意：网络安全不仅限于计算机网络安全，还包括手机网络、电视网络或物联网络等网络的安全。实际上，网络安全是一个相对性的概念，世界上没有绝对的安全，过分提高安全性不仅浪费资源和成本，而且也会降低网络传输速度等方面的性能。

网络空间安全（cyberspace security）是研究网络空间中的信息在产生、传输、存储、处理等环节中所面临的威胁和防御措施，以及网络和系统本身的威胁和防护机制。不仅包括传统信息安全所研究的信息的保密性、完整性和可用性，还包括构成网络空间的基础设施的安全和可信。需要明确信息安全、网络安全、网络空间安全概念之异同，三者均属于非传统安全，均聚焦于信息安全问题。网络安全及网络空间安全的核心是信息安全，只是出发点和侧重点有所差别。

2）网络安全的目标及特点

网络安全的目标是指在网络系统的信息（数据）采集、整理、传输、存储与处理的整个过程中，提高物理上、逻辑上的安全防护、监控、反应恢复和对抗的能力。网络安全的最终目标是通过各种技术与管理等手段，实现网络信息（数据）的保密性、完整性、可用性、可控性和可审查性。其中保密性、完整性、可用性是网络安全的基本要求。

网络安全包括两大方面：一是网络系统的安全；二是网络信息（数据）的安全。网络安全的最终目标和关键是保护网络信息的安全。网络信息安全的特征反映了网络安全的具体目标要求。

网络安全的主要特点包括整体性、动态性、开放性、相对性和共同性。

2. 网络安全的内容及侧重点

1）网络安全涉及的主要内容

通常，从技术上，网络安全的内容包括操作系统安全、数据库安全、网络站点安全、病毒防护、身份认证、访问控制、加密与鉴别等方面，具体内容将在以后章节中分别进行详细介绍。从层次结构上，也可将网络安全所涉及的内容概括为以下 5 方面：实体安全、系统安全、运行安全、应用安全和管理安全。网络空间安全内容及体系详见 3.2 节。其侧重点和保护范畴不尽相同。

广义的网络安全主要内容如图 1-3 所示。依据网络信息安全法律法规，以实体安全为基础，以管理安全和运行安全保障系统安全、网络安全（狭义）和应用安全及正常运行与服务。网络安全具体内容及其相互关系如图 1-4 所示。

图 1-3　网络安全的主要内容

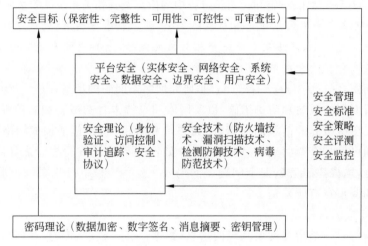

图 1-4　网络安全具体内容及其相互关系

【案例 1-8】　国家网络与信息安全中心紧急通报：2017 年 5 月 12 日 20 时左右，新型"蠕虫"式勒索病毒爆发，目前已有 100 多个国家和地区的数万台计算机遭该勒索病毒感染，我国部分 Windows 系列操作系统用户已经遭到感染。请广大计算机用户尽快升级安装补丁，相关用户可打开并启用 Windows 防火墙，进入"高级设置"，禁用"文件和打印机共享"设置；或启用个人防火墙关闭 445 以及 135、137、138、139 等高风险端口。

2）网络安全的侧重点

网络安全涉及的内容包括技术和管理等多方面，需要相互补充、综合防范。技术方面主要侧重于如何防范外部非法攻击，管理方面则侧重于内部人为因素的管理。如何更有效地保护重要数据、提高网络系统的安全性已经成为必须解决的一个重要问题。

网络安全的关键及核心是确保网络系统中的信息安全，凡涉及网络信息的可靠性、保密性、完整性、有效性、可控性和可审查性的理论、技术与管理都属于网络安全的研究范畴，对不同人员或部门，网络安全内容的侧重点有所不同。

（1）网络安全工程人员从实际应用角度出发，更注重成熟的网络安全解决方案和新型网络安全产品，注重网络安全工程建设开发与管理、安全防范工具、操作系统防护技术和安全应急处理措施等。

（2）网络安全研究人员比较关注从理论上采用数学等方法精确描述安全问题的特征，通过安全模型等来解决具体的网络安全问题。

（3）网络安全评估人员关注的是网络安全评价标准与准则、安全等级划分、安全产品测评方法与工具、网络信息采集、网络攻击及防御技术和采取的有效措施等。

（4）网络管理员或安全管理员更关心网络安全管理策略、身份认证、访问控制、入侵检测、防御与加固、网络安全审计、网络安全应急响应和计算机病毒防治等安全技术和措施。主要职责是配置与维护网络，在保护授权用户方便快捷地访问网络资源的同时，必须防范非法访问、病毒感染、黑客攻击、服务中断和垃圾邮件等各种威胁，一旦系统遭到破坏，致使数据或文件造成损失，可以采取相应的应急响应和恢复等措施。

（5）国家安全保密人员关注网络信息泄露、窃听和过滤的各种技术手段，以避免涉及国家政治、军事、经济等重要机密信息的无意或有意泄露；抑制和过滤威胁国家安全的反动与邪教等意识形态信息传播，以免给国家的稳定带来不利的影响，甚至危害国家安全。

（6）国防军事相关人员更关心信息对抗、信息加密、安全通信协议、无线网络安全、入侵攻击、应急处理和网络病毒传播等网络安全综合技术，以此夺取网络信息优势、扰乱敌方指挥系统、摧毁敌方网络基础设施，打赢未来信息战争。

🗨️注意：所有网络用户都应关心网络安全问题，注意保护个人隐私和商业信息不被窃取、篡改、破坏和非法存取，确保网络信息的保密性、完整性、有效性和可审查性。

☺讨论思考

（1）什么是信息安全、网络安全？

（2）网络安全的目标和特点是什么？

（3）网络管理员或安全管理员对网络安全的侧重点是什么？

1.3 任务2 网络安全技术

教学视频
课程视频1.3

1.3.1 目标要求

本任务主要学习目标的具体要求如下。

（1）熟悉网络安全技术的相关概念和内涵。

（2）掌握网络安全常用技术的分类、用途及特点。

（3）理解网络安全模型的作用、种类和特点。

（4）了解网络系统安全生命周期模型。

1.3.2 知识要点

1. 网络安全技术相关概念

📖知识拓展
网络安全技术的内涵

网络安全技术（network security technology）是指为解决网络安全问题进行有效监控和管理，保障数据及网络系统安全的各种技术手段、机制和策略。主要包括实体安全技术、网络系统安全技术、数据安全技术、密码及加密技术、身份认证、访问控制、防恶意代码、检测防御、管理与运行安全技术等，以及确保安全服务和安全机制的策略等。📖

对网络系统的扫描、检测和评估，可以预测主体受攻击的可能性以及风险和威胁，比较受重视。由此可以识别检测对象的系统资源，分析被攻击的可能指数，了解系统的安全风险和隐患，评估所存在的安全风险程度及等级。国防、证券、银行等一些非常重要的网络对安全性的要求最高，不允许受到入侵和破坏，扫描和评估技术标准更为严格。

监控和审计是与网络安全密切相关的技术，通过对网络传输中可疑、有害信息或异常行为进行记录，为事后处理提供依据，威慑黑客且可提高网络整体安全性，如局域网监控可提供内部网异常行为监控机制。

2. 网络安全常用技术

在网络安全中，常用的主要技术可以归纳为三大类。

（1）预防保护类。主要包括身份认证、访问管理、加密、防恶意代码和加固。

（2）检测跟踪类。主体对网络客体的访问行为需要进行监控和审计跟踪，防止在访问过程中可能产生安全事故的各种举措。

（3）响应恢复类。网络或数据一旦发生安全事件，需要采取应急预案有效措施，确保在最短的时间内对其事件进行应急响应和备份恢复，尽快将其损失和影响降至最低。

> 【案例1-9】　某银行以网络安全业务价值链的概念，将网络安全的技术手段分为预防保护类、检测跟踪类和响应恢复类三大类，如图1-5所示。

图1-5　网络安全常用技术

常用的8种网络安全技术如下。

（1）身份认证（identity and authentication）。通过网络身份的一致性确认，保护网络授权用户的正确存储、同步、使用、管理和控制，防止他人冒用或盗用的技术手段。

（2）访问管理（access management）。保障授权用户在其权限内对授权的资源进行正当的访问，防止未经授权访问的措施。

（3）加密（encryption）。加密技术是最基本的网络安全手段，包括加密算法、密钥长度确定，以及密钥整个生命周期（生成、分发、存储、输入输出、更新、恢复、销毁等）安全措施和管理等。

（4）防恶意代码（anti-malicode）。通过建立计算机病毒的预防、检测、隔离和清除机制，预防恶意代码入侵，迅速隔离查杀已感染病毒，识别并清除网内恶意代码。

（5）加固（hardening）。对系统漏洞及隐患采取的一种安全防范措施，主要包括安全性配置、关闭不必要的服务端口、系统漏洞扫描、渗透性测试、安装或更新安全补丁及增设防御功能和对特定攻击的预防手段等，提高系统自身的安全。

（6）监控（monitoring）。通过监控用户的各种访问行为，确保对网络访问过程安全的技术手段。

（7）审计跟踪（audit trail）。对网络系统异常访问、探测及操作等相关事件进行及时核查、记录和追踪。利用多项审计跟踪不同活动。

（8）备份恢复（backup and recovery）。为了在确保网络系统出现异常、故障、入侵等意外事故时，能够及时恢复系统和数据而进行的预先备份等技术手段。备份恢复技术主要包括4方面：备份技术、容错技术、冗余技术和不间断电源保护。

3. 网络空间安全新技术

（1）智能移动终端恶意代码检测技术。针对智能移动终端恶意代码研发的新型恶意代码检测技术，是在原有个人计算机（PC）已有的恶意代码检测技术的基础上，结合智能移动终端的特点引入的新技术。在检测方法上分为动态检测和静态检测。

（2）可穿戴设备安全防护技术。一是生物特征识别技术，英特尔等将其应用于可穿戴设备，可穿戴设备可以对用户的身份进行验证，若验证不通过将不提供服务；二是入侵检测与病毒防御工具，在设备中引入异常检测及病毒防护模块。

（3）云存储安全技术。①云容灾技术。用物理隔离设备和特殊算法，实现资源的异地分配。当设备意外损毁，可利用储存在其他设备上的冗余信息恢复出原数据。②可搜索加密与数据完整性校验技术。可通过关键字搜索云端的密文数据。③基于属性的加密技术。支持一对多加密模式，在基于属性的加密系统中，用户向属性中心提供属性列表信息或访问结构，属性中心返回给用户私钥。

（4）后量子密码。量子计算机的快速并行计算能力，可将计算难题化解为可求解问题。

4. 网络安全常用模型

利用网络安全模型可以构建网络安全体系和结构，进行具体的网络安全方案的制定、规划、设计和实施等，也可以用于实际应用网络安全实施过程的描述和研究。

（1）网络安全 PDRR 模型。常用的描述网络安全整个过程和环节的网络安全模型为 PDRR 模型：防护（protection）、检测（detection）、响应（response）和恢复（recovery），如图 1-6 所示。

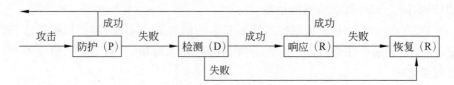

图 1-6　网络安全 PDRR 模型

在此模型的基础上，以"检查准备（inspection）、防护加固（protection）、检测发现（detection）、快速反应（reaction）、确保恢复（recovery）、反省改进（reflection）"的原则，经过改进得到另一个网络系统安全生命周期模型——IPDRRR 模型，如图 1-7 所示。

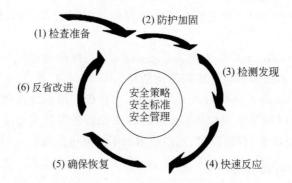

图 1-7　网络安全 IPDRRR 模型

（2）网络安全通用模型。利用互联网将数据报文从源站主机传输到目的站主机，需要协同处理与交换。通过建立逻辑信息通道，可以确定从源站经网络到目的站的路由及两个主体协同使用 TCP/IP 的通信协议。其网络安全通用模型如图 1-8 所示。此模型的不足是并非所有情况都通用。

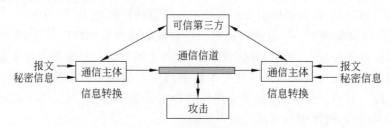

图 1-8　网络安全通用模型

对网络信息进行安全处理，需要可信第三方进行两个主体在报文传输中的身份认证。构建网络安全系统时，网络安全模型的基本任务主要有 4 个：选取一个秘密信息或报文；设计一个实现安全的转换算法；开发一个分发和共享秘密信息的方法；确定两个主体使用的网络协议，以便利用秘密算法与信息实现特定的安全服务。

（3）网络访问安全模型。在访问网络过程中，针对黑客攻击、病毒侵入及非授权访问，常采用网络访问安全模型。黑客攻击可以形成两类威胁：一是访问威胁，即非授权用户截获或修改数据；二是服务威胁，即服务流激增以禁止合法用户使用。针对非授权访问的安全机制可分为两类：一是网闸功能，包括基于口令的登录过程可拒绝所有非授权访问，以及屏蔽逻辑用于检测、拒绝病毒和其他类似攻击；二是内部安全控制，若非授权用户得到访问权，第二道防线将对其进行防御，包括各种内部监控和分析，以检查入侵者。此模型如图 1-9 所示。

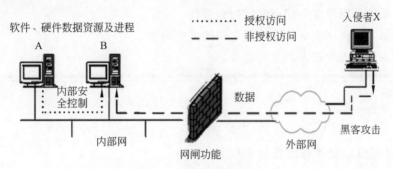

图 1-9　网络访问安全模型

（4）网络安全防御模型。网络安全的关键是预防，"防患于未然"是最好的保障，同时做好内部网与外部网的隔离保护。可以通过如图 1-10 所示的网络安全防御模型构建的系统保护内部网。

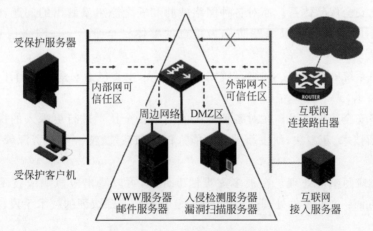

图 1-10　网络安全防御模型

☺讨论思考

（1）什么是网络安全技术？常用的网络安全技术有哪些？

（2）网络安全模型的作用是什么？主要有哪几个模型？

（3）概述网络系统安全生命周期模型。举例说明。

1.4　任务 3　网络安全建设的发展现状及趋势

1.4.1　目标要求

本任务主要学习目标的具体要求如下。

（1）了解国外网络安全建设发展的先进性。
（2）理解我国网络安全建设发展存在的主要问题。
（3）掌握网络安全技术的发展趋势。

1.4.2　知识要点

1. 国外网络安全建设的发展再现状

国外在网络安全发展建设方面的现状，主要体现在以下 7 方面。

（1）完善法律法规和制度建设。世界上很多发达国家从立法、管理、监督和教育等方面都采取了相应的有效措施，加强对网络的规范管理。一些国家以网络实名制进行具体的网络管理，为网络安全奠定了重要基础，同时也起到一定威慑作用。

（2）信息安全保障体系。面对各种网络威胁和安全隐患暴露出的问题，促使很多发达国家正在不断完善各种以深度防御为重点的整体安全平台——网络信息安全保障体系。

（3）网络系统安全测评。网络系统安全测评技术主要包括安全产品测评和基础设施安全性测评技术。

（4）网络安全防护技术。在对各种传统的网络安全技术进行更深入的探究的同时，创新和改进新技术、新方法，研发新型的智能入侵防御系统、统一威胁资源管理与加固等多种新技术。

（5）故障应急响应处理。在很多灾难性事件中，可以看出应急响应技术极为重要。主要包括 3 方面：突发事件处理（包括备份恢复技术）、追踪取证的技术手段、事件或具体攻击的分析。

（6）网络系统各种可靠性、生存及应急恢复机制和措施等。

【案例 1-10】　2001 年 9 月 11 日，美国国防部五角大楼遭到被劫持客机的撞击。由于利用网络系统生存措施和快速应急响应，使得在遭受重大袭击后仅几小时就成功地恢复其网络系统的主要功能，这得益于在西海岸的数据备份和有效的远程恢复技术。

（7）网络安全信息关联分析。美国等国家在捕获攻击信息和新型扫描技术等方面取得突破。面对各种复杂多变的网络攻击和威胁,仅对单个系统入侵检测和漏洞扫描,很难及时将不同安全设备和区域的信息进行关联分析,也不能快速准确地掌握攻击策略信息,而采用网络安全信息关联分析可以有效地克服上述缺点和不足。

2. 我国网络安全建设的发展现状

我国非常重视网络安全建设,并采取了一系列重大举措,其发展现状主要体现在以下 7 方面。

(1) 加强网络安全管理与保障。国家高度重视并成立"中央网络安全和信息化领导小组"(现为"中国共产党中央网络安全和信息化委员会"),同时进一步加强并完善了网络安全方面的法律法规、准则与规范、规划与策略、规章制度、保障体系、管理技术、机制与措施、管理方法和安全管理人员队伍及素质能力等。

(2) 安全风险评估和分析。以规范要求必须进行安全风险评估和分析,对现有网络也要定期进行,并及时采取有效措施进行安全管理和防范。

(3) 网络安全技术研究。我国对网络安全工作高度重视,《国家安全战略纲要》将网络空间安全纳入国家安全战略,并在国家重大高新技术研究项目等方面给予大量投入,在密码技术、可信计算和系统自主研发等方面取得重大成果。

(4) 网络安全测试与评估。我国测试与评估标准正在不断完善,测试与评估的自动化工具有所加强,测试与评估的手段不断提高,渗透性测试的技术方法正在增强,评估网络整体安全性进一步提高。

(5) 应急响应与系统恢复。应急响应能力是衡量网络系统生存性的重要指标。目前,我国应急处理的能力正在加强,缺乏系统性和完整性问题正在改善,对检测系统漏洞、入侵行为、安全突发事件等方面研究进一步提高。但我国在跟踪定位、现场取证、攻击隔离等方面技术研究和产品尚存不足。

在系统恢复方面以磁盘镜像备份、数据备份为主,以提高系统可靠性。系统恢复和数据恢复技术的研究仍显不足,应加强先进的远程备份、异地备份技术的研究,以及远程备份中数据一致性、完整性、访问控制等关键技术。

(6) 网络安全检测防御技术。网络安全检测防御是安全保障的动态措施,通过入侵检测、漏洞扫描等手段,定期对系统进行安全检测防御和评估,及时发现安全问题,进行安全预警和漏洞修补,防止发生重大信息安全事故。我国安全检测防御技术和方法正在改进,将入侵检测、漏洞扫描、路由等安全技术相结合,努力实现跨越多边界的网络攻击事件的检测、防御、追踪和取证。

(7) 密码新技术研究。我国在密码新技术研究方面取得一些国际领先成果。在深入进行传统密码技术研究的同时,重点进行量子密码等新技术的研究,主要包括两方面:一是利用量子计算机对传统密码体制进行分析;二是利用量子密码学实现信息加密和密钥管理。

3. 网络安全的发展趋势

网络安全的发展趋势主要体现在以下几方面。

(1) 网络安全技术不断提高。随着网络安全威胁的不断增加和变化,网络安全技术也在不断创新和提高，从传统安全技术向可信服务、深度包检测、终端安全管控和 Web 安全等新技术发展。同时，也不断出现一些云安全、智能检测、智能防御、加固、网络隔离、可信服务、虚拟化、信息隐藏和软件安全扫描等新技术。其中，可信服务是一个系统工程，包含可信计算技术、可信对象技术和可信网络技术，用于提供从终端到网络系统的整体安全可信环境。

（2）安全管理技术高度集成。网络安全技术优化集成已成趋势，如杀毒软件与防火墙的集成、虚拟专用网（VPN）与防火墙的集成、入侵检测系统（IDS）与防火墙的集成，以及安全网关、主机安全防护系统、网络监控系统等集成技术。

（3）新型网络安全平台。统一威胁管理可将各种威胁进行整体安全防护管理，是实现网络安全的重要手段，也是网络安全技术发展的一大趋势，已成为集多种网络安全防护技术一体化的解决方案，在保障网络安全的同时大量降低运维成本。这方面的技术主要包括网络安全平台、统一威胁管理工具和日志审计分析系统等。

（4）高水平的服务和人才。网络安全威胁的严重性及新变化对网络安全技术和经验要求更高，急需高水平的网络安全服务和人才。

（5）特殊专用安全工具。对网络安全影响范围广、危害大的一些特殊威胁，应采用特殊专用工具，如专门针对分布式拒绝服务（DDoS）攻击的防御系统，专门解决网络安全认证系统、授权与计费的认证系统、入侵检测系统等。

☺讨论思考

（1）国外网络安全建设的先进性主要体现在哪些方面？

（2）我国与国外在网络安全建设方面存在的主要差异有哪些？

（3）网络安全的发展趋势主要体现在哪几方面？

*1.5　任务拓展　实体安全与隔离技术

1.5.1　目标要求

本任务主要学习目标的具体要求如下。

（1）了解实体安全的相关概念和实体安全的目的。

（2）掌握实体安全的主要内容及相关安全措施。

（3）理解媒体安全与物理隔离技术和应用。

1.5.2　知识要点

1. 实体安全的概念及内容

1）实体安全的概念

实体安全（physical security）也称为物理安全，指保护计算机网络设备、设施及其他媒体免遭地震、水灾、火灾、有害气体和其他环境事故破坏的措施及过程。主要是对计算机及网络系统的环境、场地、设备和人员等方面采取的各种安全技术和措施。

实体安全是整个计算机网络系统安全的重要基础和保障。主要侧重环境、场地和设备的安全，以及实体访问控制和应急处置计划等。计算机网络系统受到的威胁和隐患，很多是与计算机网络系统的环境、场地、设备和人员等方面有关的实体安全问题。

实体安全的目的是保护计算机、网络服务器、交换机、路由器、打印机等硬件实体和通信设施免受自然灾害、人为失误、犯罪行为的破坏，确保系统有一个良好的电磁兼容工作环境，将有害的攻击进行有效隔离。

2）实体安全的内容及措施

实体安全的内容主要包括环境安全、设备安全和媒体安全 3 方面，主要指五项防护（简称五防）：防盗、防火、防静电、防雷击、防电磁泄漏。特别是应当加强对重点数据中心、机房、服务器、网络及其相关设备和媒体等实体安全的防护。

（1）防盗。由于网络核心部件是偷窃者的主要目标，而且这些设备存放大量重要资料，被偷窃所造成的损失可能远远超过计算机及网络设备本身的价值，因此，必须采取严格防范措施，以确保计算机、服务器及网络等相关设备不丢失。

（2）防火。网络中心的机房发生火灾一般是由于电器原因、人为事故或外部火灾蔓延等引起的。电气设备和线路因为短路、过载接触不良、绝缘层破坏或静电等原因，引起电打火而导致火灾。人为事故是指由于操作人员不慎，吸烟、乱扔烟头等，使存在易燃物质（如纸片、磁带、胶片等）的机房起火，当然也不排除人为故意放火。外部火灾蔓延是因外部房间或其他建筑物起火蔓延到机房而引起火灾。

（3）防静电。一般静电由物体间的相互摩擦、接触而产生，计算机显示器也会产生很强的静电。静电产生后，由于未能释放而保留在物体内会有很高的电位，其能量不断增加，从而产生静电放电火花，造成火灾，可能使大规模集成电器损坏。

（4）防雷击。由于传统避雷针防雷方式不仅增大雷击可能性，而且产生感应雷，可能使电子信息设备被损坏，也是易燃易爆物品被引燃起爆的主要原因。

（5）防电磁泄漏。计算机（服务器）及网络等设备在工作时会产生电磁发射。电磁发射主要包括辐射发射和传导发射。可能被高灵敏度的接收设备接收、分析、还原，造成信息泄露。

2. 媒体安全与物理隔离技术

1）媒体及其数据的安全保护

媒体及其数据的安全保护主要是指对媒体本身和媒体数据的安全保护。

（1）媒体安全。媒体安全主要指对媒体及其数据的安全保管，目的是保护存储在媒体上重要资料。

保护媒体安全的措施主要有两方面：媒体的防盗与防毁。其中，防毁指防霉和防砸及其他可能的破坏。

（2）媒体数据安全。媒体数据安全主要指对媒体数据的保护。为了防止被删除或被销毁的敏感数据被他人恢复，必须对媒体机密数据进行安全删除或安全销毁。

保护媒体数据安全的措施主要有 3 方面：①媒体数据的防盗，如防止媒体数据被非法复制；②媒体数据的销毁，包括媒体的物理销毁（如媒体粉碎等）和媒体数据的彻底销毁（如消磁等），防止媒体数据删除或销毁后被他人恢复而泄露信息；③媒体数据的防毁，如防止媒体数据的损坏或丢失等。

2）物理隔离技术

物理隔离技术是一种以隔离方式进行防护的手段。物理隔离技术的目的是在现有安全技术的基础上，将威胁隔离在可信网络之外，在保证可信网络内部信息安全的前提下，完成内外网络数据的安全交换。

（1）物理隔离的安全要求。物理隔离的安全要求主要有3点。📖

① 隔断内外网络传导。在物理传导上使内外网络隔断，确保外部网不能通过网络连接而侵入内部网，同时防止内部网信息通过网络连接泄露到外部网。

② 隔断内外网络辐射。在物理辐射上隔断内部网与外部网，确保内部网信息不会通过电磁辐射或耦合方式泄露到外部网。

③ 隔断不同存储环境。在物理存储上隔断两个网络环境，对于断电后会遗失信息的部件，如内存等，应在网络转换时做清除处理，防止残留信息出网；对于断电非遗失性设备，如磁带机、硬盘等存储设备，内部网与外部网信息要分开存储。

（2）物理隔离技术的3个阶段。

第一阶段：彻底物理隔离。利用物理隔离卡、安全隔离计算机和交换机使网络隔离，两个网络之间无信息交流，所以也就可以抵御所有的网络攻击，它们适用于一台终端（或一个用户）需要分时访问两个不同的、物理隔离的网络应用环境。

第二阶段：协议隔离。协议隔离是采用专用协议（非公共协议）来对两个网络进行隔离，并在此基础上实现两个网络之间的信息交换。协议隔离技术由于存在直接的物理和逻辑连接，仍然是数据包的转发，所以一些攻击依然会出现。

第三阶段：网闸隔离技术。主要通过网闸等隔离技术对高速网络进行物理隔离，使高效的内外网数据仍然可以正常进行交换，而且控制网络的安全服务及应用。

（3）物理隔离的性能要求。采取安全措施可能对性能产生一定影响，物理隔离将导致网络性能和内外网数据交换不便。

☺讨论思考

（1）实体安全的内容主要包括哪些？

（2）物理隔离的安全要求主要有哪些？

1.6   项 目 小 结

网络安全已经成为世界各国关注的焦点和热点问题，也成为专业人才急需的新领域。本项目主要结合典型案例概述了网络安全的威胁及发展态势、网络安全存在的问题、网络安全威胁的种类及途径，并对产生网络安全的风险及隐患的系统问题、操作系统漏洞、网络数据库问题、防火墙局限性、管理和其他各种因素进行了概要分析。着重介绍了信息安全的概念和属性特征，以及网络安全的概念、目标、内容和侧重点。

重点概述了网络安全技术的概念、网络安全常用技术（身份认证、访问管理、加密、防恶意代码、加固、监控、审计跟踪和备份恢复）和网络安全模型。介绍了国内外网络安全建设的发展现状，概要分析了国际领先技术、国内与国外存在的主要差异和网络安全技术的发展趋势。最后，概述了实体安全的概念及内容、媒体安全与物理隔离技术，以及网络安全实验前期准备所需的构建虚拟局域网的过程和主要方法等。

网络安全的最终目标和关键是保护网络系统的信息资源安全，做好预防是确保网络安全的最好举措。世界上并没有绝对的安全，网络安全是个系统工程，需要多方面互相密切配合、综合防范才能收到实效。

1.7　项目实施　实验 1　构建虚拟局域网

虚拟局域网（virtual local area network，VLAN）是一种将局域网设备从逻辑上划分成多个网段，从而实现虚拟工作组的数据交换技术，主要应用于交换机和路由器。虚拟机（virtual machine，VM）是运行于主机系统中的虚拟系统，可以模拟物理计算机的硬件控制模式，具有系统运行的大部分功能和部分其他扩展功能。虚拟技术不仅经济，而且可用于模拟具有一定风险性的与网络安全相关的各种实验或测试。

1.7.1　选做 1　VMware 虚拟局域网的构建

1. 实验目标

通过安装和配置虚拟机，并建立一个虚拟局域网，主要具有 3 个目的。

（1）为网络安全实验做准备。利用虚拟机软件可以构建虚拟局域网，模拟复杂的网络环境，可以让用户在单机上实现多机协同作业，进行网络协议分析等功能。

（2）网络安全实验可能对系统具有一定的破坏性，虚拟局域网可以保护物理主机和网络的安全。一旦虚拟系统瘫痪后，也可以在数秒内得到恢复。

（3）利用 VMware Workstation Pro 12（简称 VMware 12）虚拟机安装 Windows 10，可以实现在一台机器上同时运行多个操作系统，以及实现一些其他操作功能，如屏幕捕捉、历史重现等。

2. 实验要求和方法

1）预习准备

由于本实验内容是为后续的网络安全实验做准备，因此，最好提前做好虚拟局域网知识的预习或对有关内容进行一些了解。

（1）Windows 10 原版光盘镜像：Windows 10 开发者预览版下载（微软官方原版）。

（2）VMware 12 虚拟机软件下载：VMware Workstation Pro 12 正式版下载（支持 Windows 主机）。

2）注意事项及特别提醒

安装 VMware 时，需要将设置中的软盘移除，以免可能影响 Windows 10 的声音或网络。

由于网络安全技术更新快，技术、方法和软硬件产品种类繁多，可能具体版本和界面等方面不尽一致或有所差异。特别是在具体实验步骤中更应当多注重关键的技术方法，做到举一反三、触类旁通，不要死钻牛角尖，过分扣细节。

安装完成虚拟软件和设置以后，需要重新启动计算机才可正常进行使用。

实验用时：2学时（90～120分钟）。

3）实验方法

构建虚拟局域网的方法很多。可用 Windows 自带的连接设置方式，通过"网上邻居"建立，也可在 Windows Server 2016 运行环境下安装虚拟机软件。主要利用虚拟存储空间和操作系统提供的技术支持，使虚拟机上的操作系统通过网卡和实际操作系统进行通信。真实机和虚拟机可以通过以太网通信，形成一个小型的局域网环境。

（1）利用虚拟机软件在一台计算机中安装多台虚拟主机，构建虚拟局域网，可以模拟复杂的真实网络环境，让用户在单机上实现多机协同作业。

（2）虚拟局域网是个虚拟系统，当遇到网络攻击甚至造成系统瘫痪时，实际的物理网络系统并没有受到影响和破坏，所以虚拟局域网可在较短时间内得到恢复。

（3）在虚拟局域网上，可以实现在一台机器上同时运行多个操作系统。

3. 实验内容和步骤

VMware 是一款功能强大的桌面虚拟软件，可在安全、可移植的虚拟机中运行多种操作系统和应用软件，为用户提供同时运行不同的操作系统和进行开发、测试、部署新的应用程序的最佳解决方案。每台虚拟机相当于包含网络地址的 PC 建立 VLAN。

VMware 基于虚拟局域网技术，可为分布在不同范围、不同物理位置的计算机组建虚拟局域网，形成一个具有资源共享、数据传送、远程访问等功能的局域网。

利用 VMware 12 虚拟机安装 Windows 10，并可以建立虚拟局域网。

（1）安装 VMware 12。安装及选择新建虚拟机向导界面，如图 1-11 和图 1-12 所示。

图 1-11　VMware 12 安装界面

图 1-12 选择新建虚拟机向导界面

（2）在 VMware 的"新建虚拟机向导"界面，可以用磁盘或 ISO 映像在虚拟机中安装 Windows 10，分别如图 1-13 和图 1-14 所示。

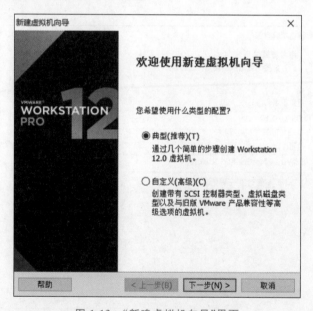

图 1-13 "新建虚拟机向导"界面

（3）借助 VMware，可以充分利用 Windows 10 最新功能（如私人数字助理 Cortana、新的 Edge 网络浏览器中的墨迹书写功能），还可以为 Windows 10 设备构建通用应用，甚至可以要求 Cortana 直接从 Windows 10 启动 VMware。

（4）设置虚拟机名称及虚拟机放置位置，如图 1-15 所示。

（5）配置虚拟机大小（磁盘空间需留有余地），如图 1-16 所示。

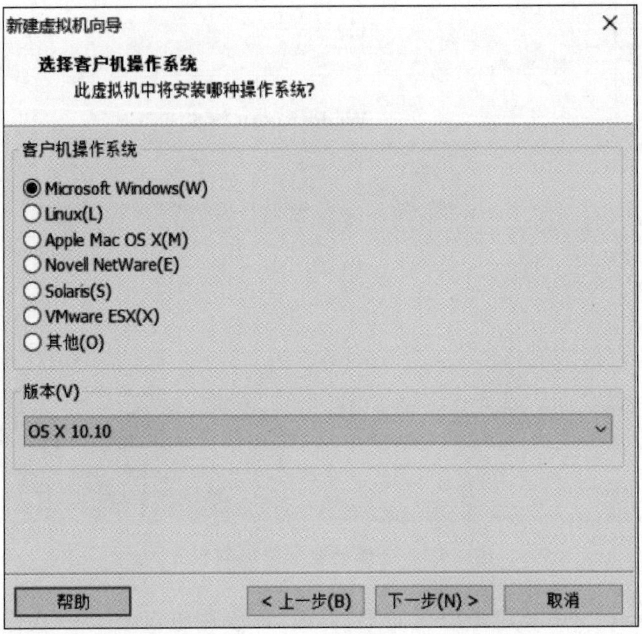

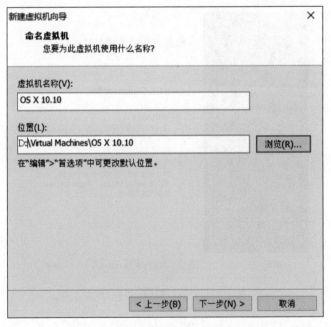

图 1-14　选择 Microsoft Windows 操作系统

图 1-15　设置虚拟机名称及放置位置

（6）完成虚拟机创建，启动虚拟机，如图 1-17 所示。可查看有关信息并处理有关问题。进入放置虚拟机的文件夹，找到扩展名为 vmx 的文件，用记事本打开，如图 1-18 所示，然后保存再重新启动。

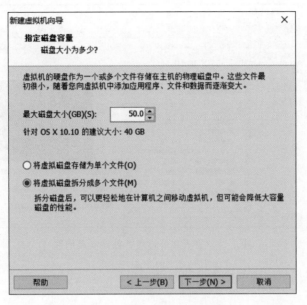

图 1-16 配置虚拟机大小界面

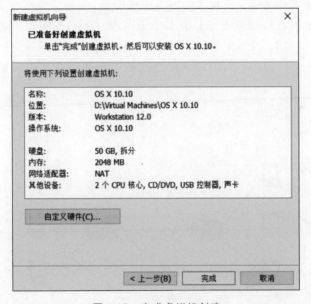

图 1-17 完成虚拟机创建

1.7.2 选做 2 虚拟局域网的设置和应用

1. 实验目的

(1) 进一步理解虚拟局域网的应用。

(2) 掌握虚拟局域网的基本配置方法。

图 1-18　查看有关信息并处理有关问题

（3）了解虚拟局域网中继协议（VTP）的应用。

2. 预备知识

虚拟局域网技术是网络交换技术的重要组成部分，也是交换机的重要进步之一。将物理上直接相连的网络从逻辑上划分成多个子网，如图 1-19 所示。每个 VLAN 对应一个广播域，只有在同一个 VLAN 中的主机才可直接通信，处于同一交换机但不同 VLAN 上的主机不能直接进行通信，不同 VLAN 之间的主机通信需要引入第三层交换技术才可解决。

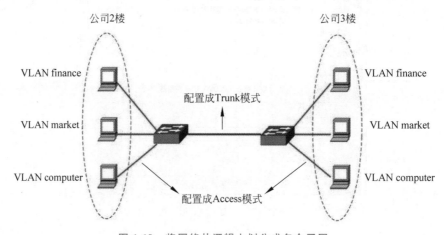

图 1-19　将网络从逻辑上划分成多个子网

3. 实验要求及配置

Cisco 3750 交换机、PC、串口线、交叉线等。

1）单一交换机 VLAN 的配置

（1）单一交换机 VLAN 的配置实现拓扑图如图 1-20 所示。

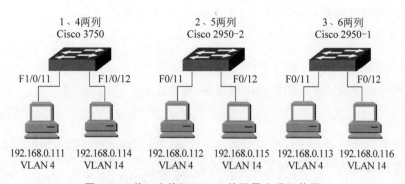

图 1-20 单一交换机 VLAN 的配置实现拓扑图

（2）将第 1、4 两列计算机连接到 Cisco 3750 交换机上为第 1 组，建立的 VLAN 为
VLAN 4、VLAN 14；2、5 两列计算机连接到 Cisco 2950-2 交换机上为第 2 组，建立的
VLAN 为 VLAN 4、VLAN 14；3、6 两列计算机连接到 Cisco 2950-1 交换机上为第 3 组，
建立的 VLAN 为 VLAN 4、VLAN 14。

（3）每组在建立 VLAN 前先行测试连通性，然后建立 VLAN，把计算机相连的端口
分别划入不同的 VLAN，再测试连通性，分别记录测试结果。

（4）删除建立的 VLAN 和 VLAN 划分，恢复设备配置。

2）跨交换机 VLAN 的配置

（1）跨交换机 VLAN 的配置实现拓扑图如图 1-21 所示，3 组交换机使用交叉线互连
后，配置 Trunk 链路。

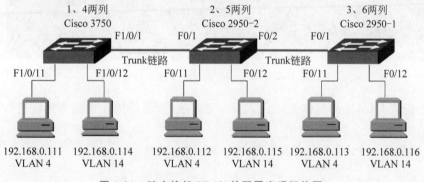

图 1-21 跨交换机 VLAN 的配置实现拓扑图

（2）测试相同 VLAN 主机间的连通性，并测试不同 VLAN 主机间的连通性，分别记
录测试结果。

（3）删除建立的 VLAN 和端口 VLAN 划分，恢复设备配置。

4. 实验步骤

主要介绍单一交换机 VLAN 的配置操作。

（1）测试两台计算机的连通性。在 Windows 里单击"开始"按钮，输入 cmd 进入命
令提示符界面，如图 1-22 所示。

① 组内两台计算机在命令提示符下互相 ping，观察结果。

② 如果显示如下信息：

```
Reply from 192.168.*.*: bytes=32 time<1ms TTL=128
```

说明与同组组员计算机间的网络层连通，若都显示：

```
Request timed out
```

通常表明与同组成员计算机在网络层未连通。在实验前组员间应该能互相 ping 通，若不通需要检查计算机的 IP 地址配置是否正确。

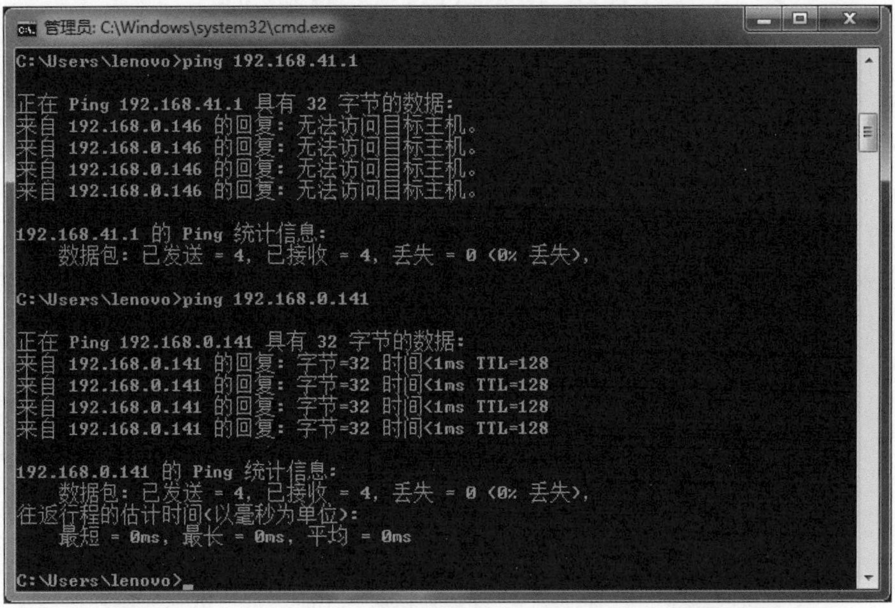

图 1-22　输入 cmd 进入命令提示符界面

（2）配置 VLAN 的具体方法。下面以第 3 组、第 1 行操作为例介绍配置 VLAN 的方法。

① 添加第一个 VLAN，并把端口划入 VLAN，如图 1-23 和图 1-24 所示。

```
L4-2590-1#conf  t
L4-2590-1 (config)#vlan 4                      //添加第一个 VLAN
L4-2590-1 (config-vlan)#name  V4               //为创建的 VLAN 命名为 V4
L4-2590-1 (config-vlan)#exit

L4-2590-1 (config-if)#int f0/11          //本组计算机连接的交换机端口,务必查看清楚
L4-2590-1 (config-if)#switchport mode access   //设置端口模式为 access
L4-2590-1 (config-if)#switchport access vlan 4 //将端口划入新建的 VLAN 中
L4-2590-1 (config-if)##exit
L4-2590-1 (config)#exit
```

图 1-23　添加第一个 VLAN 显示界面

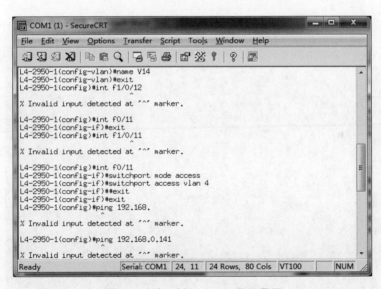

图 1-24　端口划入 VLAN 显示界面

在 DOS 下使用 ping 命令测试两台计算机的连通性,并且记录结果,如图 1-25 所示。

② 添加第二个 VLAN,并把端口划入 VLAN。

```
L4-2590-1 (config)#vlan 14
L4-2590-1 (config-vlan)#name  V14
L4-2590-1 (config-vlan)#exit
L4-2590-1 (config-if)#int f0/12
L4-2590-1 (config-if)#switchport mode access
L4-2590-1 (config-if)#switchport access vlan 14
L4-2590-1 (config-if)#end
```

图 1-25　添加第一个 VLAN 后测试两台计算机的连通性

在 DOS 下使用 ping 命令测试两台计算机的连通性，并且记录结果，如图 1-26 所示。

图 1-26　添加第二个 VLAN 后测试两台计算机的连通性

③ 检查配置。查看当前交换机已配置的端口，如图 1-27 所示。

（3）删除 VLAN 的过程和方法。

```
L4-2590-1#config t
L4-2590-1 (config) #int f0/11
L4-2590-1 (config-if)#no switchport access vlan 4          //端口重新划入 vlan 4
L4-2590-1 (config-if)#int f0/12
```

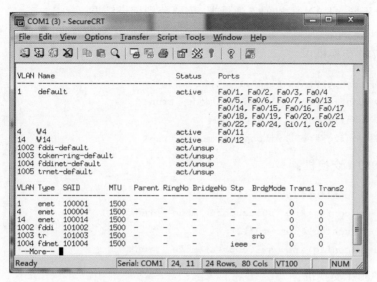

图 1-27 查看当前交换机已配置的端口

```
L4-2590-1 (config-if)#no switchport access vlan 14
L4-2590-1 (config)#no  vlan 4
L4-2590-1 (config)#no  vlan 14
```

在 DOS 下测试两台计算机的连通性,并且记录结果。

跨交换机 VLAN 的配置如下。

注意:两个交换机相连的端口分别配置 Trunk 封装。

Cisco 3750 交换机:

```
L1-3750 (config)#int  f1/0/11
L1-3750 (config)#switchport  mode  trunk
L1-3750 (config)#int  f1/0/12
L1-3750 (config)#switchport  mode  trunk
```

Cisco 2950-2 交换机:

```
L4-2950-2 (config)#int  f0/11
L4-2950-2 (config)#switchport  mode  trunk
L4-2950-2 (config)#int  f0/12
L4-2950-2 (config)#switchport  mode  trunk
```

Cisco 2950-1 交换机:

```
L4-2950-1 (config)#int  f0/11
L4-2950-1 (config)#switchport  mode  trunk
L4-2950-1 (config)#int  f0/12
L4-2950-1 (config)#switchport  mode  trunk
```

单一交换机的配置可以参考以上步骤,在 DOS 下使用 ping 命令分别测试相同

VLAN,对于不同 VLAN 主机的连通情况,需要分别记录结果。

删除 Trunk 封装。

Cisco 3750 交换机:

```
L1-3750 (config)# int  f1/0/11
L1-3750 (config)#no  switchport  mode  trunk
L1-3750 (config)# int  f1/0/12
L1-3750 (config)#no  switchport  mode  trunk
```

Cisco 2950-2 交换机:

```
L4-2950-2 (config)#int  f0/11
L4-2950-2 (config)#no  switchport  mode  trunk
L4-2950-2 (config)#int  f0/12
L4-2950-2 (config)#no  switchport  mode  trunk
```

Cisco 2950-1 交换机:

```
L4-2950-1 (config)#int  f0/11
L4-2950-1 (config)#no  switchport  mode  trunk
L4-2950-1 (config)#int  f0/12
L4-2950-1 (config)#no  switchport  mode  trunk
```

说明:项目实施方式方法。同步实验和课程设计的综合实践练习,采取理论教学以演示为主、实践教学先演示后实际操作练习的方式,"边讲边练,演练结合",更好地提高教学效果和学生的素质能力。

1.8 练习与实践 1

1. 选择题

(1) 计算机网络安全是指利用计算机网络管理控制和技术措施,保证在网络环境中数据的(   )、完整性、网络服务可用性和可审查性受到保护。

　　A. 保密性　　　　　　　　　　　　B. 抗攻击性

　　C. 网络服务管理性　　　　　　　　D. 控制安全性

(2) 网络安全的实质和关键是保护网络的(   )安全。

　　A. 系统　　　　　B. 软件　　　　　C. 信息　　　　　D. 网站

(3) 实际上,网络的安全包括两大方面的内容:一是(   );二是网络的信息安全。

　　A. 网络服务安全　　　　　　　　　B. 网络设备安全

　　C. 网络环境安全　　　　　　　　　D. 网络的系统安全

(4) 在短时间内向网络中的某台服务器发送大量无效连接请求,导致合法用户暂时无法访问服务器的攻击行为是破坏了(   )。

　　A. 保密性　　　　　B. 完整性　　　　　C. 可用性　　　　　D. 可控性

（5）如果某访问者有意避开网络系统的访问控制机制，则该访问者对网络设备及资源进行的非正常使用操作属于（　　）。

  A. 破坏数据完整性   B. 非授权访问

  C. 信息泄露   D. 拒绝服务攻击

（6）计算机网络安全是一门涉及计算机科学、网络技术、信息安全技术、通信技术、应用数学、密码技术和信息论等多学科的综合性学科，是（　　）的重要组成部分。

  A. 信息安全学科   B. 计算机网络学科

  C. 计算机学科   D. 其他学科

（7）实体安全包括（　　）。

  A. 环境安全和设备安全   B. 环境安全、设备安全和媒体安全

  C. 物理安全和环境安全   D. 其他方面

（8）在网络安全中，常用的关键技术可以归纳为（　　）三大类。

  A. 计划、检测、防范   B. 规划、监督、组织

  C. 检测、防范、监督   D. 预防保护、检测跟踪、响应恢复

2. 填空题

（1）计算机网络安全是一门涉及 _____、_____、_____、通信技术、应用数学、密码技术、信息论等多学科的综合性学科。

（2）网络信息安全的五大要素和技术特征，分别是 _____、_____、_____、_____、_____。

（3）从层次结构上，计算机网络安全所涉及的内容包括 _____、_____、_____、_____、_____五方面。

（4）网络安全的目标是在计算机网络的信息传输、存储与处理的整个过程中，提高 _____ 的防护、监控、反应恢复和 _____ 的能力。

（5）网络安全常用技术分别为 _____、_____、_____、_____、_____、_____、_____ 和 _____ 八大类。

（6）网络安全技术的发展趋势具有 _____、_____、_____、_____ 的特点。

（7）国际标准化组织（ISO）提出信息安全的定义：为数据处理系统建立和采取的_____ 保护，保护计算机硬件、软件、数据不因 _____ 的原因而遭到破坏、更改和泄露。

（8）利用网络安全模型可以构建 _____，进行具体的网络安全方案的制定、规划、设计和实施等，也可以用于实际应用过程的 _____。

3. 简答题

（1）威胁网络安全的因素有哪些？

（2）网络安全的概念是什么？

（3）网络安全的目标是什么？

（4）网络安全的主要内容包括哪些方面？

（5）简述网络安全的主要特点。

（6）网络安全的侧重点是什么？

（7）什么是网络安全技术？

（8）网络安全常用技术有哪些？

（9）画出网络安全通用模型，并进行说明。

（10）为什么说网络安全的实质和关键是网络信息安全？

4. 实践题

（1）安装、配置构建虚拟局域网（上机完成）：下载并安装一种虚拟机软件，配置虚拟机并构建虚拟局域网。

（2）下载并安装一种网络安全检测软件，对校园网进行安全检测并做简要分析。

（3）通过调研及参考资料，写一份网络安全威胁的具体分析报告。

项目 2
project 2

网络协议及无线网络安全

网络通过协议实现正常有序的通信,因此,网络安全保障需要加强网络协议、端口等重要基础的防范。正确地理解并掌握常用的网络协议的安全风险、网络端口的安全漏洞和隐患,以及虚拟专用网(VPN)安全技术和无线局域网(WLAN)相关技术及应用等,才能更有效地保证网络安全。

重点:虚拟专用网技术特点及应用,无线网络安全技术。

难点:网络协议的安全风险及 IPv6 的安全性,虚拟专用网技术特点及应用。

关键:虚拟专用网技术特点及应用,无线网络安全技术。

目标:了解网络协议安全风险及 IPv6 的安全性,掌握虚拟专用网技术特点及应用,掌握无线局域网安全技术及其安全设置方法。

2.1 项目分析 网络协议及无线网络的安全风险

教学视频
课程视频 2.1

【引导案例】 利用网络协议攻防成为信息战双方制胜的关键。2017 年《美国国防授权法》规定,将网络司令部升级为全面作战司令部。美国参谋长联席会议主席邓福德赞扬在太空、网络空间和电子战等领域增加预算的做法。美国安全局局长兼网络司令部司令迈克·罗杰斯继续推动预算增长。到 2018 年 9 月 30 日,美国 133 支网络部队全部达到全面作战水平。

2.1.1 网络协议风险及安全层次分析

1. 网络协议的安全风险

网络协议(protocol)是网络设备进行通信和数据交换建立的规则、标准或约定的集合。网络协议是各种网络上运行的服务器、计算机及其他终端、交换机、路由器、防火墙等设备之间通信规则的集合,是规定网络通信时信息必须采用的格式、含义和时序的一种通用语言。

网络体系层次结构参考模型主要有两种：开放系统互连（Open System Interconnection，OSI）参考模型和 TCP/IP 模型。国际标准化组织（ISO）的 OSI 参考模型共有 7 层，由低到高依次是物理层、数据链路层、网络层、传输层、会话层、表示层和应用层。其设计之初旨在为网络体系与协议发展提供一种国际标准，后来由于其过于庞杂，使 TCP/IP 成为 Internet 的基础协议和实际应用的网络标准。

📖 知识拓展
TCP/IP 及
其协议栈

TCP/IP 模型由低到高依次由网络接口层、网络层、传输层和应用层 4 部分组成。这 4 层体系和 OSI 参考模型的 7 层体系以及常用的相关协议的对应关系如图 2-1 所示。📖

OSI参考模型	TCP/IP模型	对应网络协议
应用层	应用层	TFTP、FTP、NFS、WAIS
表示层		TELNET、Rlogin、SNMP、Gopher
会话层		SMTP、DNS
传输层	传输层	TCP、UDP
网络层	网络层	IP、ICMP、ARP、RARP、AKP、UUCP
数据链路层	网络接口层	FDDP、Ethernet、Arpanet、PDN、SLIP、PPP
物理层		IEEE 802.1a、IEEE 802.2~ IEEE 802.11

图 2-1　OSI 参考模型和 TCP/IP 模型及常用的相关协议的对应关系

网络协议是实现网络连接与交互的重要组成部分。在各种网络中，需要依靠其协议实现各结点之间的互连通信与数据传输。在设计之初只注重异构网的互连与交互，忽略了安全性问题。而且，网络各层协议是一个开放体系，具有计算机网络及其部件所能够完成的基本功能，网络系统的开放性及缺陷增加了安全风险和隐患。

【案例 2-1】　卡巴斯基发布 2018 年第三季度分布式拒绝服务（DDoS）攻击报告显示 77.67% 攻击事件发生在中国。中国遭受攻击次数份额从 59.03% 飙升至 77.67%；美国重新夺回了第二名的位置，占比是 12.57%；澳大利亚位居第三，占比是 2.27%。其中，SYN Flood 从第一季度的 57.3% 和第二季度的 80.2% 增长到 83.2%，占据第一位，UDP Flood 位居第二位（11.9%），HTTP 仍然是第三位，TCP 和 ICMP 分别是第四位和第五位。

网络协议的安全风险主要有以下 3 方面。

（1）网络协议自身的设计缺陷和存在的漏洞隐患容易被利用。

（2）网络协议不具有有效的认证机制，不具有验证通信双方真实性的功能。

（3）网络协议缺乏保密机制，不具有保护网上数据机密性的功能。

2. TCP/IP 安全层次分析

1）网络接口层的安全性

TCP/IP 模型的网络接口层对应着 OSI 参考模型的物理层和数据链路层。物理层安全问题是指由网络环境及物理特性产生的网络设施和线路的安全问题，致使网络系统出现安全风险及隐患，如设备被盗、意外故障、设备损坏、信息探测与窃听等。物理层承担无线传输（射频无线信号传输和光传输）和有线（光纤、电话线、双绞线和同轴电缆等）传输的任务。物理层安全主要是利用通信设备和信道的物理特征，建立安全接入和保密通信体制。由于以太网上存在交换设备并采用广播方式，容易在某个广播域中被侦听、窃取并分析机密信息。为此，保护链路上的设施安全是网络安全的重要基础和前提，物理层的安全技术通常基于认证、信息的加密、抗干扰、安全管理和审计等实现。最好采用"物理隔离技术"，使任意网络间保证在逻辑上保持连通，并对内外网进行筛选过滤，加强实体安全管理与维护。📖

2）网络层的安全性

网络层的核心功能是对网络传输实现转发与路由，即将传输数据分组从路由器的输入端口转移到合适的输出端口，并确定分组从源端到目的端经过的路径。对该层攻击通常会发送滥用网络层首部字段数据、消耗网络层资源或隐藏针等。网络层攻击主要分为首部滥用、利用网络漏洞和带宽饱和等。📖

IP 是整个 TCP/IP 体系结构的重要基础，TCP/IP 中所有协议的数据都以 IP 包形式进行传输。

IPv4 和 IPv6 是 TCP/IP 协议族常用的两种 IP 版本。IPv4 在设计之初根本没有考虑网络安全问题，IP 包本身不具有任何安全特性，从而导致在网络上传输的数据包很容易被泄露或窃取，IP 欺骗和 ICMP 攻击都是针对 IP 层的攻击手段。如伪造 IP 包地址、拦截、窃取、篡改、重播等。所以，通信双方无法保证收到 IP 包的真实性。IPv6 简化了 IPv4 中的 IP 头结构，并增加了对安全性的设计。

3）传输层的安全性

传输层的安全主要包括传输与控制安全、数据交换与认证安全、数据保密性与完整性等。传输层有两种协议：传输控制协议（TCP）和用户数据报协议（UDP）。传输层在应用程序的端点之间传输应用层报文，端到端层面，传输层负责将应用层的数据分段，提供可靠或者不可靠的传输，还处理了端到端的差错控制和流量控制问题。TCP 是一种面向连接的、可靠的、基于字节流的通信协议，它完成传输层所指定的功能。UDP 是同一层内另一个重要的传输协议。在因特网协议族中，TCP 层是位于 IP 层之上、应用层之下的中间层。不同主机的应用层之间经常需要可靠的、像管道一样的连接，但是 IP 层不提供这样的流机制，而是提供不可靠的包交换。

知识拓展
SSL 协议及
其主要用途

TCP 是一个面向连接的协议,用于多数的互联网服务,如 HTTP、FTP 和 SMTP。Netscape 通信公司研发的安全套接层(secure socket layer,SSL)协议主要用于传输层数据认证、完整性和加密,现更名为传输层安全协议(transport layer security,TLS),主要包括 SSL 握手协议和 SSL 记录协议。📖

4）应用层的安全性

> **【案例 2-2】** 数百万台计算机感染"异鬼Ⅱ"木马。2017 年 8 月,腾讯电脑管家捕获一种恶性 Bootkit 木马,在较短时间,已有数百万台计算机感染这种病毒。该木马可以篡改多种网络浏览器主页、劫持导航网站,并在后台实施攻击且刷取上网流量,腾讯电脑管家的安全专家将其命名为"异鬼Ⅱ"木马,同时采取有效的安全防范措施,可以及时进行查杀过滤。

在应用层中,利用 TCP/IP 运行和管理的程序很多。网络安全问题主要出现在需要重点解决的常用应用协议,包括 HTTP、FTP、SMTP、DNS、TELNET 等。

（1）超文本传输协议（HTTP）。HTTP 是网络浏览器查看网页最常用的协议,使用 80 端口可能建立不安全连接,并进行应用程序及网页浏览、数据传输和服务。目前,很多网站浏览器在 HTTP 加入 SSL 协议,使用更安全的超文本传输安全协议(hypertext transfer protocol secure,HTTPS),通过加密和验证方式保证数据的完整性和机密性。

（2）文件传输协议（FTP）。FTP 是建立在 TCP/IP 连接上的文件发送与接收协议。由服务器和客户端组成,各 TCP/IP 主机都有内置的 FTP 客户端,而且多数服务器都有 FTP 程序。FTP 通常使用 20 和 21 端口,由 21 端口建立连接,使连接端口在整个 FTP 会话中保持开放,用于在客户端和服务器之间发送控制信息和客户端命令。

（3）简单邮件传输协议（SMTP）。黑客可以利用 SMTP 对 E-mail 服务器进行干扰和破坏等。

（4）域名系统（DNS）。黑客可以借助 DNS 解析域名的端口进行区域传输或借此攻击 DNS 服务器窃取区域文件,并从中窃取区域中所有系统的 IP 地址和主机名。

（5）远程登录（TELNET）协议。TELNET 协议的功能是进行远程终端登录访问,曾用于管理 UNIX 设备。允许远程用户登录是产生 TELNET 协议安全问题的主要原因,另外,TELNET 协议以明文方式发送所有用户名和密码,给非法者可乘之机,现已成为安全防范重点。

2.1.2　IPv6 的安全性问题

> **【案例 2-3】** IPv6 死亡之 ping。2016 年 5 月思科公司公布了旗下产品存在 IPv6 邻居恶意报文拒绝服务供给漏洞。该漏洞又称为 IPv6 死亡之 ping,经过 CVE

网站一段时间的搜索共可统计出 IPv6 相关漏洞 263 个，所有在处理过程或硬件中，无法在前期就丢弃这类数据包的 IPv6 处理设备，都会受到该漏洞的影响。

1. IPv6 的安全性问题

IPv6 使网络安全得到极大保障，但仍然存在一些安全性问题。主要概况如下。

（1）IPv6 原理和特征发生很大变化，避免了一些安全性问题，主要包括 4 方面。

① 侦测。庞大的地址空间可以从技术上解决实名制和用户身份溯源的问题。但是对 IPv6 网络进行类似 IPv4 的按照 IP 地址段进行网络侦查已变成不可能。

② 非授权访问。IPv6 下的访问控制同 IPv4 下情形类似，依赖防火墙或路由器访问控制列表（ACL）等控制策略，由地址、端口等信息实施控制。对地址转换型防火墙，外部网的终端看不到被保护主机的 IP 地址，使防火墙内部机器免受攻击，但是地址转换技术（NAT）和互联网络层安全协议（internet protocol security，IPSec）功能不匹配，所以在 IPv6 下，很难穿越地址转换型防火墙以 IPSec 进行通信。对包过滤型防火墙，若使用 IPSec 的 ESP，由于 3 层以上的信息不可见，更难进行控制。此外，由于 ICMPv6 对 IPv6 至关重要，如自动配置、重复地址检测等，需要对 ICMP 消息谨慎控制。

③ 篡改分组头部和分段信息。在 IPv4 网络中的设备和端系统都可以对分组进行分片，分片攻击通常用于两种情形：一是利用分片逃避网络监控设备，如防火墙和 IDS；二是直接利用网络设备中协议栈实现的漏洞，以错误的分片分组头部信息直接对网络设备发动攻击。IPv6 网络中的中间设备不再分片，由于多个 IPv6 扩展头的存在，防火墙很难计算有效数据报的最小尺寸，此时传输层协议报头还可能不在第一个分片分组内，从而使网络监控设备若不对分片进行重组，将无法实施基于端口信息的访问控制策略。📖

📖知识拓展
IPv6 地址
个数问题

④ 伪造源地址。在 IPv4 网络中，源地址伪造的攻击很多，对其防范主要有两类方法：一是基于事前预防的过滤类方法；二是基于事后追查的回溯类方法。

（2）同 IPv4 对比，仍然存在的安全性问题，可划分为 3 类：网络层以上的安全问题、与网络层数据保密性和完整性相关的安全问题和与网络层可用性相关的安全问题。例如，窃听攻击、应用层攻击、中间人攻击、洪泛攻击等。主要体现在以下 4 方面。📖

📖知识拓展
中间人攻击

① 网络层以上的安全问题。主要是各种应用层的攻击，其原理和特征没有变化。

② IPSec 已经成为 IPv6 的必要组成部分，数据接收方能够确认发送方的真实身份以及数据在传输过程中是否遭到改动。加密机制通过对数据进行编码来保证数据的机密性，但是 IPSec 由于密钥管理问题仍然难以广泛部署和实施，许多安全攻击发生在应用层而不是网络层，因此 IPv6 网络仍然面临许多安全问题。

③ 从 IPv4 到 IPv6 使用过渡协议，攻击者可能利用过渡协议的漏洞绕开安全监测，

使网络产生窃听或实现中间人攻击。

④ 由于海量的地址量，给网络安全监测带来难度。

2. 移动 IPv6 的安全性

移动 IPv6 是 IPv6 的一个重要组成部分，移动性是其最大的特点。引入的移动 IP 给网络带来新的安全隐患，应采取特殊安全措施。

📖知识拓展
对移动 IPv6
的其他攻击

（1）移动 IPv6 的特性。从 IPv4 到 IPv6 使移动 IP 技术发生根本性变化，IPv6 的许多新特性也为结点移动性提供了更好支持，如无状态地址自动配置和邻居发现等。而且，IPv6 组网技术极大地简化了网络重组，更有效地促进因特网的移动性。📖

📖知识拓展
虚假访问

（2）移动 IPv6 面临的安全威胁。移动 IPv6 基本工作流程只针对理想状态的互联网，并未考虑现实网络的安全问题。而且，移动性的引入也会带来新的安全威胁，如对报文的窃听、篡改、拒绝服务和虚假访问攻击等。因此，在移动 IPv6 的具体实施中须谨慎处理这些安全威胁，以免降低网络安全级别。📖

移动 IP 主要用于无线网络，不仅要面对无线网络所有的安全威胁，还要处理由移动性带来的新的安全问题，所以，移动 IP 相对有线网络更脆弱和复杂。另外，移动 IPv6 通过定义移动结点、归属代理（home agent，HA）和通信结点之间的信令机制，较好地解决了移动 IPv4 的三角路由问题，但在优化的同时也出现了新的安全问题。目前，移动 IPv6 受到的主要威胁包括拒绝服务攻击、重放攻击和信息窃取等。

2.1.3 无线网络的安全风险和隐患

随着无线网络技术的快速发展和广泛应用，其安全性问题更加突出并引起极大关注。无线网络的安全主要包括访问控制和数据加密两方面，访问控制保证机密数据只能由授权用户访问，而数据加密则要求发送的数据只能被授权用户所接收和使用。

【案例 2-4】 世界黑客钟爱攻击自动柜员机（ATM）。2016 年，欧洲至少 12 个地区的 ATM 遭到无线网络的攻击。泰国和巴基斯坦都有大量的针对 ATM 的黑客活动，而孟加拉国央行则经历了 SWIFT 被攻击所导致的 8100 万美元惊天大劫案。只要侵入其系统，就可以利用 ATM 进行自动提款。

无线网络在数据传输时以微波进行辐射传播，只要在无线接入点（access point，AP）和路由覆盖范围内，所有无线终端都可能接收到无线信号。AP 无法将无线信号定向到一个特定的接收设备，时常有无线网络用户被别人免费蹭网接入、盗号或泄密等，因此，无线网络的安全威胁、风险和隐患更加突出。

由于 WiFi 基于 IEEE 802.11 协议设计与实现缺陷等原因,致使无线网络存在着一些安全漏洞和风险,黑客可以进行中间人(man-in-the-middle)攻击、拒绝服务(DoS)攻击、封包破解攻击等。鉴于无线网络自身的特性,黑客很容易搜寻到网络接口,利用窃取的有关信息接入客户网络,肆意盗取机密信息或进行破坏。另外,企业员工对无线设备滥用也会造成安全风险和隐患。📖

知识拓展
IEEE 802.11
标准

☺讨论思考

(1) 网络协议的安全风险有哪些?

(2) 概述 TCP/IP 应用层的安全性。

(3) 移动 IPv6 面临的安全威胁有哪些?

2.2　任务 1　网络协议安全防范

教学视频
课程视频 2.2

2.2.1　目标要求

本任务主要学习目标的具体要求如下。

---

(1) 了解 TCP/IP 安全防范的层次体系。

(2) 掌握 IPv6 的主要优势及基本特点。

(3) 理解 IPv6 及其移动 IPv6 的安全机制。

2.2.2　知识要点

1. TCP/IP 安全防范的层次体系

　　TCP/IP 的安全性可以分为多层,每个安全层都是一个包含多个特征的实体。在 TCP/IP 的不同层次上,可以增加不同的安全策略和机制,以增强网络安全性。SSL 协议是为网络通信提供安全及数据完整性的一种安全协议。SSL 协议通过简单易用的方法实现信息远程连通。在网络层提供 VPN 技术,任何安装浏览器的机器都可以使用 SSL VPN,这是因为 SSL 协议内嵌在浏览器中,它不需要像传统 IPSec VPN 一样必须为每一台客户机安装客户端软件。IPSec 是一个协议包,通过对 IP 的分组进行加密和认证来保护 IP 的网络传输协议族(一些相互关联的协议的集合)。IPSec 用来提供入口对入口通信安全和端到端分组通信安全,其中任意一种模式都可以用来构建 VPN,而这也是 IPSec 最主要的用途之一。下面分别介绍 TCP/IP 不同层次的安全性及提高各层安全性的技术和方法,TCP/IP 安全防范的层次体系如图 2-2 所示。

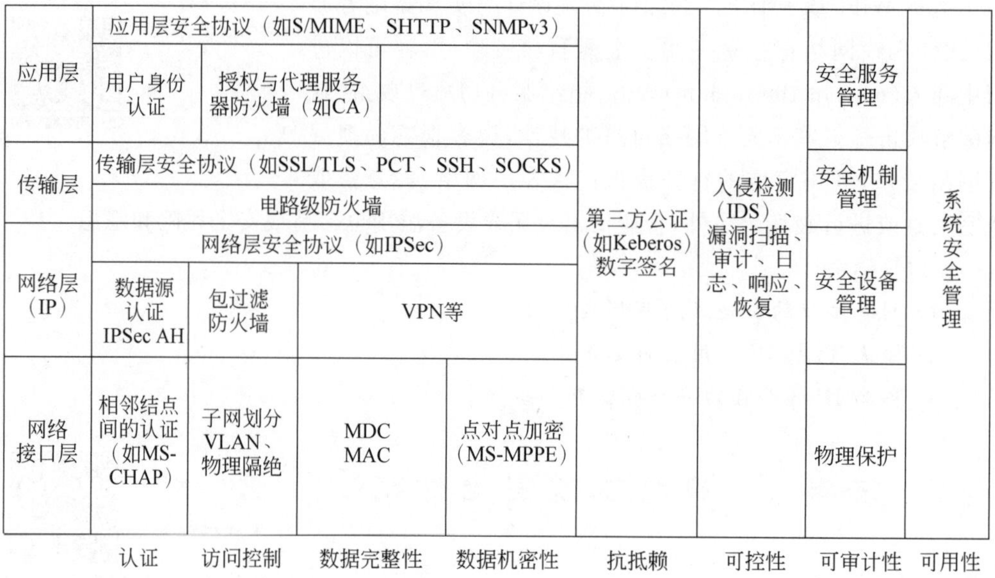

应用层	应用层安全协议（如S/MIME、SHTTP、SNMPv3）			第三方公证（如Keberos）数字签名	入侵检测（IDS）、漏洞扫描、审计、日志、响应、恢复	安全服务管理	系统安全管理
	用户身份认证	授权与代理服务器防火墙（如CA）					
传输层	传输层安全协议（如SSL/TLS、PCT、SSH、SOCKS）					安全机制管理	
	电路级防火墙						
网络层（IP）	网络层安全协议（如IPSec）					安全设备管理	
	数据源认证 IPSec AH	包过滤防火墙	VPN等				
网络接口层	相邻结点间的认证（如MS-CHAP）	子网划分VLAN、物理隔绝	MDC MAC	点对点加密（MS-MPPE）			物理保护	
	认证	访问控制	数据完整性	数据机密性	抗抵赖	可控性	可审计性	可用性

图 2-2　TCP/IP 安全防范的层次体系

2. IPv6 的优势及特点

IPv6 是在 IPv4 基础上改进的下一代互联网协议，对其研究和建设正逐步成为信息技术领域的热点之一，IPv6 的网络安全已成为新互联网研究中一个重要领域。

（1）扩展地址空间及应用。IPv6 最初是为了解决互联网快速发展使 IPv4 地址空间被耗尽的问题，以免阻碍互联网的进一步扩展，采用 IPv6 极大地扩展了 IP 地址空间。

IPv6 的设计还解决了 IPv4 的其他问题，如端到端 IP 连接、安全性、服务质量、组播、移动性和即插即用等功效。IPv6 还对报头进行了重新设计，由一个简化长度的固定的基本报头和多个可选的扩展报头组成，既可加快路由速度，又能灵活地支持多种应用，便于扩展新的应用。IPv4 和 IPv6 的报头格式分别如图 2-3 和图 2-4 所示。

版本（4位）	头长度（4位）	服务类型（8位）		封包总长度（16位）	
封包标识（16位）			标志（3位）	片段偏移地址（13位）	
存活时间（8位）		协议（8位）	校验和（16位）		
来源IP地址（32位）					
目的IP地址（32位）					
选项（可选）			填充（可选）		
数据					

图 2-3　IPv4 的 IP 报头

（2）提高网络整体性能。IPv6 的数据包可以超过 64KB，使应用程序可利用最大传输单元（MTU）获得更快、更可靠的数据传输，并在设计上改进了路由选择的结构，采用

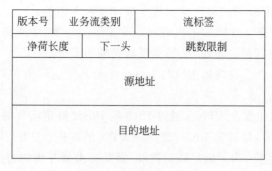

图 2-4　IPv6 的基本报头

简化的报头定长结构和更合理的分段方法,使路由器加快数据包处理速度,从而提高了转发效率,并提高了网络的整体吞吐量等性能。

(3) 提高网络安全性能。IPv6 内嵌安全机制要求强制实现 IPSec,提供支持数据源认证、完整性和保密性能力,同时可抗重放攻击。安全机制由两个扩展报头实现:认证头(authentication header,AH)和封装安全载荷(encapsulation security payload,ESP)。📖

(4) 提供更好的服务质量。IPv6 在分组的头部中定义业务流类别字段和流标签字段两个重要参数,以提供对服务质量(quality of service,QoS)的支持。业务流类别字段将 IP 分组的优先级分为 16 个等级。对于需要特殊 QoS 的业务,可在 IP 数据包中设置相应的优先级,路由器根据 IP 数据包的优先级来分别对这些数据进行不同处理。流标签用于定义任意一个传输的数据流,以便网络中各结点可对此数据进行识别与特殊处理。

(5) 实现更好的组播功能。组播是一种将信息传递给已登记且计划接收该消息的主机功能,可同时给大量用户传递数据,传递过程只占用一些公共或专用带宽而不在整个网络广播,以减少带宽。IPv6 还具有限制组播传递范围的一些特性,组播消息可被限制于特定区域、公司、位置或其他约定范围,从而减少带宽的使用并提高安全性。

(6) 支持即插即用和移动性。当连网设备接入网络后,以自动配置可自动获取 IP 地址和必要的参数,实现即插即用,简化了网络管理,易于支持移动结点。IPv6 不仅从 IPv4 中借鉴了很多概念和术语,还提供了移动 IPv6 所需的新功能。

(7) 提供必选的资源预留协议(resource reservation protocol,RSVP)功能。用户可在从源点到目的地的路由器上预留带宽,以便提供确保服务质量的图像和其他实时业务。

3. IPv6 的安全机制

(1) 协议安全。在协议安全层面,IPv6 全面支持 AH 认证和 ESP 扩展头。支持数据源发认证、完整性和抗重放攻击等。

（2）网络安全。IPv6 对网络安全实现主要体现在 4 方面。

① 实现端到端安全。在两端主机上对报文 IPSec 封装，中间路由器实现对有 IPSec 扩展头的 IPv6 报文进行封装传输，从而实现端到端的安全。

② 提供内部网安全。当内部主机与 Internet 上其他主机通信时，可通过配置 IPSec 网关实现内部网安全。

③ 由安全隧道构建安全 VPN。通过 IPv6 的 IPSec 隧道实现的 VPN，可在路由器之间建立 IPSec 安全隧道，是最常用的安全组建 VPN 的方式。IPSec 网关路由器实际上是 IPSec 隧道的终点和起点，为了满足转发性能，需要路由器专用加密加速板卡。

④ 以隧道嵌套实现网络安全。通过隧道嵌套的方式可获得多重安全保护，当配置 IPSec 的主机通过安全隧道接入配置 IPSec 网关的路由器，且该路由器作为外部隧道的终结点将外部隧道封装剥除时，嵌套的内部安全隧道便构成对内部网的安全隔离。

（3）其他安全保障。网络的安全威胁是多层面且分布于各层之间的。对物理层的安全隐患，可通过配置冗余设备、冗余线路、安全供电、保障电磁兼容环境和加强安全管理进行防护。

4. 移动 IPv6 的安全机制

移动 IPv6 采用 IPSec，可以为移动结点（mobile node，MN）与家乡代理（home agent，HA）之间的 IP 分组提供数据完整性和机密保护，保证 MN 与 HA 之间的信令是完整的，且满足一定的排序规则；IPSec 还提供时间戳和随机数对注册请求进行抗重放攻击；使用 IPSec 来提供通信双方的身份认证和数据加密保护，并且移动 IPv6 利用返回路由可达过程来验证 MN 的转交地址和家乡地址是否正确可达；利用绑定管理密钥计算验证代码，对绑定更新消息进行验证；移动结点和通信结点（correspondent node，CN）之间可以配置一个绑定管理密钥来保护绑定消息，该密钥与 MN 的家乡地址相联系，且必须使用配置成相同长度的移动 IPv6 返回路由可达过程中的输入消息作为密钥生成材料；利用 IPSec 保护 MN 和 HA 之间的通信消息，控制 MN 和 HA 之间交换的绑定更新和绑定确认报文；在移动 IPv6 中，可以使用其他标识符（例如，NAI、MNI、IMSI，或是特有应用的不透明标识符）替代 IPv6 地址来表示移动实体，它可以使用现有 AAA 服务器或

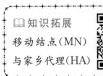

📖 知识拓展
移动结点（MN）
与家乡代理（HA）

家乡位置注册/认证中心来实现认证和授权，可以动态分配移动锚点和家乡地址，同时可以结合认证选项配合使用，在不使用 IKE/IPSec 认证的情况下，对绑定更新进行认证；通过使用 MN 与 HA 或家乡 AAA 服务器之间共享密钥实现身份认证；它通过在 MN 和 HA 之间的绑定更新和绑定确认报文中使用一种认证选项来实现，这种机制能使在没有集成 IPSec 的情况下，通过认证选项来保证绑定更新和绑定确认消息的安全。📖

☺讨论思考

（1）概述 TCP/IP 安全防范的层次体系。

（2）IPv6 的主要优势及基本特点有哪些？

（3）IPv6 及其移动 IPv6 的安全机制是什么？

2.3 任务2 无线网络安全技术

教学视频
课程视频 2.3

2.3.1 目标要求

本任务主要学习目标的具体要求如下。

(1) 理解无线网络的安全风险和隐患。
(2) 了解无线 AP 及网络路由器的安全。
(3) 理解用 IEEE 802.1x 进行身份认证的过程。
(4) 掌握无线网络安全技术应用和 WiFi 的安全防范。

2.3.2 知识要点

1. 无线 AP 及网络路由器的安全

1) 无线接入点安全

无线接入点用于实现无线客户端之间的信号互连和中继,其安全措施如下。

(1) 修改 admin 密码。无线 AP 与其他网络设备一样,也提供了初始的管理员用户名和密码,其默认用户名基本是 admin,而密码大部分为空或仍为 admin。

(2) WEP 加密传输。可通过有线等效保密(wired equivalent privacy,WEP)协议进行数据加密。其主要用途有 3 方面:一是防止数据被黑客途中恶意篡改或伪造;二是用 WEP 加密算法对数据进行加密,防止数据被黑客窃听;三是利用接入控制,防止未授权用户对其网络进行访问。

知识拓展
WEP 加密的
方式及功能

(3) 禁用 DHCP。启用无线 AP 的 DHCP 时,黑客可自动获取 IP 地址接入无线网络。禁用此功能后,黑客只能凭猜测破译 IP 地址、子网掩码、默认网关等,增强了无线 AP 的安全性。

(4) 修改 SNMP 字符串。必要时应禁用无线 AP 支持的 SNMP 功能,特别对于无专用网络管理软件且规模较小的网络。

(5) 禁止远程管理。对规模较小的网络,应直接登录到无线 AP 进行管理,无须开启 AP 的远程管理功能。

(6) 修改 SSID 标识。无线 AP 厂商可利用 SSID(初始化字符串),在默认状态下检验登录无线网络结点的连接请求,通过检验即可连接到无线网络。

(7) 禁止 SSID 广播。为了保证无线网络安全,应当禁用 SSID 通知客户端所采用的默认广播方式。可使非授权客户端无法通过广播获得 SSID,即无法连接到无线网络。

(8) 过滤 MAC 地址。利用无线 AP 的访问列表功能可精确限制连接到结点工作站。对不在访问列表中的工作站,将无权访问无线网络。

（9）合理放置无线 AP。无线 AP 的放置位置不仅能决定无线局域网的信号传输速度、通信信号强弱，还影响网络通信安全。

（10）WPA 用户认证。WiFi 保护接入（WiFi protected access，WPA）利用一种暂时密钥完整性协议（temporal key integrity protocol，TKIP）处理 WEP 所不能解决的各设备共用一个密钥的问题。

2）无线网络路由器安全

由于无线路由器位于网络边缘，面临更多安全危险。无线路由器不仅具有无线 AP 的功能，还集成了宽带路由器的功能，因此，可实现小型网络的 Internet 连接共享。通常，采用无线 AP 的安全策略、利用网络防火墙和实施 IP 地址过滤等安全策略。

2. IEEE 802.1x 身份认证

IEEE 802.1x 是基于 client/server 的访问控制和认证协议，它可以限制未经授权的用户/设备通过接入端口访问 LAN/WLAN。在获得交换机或 LAN 提供的各种业务之前，IEEE 802.1x 对连接到交换机端口上的用户/设备进行认证。在认证通过之前，IEEE 802.1x 只允许基于局域网的扩展认证协议（EAPoL）数据通过设备连接到交换机端口；认证通过以后，正常的数据可以顺利地通过以太网端口。

IEEE 802.1x 认证过程如下。

（1）无线客户端向 AP 发送请求，尝试与 AP 进行通信。

（2）AP 将加密数据发送给验证服务器进行用户身份认证。

📖知识拓展
IEEE 802.1x/
EAP 架构

（3）验证服务器确认用户身份后，AP 允许该用户接入。

（4）建立网络连接后授权用户通过 AP 访问网络资源。

使用 IEEE 802.1x 和可扩展认证协议（EAP）作为身份认证的无线网络可分为如图 2-5 所示的 3 个主要部分：请求者、认证者、认证服务器。📖

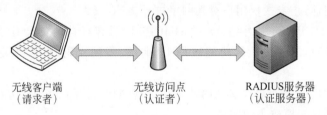

无线客户端　　　　　　无线访问点　　　　　　RADIUS服务器
（请求者）　　　　　　（认证者）　　　　　　（认证服务器）

图 2-5　使用 IEEE 802.1x 和 EAP 作为身份认证的无线网络

3. 无线网络安全技术应用

为了更好地发挥无线网络"有线速度、无线自由"的特性，根据长期积累的经验，针对各行业对无线网络的需求，AboveCable 公司制定了一系列安全方案，最大程度上方便用户构建安全无线网络，节省不必要的开支。

1）小型企业及家庭用户

小型企业和一般家庭用户使用的网络范围相对较小，且终端用户数量相对有限，AboveCable 公司的初级安全方案可满足对网络安全的需求，且投资成本低，配置方便，效果显著。此方案建议使用传统的 WEP 认证与加密技术，各种型号的 AP 和无线路由器都支持 64 位、128 位 WEP 认证与加密，以保证无线链路中的数据安全，防止数据被盗用。同时，由于这些场合的终端用户数量稳定且有限，手工配置 WEP 密钥也可行。

2）仓库物流、医院、学校和餐饮娱乐行业

在这些行业中，网络覆盖范围及终端用户数量增大，AP 和无线网卡的数量需要增多，同时安全风险及隐患也有所增加，仅依靠单一的 WEP 已无法满足其安全需求。AboveCable 公司的中级安全方案使用 IEEE 802.1x 认证技术作为无线网络的安全核心，并通过后台的 RADIUS 服务器进行用户身份验证，能够有效地阻止未经授权的接入。

对多个 AP 的管理问题，若管理不当也会增加网络的安全隐患。为此，需要产品不仅支持 IEEE 802.1x 认证机制，同时还支持 SNMP，在此基础上 AboveCable 公司还提供了 AirPanel Pro AP 集群管理系统，便于对 AP 的管理和监控。

3）公共场所及网络运营商、大中型企业和金融机构

在公共地区，如机场、火车站等，一些用户需要通过无线接入 Internet、浏览 Web 页面、接收 E-mail 等，对此安全可靠地接入 Internet 很关键。这些区域通常由网络运营商提供网络设施，对用户认证问题至关重要。否则，可能造成盗用服务等危险，为提供商和用户造成损失。AboveCable 公司提出使用 IEEE 802.1x 的认证方式，并通过后台 RADIUS 服务器进行认证计费。

对于大中型企业和金融机构，网络安全性是至关重要的问题。在使用 IEEE 802.1x 认证机制的基础上，为了更好地解决远程办公用户安全访问公司内部网络信息的要求，AboveCable 公司建议利用现有的 VPN 设施，进一步完善网络的安全性能。

4. WiFi 的安全防范

WiFi 又称 IEEE 802.11b 标准，是一种可以将终端（计算机、平板计算机和手机等）以无线方式互连的技术。它是由无线以太网相容联盟（Wireless Ethernet Compatibility Alliance，WECA）所发布的业界术语，用于改善基于 IEEE 802.11 标准的无线网络产品之间的互通性。WiFi 广泛应用于无线上网，支持智能手机、平板计算机和新型照相机等。实际上就是将有线网络信号转换成无线信号，使用无线路由器供支持其技术的相关计算机、手机、平板计算机等接收，以节省流量费。WiFi 信号也需要 ADSL、宽带、无线路由器等，WiFi 在手机上的应用包括查询或转发信息、下载、看新闻、拨 VoIP 电话（语音及视频）、收发邮件、实时定位、游戏等，很多机构都提供免费服务的 WiFi，如图 2-6 所示。

【案例 2-5】 WiFi 的安全性由于网银等事故频发备受关注。2015 年 10 月襄阳日报讯，市民王滔（化名）因在公共 WiFi 上进行网银操作，银行卡被犯罪分子盗刷 23.5 万元。所幸经过民警帮助，钱被全部追回。2015 年 4 月，美国审计总署（GAO）

在报告中表示，现有多数商业航空公司可访问互联网，让黑客控制飞机成为可能。报告称现代飞机拥有可被侵入并控制的约 60 个外部天线。

图 2-6　WiFi 的广泛应用

　　WiFi 可从 9 方面体现其特点：带宽、信号、功耗、便捷、节省、安全、融网、个人服务、移动特性。IEEE 启动项目计划将 IEEE 802.11 标准数据速率提高到千兆或几千兆，并通过 IEEE 802.11n 标准将数据速率提高，以适应不同的功能和设备，通过 IEEE 802.11s 标准将这些高端结点连接，形成类似互联网的具有冗余能力的无线网络。

　　WiFi 是由 AP 和无线网卡组成的无线网络，如图 2-7 所示。一般架设无线网络的基本配备就是无线网卡及一个 AP，便能以无线的模式，配合既有的有线架构来分享网络资源，架设费用和复杂程序远远低于传统的有线网络。一般对于只是几台计算机的对等网，也可以不使用 AP，只需要每台计算机配备无线网卡。AP 可作为"无线访问结点"或"桥接器"。主要当作传统的有线局域网与无线局域网之间的桥梁，因此任何一台装有无线网卡的 PC 均可通过 AP 去分享有线局域网甚至广域网络的资源。

图 2-7　WiFi 的基本原理及组成

WiFi 的工作原理相当于一个内置无线发射器的 hub 或者路由,而无线网卡则是负责接收由 AP 所发射信号的 client 端设备。AP 就像有线网络的 hub,有了它,无线工作站可快速与网络相连。特别是对于宽带的使用,WiFi 更显优势,有线宽带网络(ADSL、小区 LAN 等)到户后,连接到一个 AP,然后在计算机中安装一块无线网卡即可。若机构或家庭有 AP,用户获得授权后,就可以共享上网。

无线路由器密码破解的速度取决于软件和硬件,只要注意在设置密码时尽量复杂些,即可增强安全性。

☺讨论思考

(1) 无线网络的安全风险和隐患有哪些?

(2) 概述无线 AP 及网络路由器的安全。

(3) 无线网络安全技术应用方式有哪些?

2.4 任务拓展 虚拟专用网技术

2.4.1 目标要求

本任务主要学习目标的具体要求如下。

(1) 理解虚拟专用网的基本概念和系统结构。

(2) 掌握虚拟专用网的技术特点和实现技术。

(3) 理解虚拟专用网技术的实用解决方案。

2.4.2 知识要点

虚拟专用网(virtual private network,VPN)是在公用网络上建立专用网络的技术,基于安全网络协议的专用网络。整个 VPN 的任意两个结点之间的连接并没有传统专网所需的端到端的物理链路,而是架构在公用网络服务商所提供的网络平台之上的逻辑网络,用户数据在逻辑链路中传输。

1. VPN 的概念和系统结构

VPN 是利用 Internet 等公共网络的基础设施,通过隧道技术,为用户提供的与专用网络具有相同通信功能的安全数据通道。其中,虚拟是指用户不需要建立自己专用的物理线路,而是利用 Internet 等公共网络资源和设备建立一条逻辑上的专用数据通道,并实现与专用数据通道相同的通信功能。专用网络是指虚拟的专门逻辑连接的网络,并非任何连接在公共网络上的用户都能使用,只有经过授权的用户才可使用。该通道内传输的数据经过加密和认证,可保证传输内容的完整性和机密性。IETF 草案对基于 IP 网络的 VPN 的定义为利用 IP 机制模拟的一个专用广域网。

VPN 可通过特殊加密通信协议为 Internet 上异地企业内部网之间建立一条专用通信线路，而无须铺设光缆等物理线路。VPN 的系统结构如图 2-8 所示。

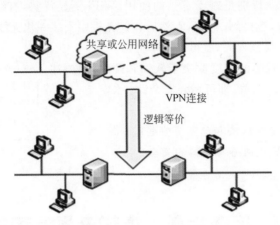

图 2-8　VPN 的系统结构

2. VPN 的技术特点

VPN 技术具有以下 5 个特点。

（1）安全性高。VPN 使用通信协议、身份验证和数据加密 3 方面技术保证了通信的安全性。

（2）费用低廉。远程用户可以利用 VPN 通过 Internet 访问公司局域网，而费用仅是传统网络访问方式的一部分，而且，企业可以节省购买和维护通信设备的费用。

（3）管理便利。构建 VPN 不仅只需很少的网络设备及物理线路，而且网络管理变得简单方便。不论分公司或远程访问用户，都只需要通过一个公用网络端口或 Internet 路径即可进入企业网络。关键是获得所需的带宽，网络管理的主要工作将由公用网承担。

（4）灵活性强。可支持通过各种网络的任何类型数据流，支持多种类型的传输媒介，可以同时满足传输语音、图像和数据等的需求。

（5）服务质量高。可为企业提供不同等级的服务质量（QoS）保证。不同用户和业务对服务质量的要求差别较大，如对移动用户，提供广泛连接和覆盖性是保证 VPN 服务的一个主要因素。对于拥有众多分支机构的专线 VPN，交互式内部企业网应用则要求网络能提供良好的稳定性。而视频等其他应用则对网络提出了更明确的要求，如网络时延及误码率等，这些网络应用均要求根据需要提供不同等级的服务质量。

3. VPN 实现技术概述

VPN 是在 Internet 等公共网络基础上，综合利用隧道技术、加解密技术、密钥管理技术和身份认证技术实现的。

(1) 隧道技术。隧道技术是 VPN 的核心技术，为一种隐式传输数据的方法。主要利用已有的 Internet 等公共网络数据通信方式，在隧道(虚拟通道)一端将数据进行封装，然后通过已建立的隧道进行传输。在隧道另一端进行解封装并将还原的原始数据交给端设备。在 VPN 连接中，可根据需要创建不同类型的 VPN 隧道，包括自愿隧道和强制隧道两种。

(2) 加解密技术。为了保障重要数据在公共网络传输的安全，VPN 采用了加密机制。常用的数据加密体系主要包括非对称加密体系和对称加密体系两类。通常利用非对称加密技术进行密钥协商和交换，利用对称加密技术进行数据加密。

(3) 密钥管理技术。密钥的管理极为重要。密钥的分发采用手工配置和密钥交换协议动态生成两种方式。手工配置要求密钥更新不宜频繁，否则会增加大量管理工作量，所以它只适合简单网络。软件方式动态生成密钥可用于密钥交换协议，以保证密钥在公共网络上安全传输。

(4) 身份认证技术。在 VPN 实际应用中，身份认证技术包括信息认证和用户身份认证。信息认证用于保证信息的完整性和通信双方的不可抵赖性，用户身份认证用于鉴别用户身份真实性。VPN 采用身份认证技术主要有 PKI 体系和非 PKI 体系。PKI 体系主要用于信息认证，非 PKI 体系主要用于用户身份认证。

4. VPN 技术的实用解决方案

在 VPN 技术实际应用中，对不同网络用户应提供不同的解决方案。这些解决方案主要分为 3 种：远程访问虚拟专用网(access VPN)、企业内部虚拟专用网(intranet VPN)和企业扩展虚拟专用网(extranet VPN)。

1) 远程访问虚拟专用网

通过一个与专用网相同策略的共享基础设施，可提供对企业内部网或外部网的远程访问服务，使用户随时以所需方式访问企业资源。如模拟、拨号、ISDN、数字用户线路(xDSL)、移动 IP 和电缆技术等，可安全地连接移动用户、远程工作者或分支机构。这种 VPN 适用于拥有移动用户或有远程办公需要的机构，以及需要提供与消费者安全访问服务的企业。远程身份认证拨号用户服务(remote authentication dial-in user service，RADIUS)服务器可对异地分支机构或出差外地的员工进行验证和授权，保证连接安全且降低电话费用。

2) 企业内部虚拟专用网

利用 intranet VPN 方式可在 Internet 上构建全球的 intranet VPN，企业内部资源用户只需连入本地 ISP 的接入点(point of presence，POP)即可相互通信，而实现传统 WAN 组建技术均需要有专线。利用该 VPN 线路不仅可保证网络的互联性，而且，可利用隧道、加密等 VPN 特性保证在整个 VPN 上的信息安全传输。这种 VPN 通过一个使用专用连接的共享基础设施,连接企业总部和分支机构,企业拥有与专用网络相同的政策,包括安全、服务质量可管理性和可靠性,如总公司与分公司构建的企业内部虚拟专用网。

3）企业扩展虚拟专用网

企业扩展虚拟专用网主要用于企业之间的互连及安全访问服务。可通过专用连接的共享基础设施,将客户、供应商、合作伙伴或相关群体连接到企业内部网。企业拥有与专用网络相同的安全、服务质量等政策。可简便地对外部网进行部署和管理,外部网的连接可使用与部署企业内部虚拟网和远程访问虚拟专用网相同的架构和协议进行部署,主要是接入许可不同。

企业的一些国内外客户在涉及订单时常需要访问企业的 ERP 系统,查询其订单的处理进度等。客户是上帝,可以使用 VPN 技术实现企业扩展虚拟局域网,让客户也能够访问公司企业内部的 ERP 服务器。但应注意数据过滤及访问权限限制。

☺讨论思考

（1）什么是虚拟专用网?

（2）虚拟专用网技术特点和实现技术有哪些?

（3）概述虚拟专用网技术的实用解决方案。

2.5 项 目 小 结

本章侧重概述网络安全技术基础中有关网络协议安全与无线网络安全相关知识,通过分析网络协议安全风险和网络体系层次结构,介绍了 TCP/IP 层次安全问题。阐述了 IPv6 的特点优势、IPv6 的安全性和移动 IPv6 的安全机制。重点分析并介绍了无线网络设备安全管理、IEEE 802.1x 身份认证、无线网络安全技术应用实例和 WiFi 无线网络安全。概述了 VPN 的技术特点、VPN 的核心技术、VPN 的实现技术和 VPN 技术在企业机构的具体实际应用。

2.6 项目实施 实验2 无线网络安全设置

由于无线网络安全设置操作较为常用,因此对于掌握相关的知识和应用很重要。

2.6.1 实验目的

在本项目介绍的上述无线网络安全基本技术及应用的基础上,还需要掌握小型无线网络的构建及其安全设置的一些方法,进一步掌握无线网络的安全机制,理解以 WEP 算法为基础的身份验证服务和加密服务。

2.6.2 实验要求

1. 实验设备

学生需要每人一台安装有无线网卡和 Windows 操作系统的连网计算机。

2. 注意事项

(1) 预习准备。由于本实验内容是对 Windows 操作系统进行无线网络安全设置,因此需要提前熟悉 Windows 操作系统的相关操作。

(2) 注意理解实验原理和各步骤的含义。

对于操作步骤要着重理解其原理,对于无线网络安全机制要充分理解其作用和含义。

(3) 实验学时:2 学时(90~100 分钟)。

2.6.3　实验内容及步骤

1. SSID 和 WEP 设置

(1) 在安装了无线网卡的计算机上,从"控制面板"中打开"网络连接"或"网络和 Internet"窗口(不同版本略有差异),如图 2-9 所示。

图 2-9　"网络和 Internet"窗口

(2) 单击"查看网络状态和任务",进入"查看基本网络信息并设置连接"界面,如图 2-10 所示。

(3) 单击"设置新的连接或网络",出现"设置连接或网络"对话框,如图 2-11 所示。

(4) 在对话框中选择一个连接选项,连接到 Internet 或设置新网络。此处单击"设置新网络",打开"设置新网络"对话框,如图 2-12 所示。

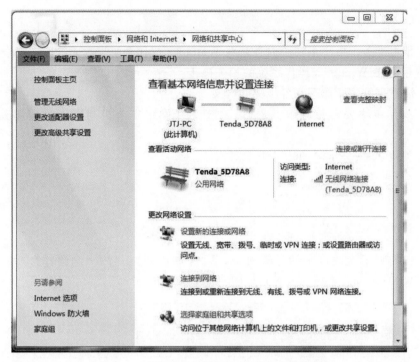

图 2-10　"查看基本网络信息并设置连接"界面

图 2-11　"设置连接或网络"对话框

（5）在对话框中可以选择要配置的无线路由器或访问点，选择后单击"下一步"按钮，设置新网络。

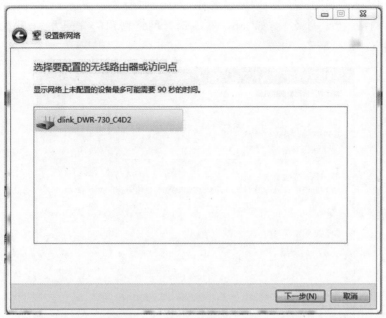

图 2-12 "设置新网络"对话框

2. 运行无线网络安全向导

Windows 提供了"无线网络安全向导"设置无线网络,可将其他计算机加入该网络。

(1) 在"无线网络连接"窗口中单击"为家庭或小型办公室设置无线网络",显示"无线网络安装向导"对话框,如图 2-13 所示。

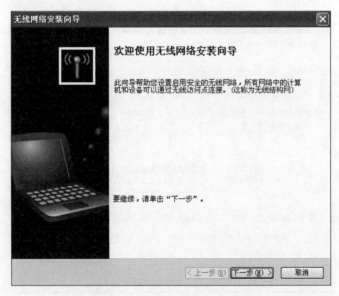

图 2-13 "无线网络安装向导"对话框

（2）单击"下一步"按钮，显示"创建名称"界面，如图 2-14 所示。在"网络名（SSID）"文本框中为网络设置一个名称，如 lab。然后选择网络密钥的分配方式，默认为"自动分配网络密钥"。

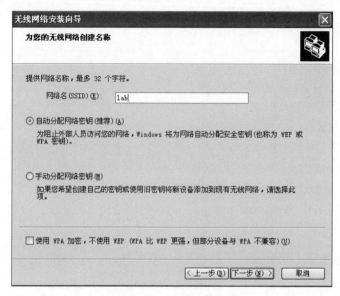

图 2-14 "创建名称"界面

若希望用户手动输入密码登录网络，可选中"手动分配网络密钥"单选按钮，然后单击"下一步"按钮，出现如图 2-15 所示的"输入无线网络的 WEP 密钥"界面，可设置一个网络密钥。要求符合以下条件之一：①正好 5 或 13 个字符；②正好 10 或 26 个字符，并使用 0～9 和 A～F 中的字符。

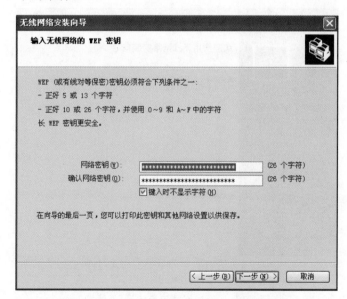

图 2-15 "输入无线网络的 WEP 密钥"界面

（3）单击"下一步"按钮，出现如图 2-16 所示的"设置网络"界面，选择创建无线网络的方法。

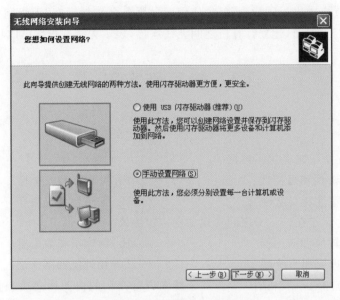

图 2-16 "设置网络"界面

（4）可选择使用 USB 闪存驱动器和手动设置网络两种方式之一。使用闪存方式比较方便，但如果没有闪存盘，则可选中"手动设置网络"单选按钮，自己动手将每一台计算机加入网络。单击"下一步"按钮，显示"向导成功地完成"界面，如图 2-17 所示，单击"完成"按钮完成安装向导。

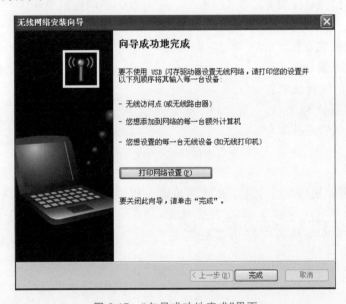

图 2-17 "向导成功地完成"界面

按上述步骤在其他计算机中运行"无线网络安装向导"并将其加入 lab 网络。不用无线 AP 也可将其加入该网络，多台计算机可组成一个无线网络，可互相共享文件。

（5）单击"关闭"和"确定"按钮。

在其他计算机中进行同样设置（须使用同一服务名），然后在"无线网络配置"选项卡中重复单击"刷新"按钮，建立计算机之间无线连接，表示无线网连接已成功。

2.7 练习与实践 2

1. 选择题

（1）加密安全机制提供了数据的（　　　）。

    A. 保密性和可控性　　　　　　　　　B. 可靠性和安全性

    C. 完整性和安全性　　　　　　　　　D. 保密性和完整性

（2）SSL 协议是在（　　　）之间实现加密传输协议。

    A. 传输层和应用层　　　　　　　　　B. 物理层和数据层

    C. 物理层和系统层　　　　　　　　　D. 物理层和网络层

（3）实际应用时一般利用（　　　）加密技术进行密钥的协商和交换，利用（　　　）加密技术进行用户数据的加密。

    A. 非对称　非对称　　　　　　　　　B. 非对称　对称

    C. 对称　对称　　　　　　　　　　　D. 对称　非对称

（4）能在物理层、数据链路层、网络层、传输层和应用层提供网络安全服务的是（　　　）。

    A. 认证服务　　　　　　　　　　　　B. 数据保密性服务

    C. 数据完整性服务　　　　　　　　　D. 访问控制服务

（5）传输层由于可以提供真正的端到端的连接，最适宜提供（　　　）安全服务。

    A. 数据完整性　　　　　　　　　　　B. 访问控制服务

    C. 认证服务　　　　　　　　　　　　D. 数据保密性及以上各项

（6）VPN 的实现技术包括（　　　）。

    A. 隧道技术　　　　　　　　　　　　B. 加解密技术

    C. 密钥管理技术　　　　　　　　　　D. 身份认证及以上技术

2. 填空题

（1）安全套接层（SSL）协议是在网络传输过程中提供通信双方网络信息＿＿＿＿和＿＿＿＿，由＿＿＿＿和＿＿＿＿两层组成。

（2）OSI 参考模型的 7 层协议分别是 ＿＿＿＿、＿＿＿＿、＿＿＿＿、＿＿＿＿、＿＿＿＿、＿＿＿＿、＿＿＿＿。

（3）ISO 对 OSI 规定了＿＿＿＿、＿＿＿＿、＿＿＿＿、＿＿＿＿、＿＿＿＿5 种级别的安全服务。

（4）应用层安全分解为＿＿＿＿、＿＿＿＿、＿＿＿＿安全，利用各种协议运行和管理。

（5）与 OSI 参考模型不同，TCP/IP 模型由低到高依次由 ＿＿＿＿＿＿、＿＿＿＿＿＿、＿＿＿＿＿＿和＿＿＿＿＿＿ 4 层组成。

（6）一个 VPN 连接由＿＿＿＿＿＿、＿＿＿＿＿＿和＿＿＿＿＿＿ 3 部分组成。

（7）VPN 具有＿＿＿＿＿＿、＿＿＿＿＿＿、＿＿＿＿＿＿、＿＿＿＿＿＿、＿＿＿＿＿＿ 5 个特点。

3. 简答题

（1）TCP/IP 的 4 层协议与 OSI 参考模型的 7 层协议是如何对应的？

（2）IPv6 协议的报头格式与 IPv4 有什么区别？

（3）简述传输控制协议（TCP）的结构及实现的协议功能。

（4）简述无线网络的安全问题及保证安全的基本技术。

（5）VPN 技术有哪些特点？

4. 实践题

（1）利用抓包工具分析 IP 头的结构。

（2）利用抓包工具分析 TCP 头的结构，并分析 TCP 的三次握手过程。

（3）假定在同一个子网的两台主机，其中一台运行了 sniffit。利用 sniffit 捕获 TELNET 到对方 7 号端口 echo 服务的包，叙述并分析其结果。

（4）配置一台简单的 VPN 服务器。

项目 3

网络安全体系及管理

目前,世界各国高度重视网络安全,并上升为国家甚至全球发展战略。"没有网络安全就没有国家安全"成为共识,网络安全技术必须同管理密切结合,才能真正发挥实效。网络安全管理已经成为信息化建设和应用的首要任务,而且是一个涉及很多要素的系统工程,包括体系结构、法律、法规、政策、策略、规范、标准、机制、规划和措施等。

重点:网络安全体系、法律、评估准则和方法,以及网络安全管理规范和制度。

难点:网络安全评估准则和方法,以及网络安全管理规范、原则和制度,网络安全规划。

关键:网络安全体系、法律、评估准则和方法,以及网络安全管理规范和制度。

目标:理解网络空间安全战略意义,掌握网络安全体系、法律、评估准则和方法,理解网络安全管理规范、原则和制度,了解网络安全规划的主要内容和原则,掌握网络安全"统一威胁管理"实验。

教学视频
课程视频 3.1

3.1 项目分析 网络空间安全战略意义

【引导案例】 我国高度重视网络安全,已将其上升为国家战略。2014 年成立了中央网络安全和信息化领导小组,由中共中央总书记、国家主席、中央军委主席习近平亲自担任组长。2017 年正式实施的《中华人民共和国网络安全法》,为网络安全管理法制化奠定了极为重要的基础和保障。

3.1.1 网络空间安全战略及作用

1. 世界高度重视网络空间安全战略

【案例 3-1】 美国高度重视网络空间安全战略。美国将空军太空司令部(AFSPC)的网络责任转移给空战司令部(AFACC),并于 2018 年夏天开始承担网络空间安全责任。两个司令部已密切协调,调整战略角色和责任。美国空军部长海瑟·威尔逊在声明中表示,此举将网络行动、情报、监视和侦察任务整合到同一司令部,从而有助于作战时加速决策制定过程。

美国空军太空司令部司令杰伊·雷蒙德表示,空军太空司令部将完全专注于保持"太空优势"。将网络行动和情报整合为同一司令部有助于提高作战能力,执行多域行动。威尔逊表示,美国国防战略加强美军信息获取和利用。美国空军参谋长戴维·戈德费恩表示,此举对"未来高端战斗"是必要的。

2. 各种网络攻击进一步增强

在各种网络攻击的整体防御上,用户通常采用具备大带宽储备和云服务防御方案等。随着 AI 设备与物联网的飞速发展,各种应用平台不断出现,其各种攻防将愈演愈烈。分布式拒绝服务(DDoS)等各种攻击将呈现出进一步增强、多样化、智能化的发展态势。

📖知识拓展
DDoS 将呈现
多样化发展

【案例 3-2】 2018 年上半年国内外企事业机构的网络系统遭受 DDoS 攻击更为严重。无论从网络数据流量还是攻击次数和攻击强度方面都有新的上升。DDoS 黑色产业链的人员与技术的发展降低了整体入门的门槛,在溯源监控中发现,有的 DDoS 黑客团伙的平均年龄 20 岁左右,甚至有未满 16 岁的学生也加入 DDoS 黑客团伙。

3. 网络安全防范意识和能力不足

很多专家表示,网络安全问题已经达到非常严重的程度,如果再不采取措施,经济会遭受重大损失。德国研究员 Zinaida Benenson 对恶意链接的调查显示:20% 的人会单击陌生邮件中的链接,40% 的人因好奇心会单击社交网络链接。国内机构对重大网络安全事件关注度调查显示:有 40.4% 的网民会持续关注相关内容,担心自己受攻击,想了解防御方法;26.7% 的网民会关注相关内容,但感觉不太会受影响;13.9% 的网民看过报道,但不怎么关心,感觉和个人关系不大;19.0% 的网民完全不了解、不知道近期发生的重大网络安全事件。统计显示,82.6% 的网民都没有接受过任何形式的网络安全培训;13% 的网民只接受过很少的专门培训;仅 4.4% 的网民接受过专门培训。

📖知识拓展
网络安全意
识调研情况

2019 年 9 月 15 日"网民网络安全感满意度调查报告"发布,我国网民认为网络安全的占 51.25%,比 2018 年提升 12.91%;网民安全感满意度指数为 69.128 分(满分为 100分)。另据统计,2016 年网民因个人信息泄露等原因一年经济损失高达 915 亿元。

3.1.2　网络安全管理是关键

进入 21 世纪现代信息化社会,随着各种网络技术的快速发展和广泛应用,出现了很多网络安全问题,致使网络安全技术的重要性更加突出,网络安全已经成为各国关注的焦点,不仅关系到机构和个人用户的信息资源和资产风险,也关系到国家安全和社会稳定,已成为热门研究和人才需求的新领域。网络空间已经逐步发展成为继陆、海、空、天之后的第五大战略空间,是影响国家安全、社会稳定、经济发展与文化传播的核心、关键和基础。

【案例 3-3】　网络安全已经成为信息时代国家安全的战略。同时网络安全已经成为世界热门研究课题之一,并引起社会广泛关注。网络安全是个系统工程,已经成为世界各国战略优势激烈竞争、现代信息化建设、社会稳定发展和广泛应用的首要任务。

📖 知识拓展
网络安全的
重要战略性

　　我国极为重视网络安全工作,充分认识到网络安全的战略意义。在日常网络安全工作中必须坚持网络安全管理和相关技术的紧密结合,"七分管理,三分技术,运作贯穿始终",管理是关键,技术是保障,实际上网络安全技术也包含很多策略、机制、设置、标准、规范及防范对策等管理技术。📖

☺讨论思考

(1) 举例说明网络安全管理的教训和启示。

(2) 举例说明网络安全管理的重大意义。

📹教学视频
课程视频 3.2

3.2　任务 1　网络安全体系结构📘

3.2.1　目标要求

本任务主要学习目标的具体要求如下。

(1) 掌握 OSI 网络安全体系结构和 TCP/IP 网络安全管理体系结构。

(2) 掌握网络安全攻防体系结构和网络空间安全学科知识体系。

(3) 理解网络安全保障体系和保障体系总体框架。

(4) 了解可信计算网络安全防护体系及应用。

3.2.2　知识要点

1. OSI 网络安全体系结构

国际标准化组织(ISO)提出的开放系统互连(OSI)参考模型,主要用于进行异构网络及设备互连的开放式层次结构的研究。OSI 网络安全体系结构包括网络安全机制和网络安全服务。

(1) 网络安全机制。ISO 7498-2《网络安全体系结构》文件中规定的网络安全机制有 8 项:加密机制、数字签名机制、访问控制机制、数据完整性机制、鉴别交换机制、信息量填充机制、路由控制机制和公证机制。

(2) 网络安全服务。网络安全服务的内容主要有 5 项:鉴别服务、访问控制服务、数据保密性服务、数据完整性服务和可审查性服务。

2. TCP/IP 网络安全管理体系结构

TCP/IP 网络安全管理体系结构如图 3-1 所示,包括 3 方面:分层安全管理、安全服务与机制、系统安全管理。有机地综合了安全管理、技术和机制各方面,对网络安全整体管理与实施和效能的充分发挥起到至关重要的作用。

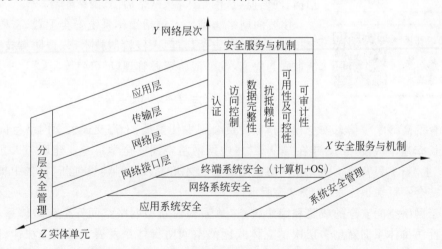

图 3-1　TCP/IP 网络安全管理体系结构

3. 网络安全攻防体系结构

网络安全攻防体系结构主要包括两大方面:攻击技术和防御技术。知其攻击才能有针对性地进行防御,主要的网络安全攻防体系结构如图 3-2 所示。

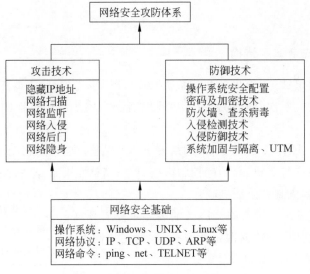

图 3-2　网络安全攻防体系结构

为了更有效地进行网络安全防范,需要"知己知彼,百战不殆",掌握好网络安全攻防体系结构、常见的攻击技术和手段。主要常见的网络攻击技术包括 6 种:隐藏 IP 地址、网络扫描、网络监听、网络入侵、网络后门、网络隐身。

主要的网络防御技术包括操作系统安全配置、密码及加密技术、防火墙、查杀病毒、入侵检测技术、入侵防御技术、系统加固与隔离、统一威胁资源管理(UTM)等。

4. 网络空间安全学科知识体系

教育部高等学校信息安全教学指导委员会副主任委员、上海交通大学网络空间安全学院院长李建华教授,2018 年在"第十二届中国网络空间安全学科专业建设与人才培养研讨会"上"新工科背景下多元化网络空间安全人才培养及学科建设创新"报告中提出网络空间安全学科知识体系,如图 3-3 所示。

由于网络空间安全的威胁和隐患剧增,急需构建新型网络空间安全防御体系,并从传统线性防御体系向新型多层次的立体式网络空间防御体系发展。以相关法律、准则、策略、机制和技术为基础,以安全管理及运行防御体系贯彻始终,从第一层物理层防御体系、第二层网络层防御体系到第三层系统层与应用层防御体系构成新型网络空间安全防

御体系,可以实现多层防御的立体化安全区域,将网络空间中的结点分布于所有域中,其中的所有活动支撑着其他域中的活动,且其他域中的活动同样可以对网络空间产生影响。构建的这种网络空间安全立体防御体系如图 3-4 所示。

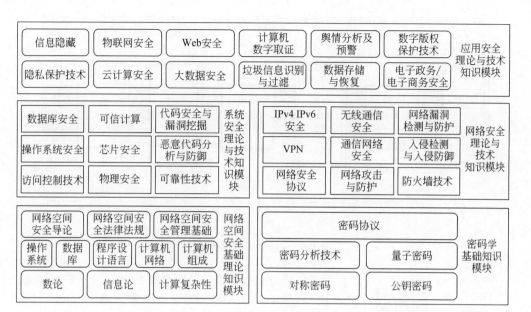

图 3-3　网络空间安全学科知识体系

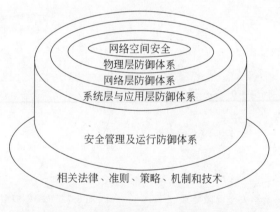

图 3-4　网络空间安全立体防御体系

5. 网络安全保障体系

　　网络安全保障体系如图 3-5 所示。其保障功能主要体现在对整个网络系统的风险及隐患进行及时评估、识别、控制和应急处理等,便于有效地预防、保护、响应与恢复,确保系统安全运行。

　　(1) 网络安全保障关键要素。主要包括 4 方面:网络安全策略、网络安全管理、网络安全运作和网络安全技术,如图 3-6 所示。其中,网络安全策略为网络安全保障的核心,主要包括网络安全的战略、政策和标准;网络安全管理是机构的管理行为,主要包括安全意识、组织结构和审计监督;网络安全运作是日常管理行为,包括运作流程和对象管理;网络安全技术是网络系统的行为,包括安全服务、措施和基础设施。

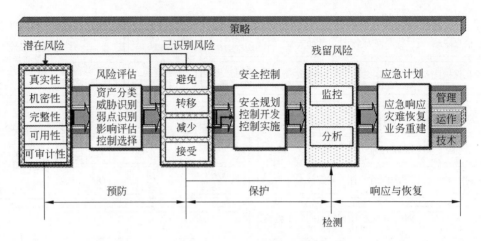

图 3-5　网络安全保障体系

P2DR 模型是美国 ISS 公司提出的动态网络安全体系的代表模型，包含 4 个主要部分：安全策略（policy）、防护（protection）、检测（detection）和响应（response），如图 3-7 所示。📖

图 3-6　网络安全保障要素

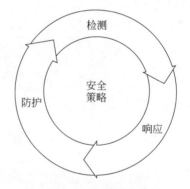

图 3-7　P2DR 模型示意图

（2）网络安全保障总体框架。面对网络系统的各种威胁和风险，以往针对单方面具体的安全隐患所提出的具体解决方案具有一定的局限性，应对的措施也难免顾此失彼。面对新的网络环境和威胁，需要建立一个以深度防御为特点的网络安全保障体系。

对于企事业机构，常用的网络安全保障体系总体框架如图 3-8 所示。此保障体系的外围主要包括风险管理、法律法规、标准符合性。

网络安全管理的本质是对网络信息安全风险进行动态及有效管理和控制。风险管理是网络运营管理的核心，风险分为信用风险、市场风险和操作风险，其中包括网络安全风险。在网络安全保障体系总体框架中，充分体现了风险管理的理念。🗂📖

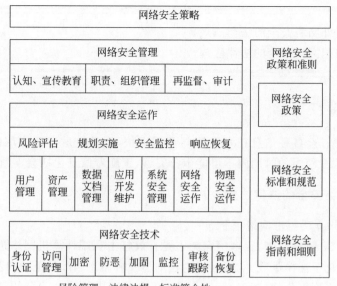

图 3-8 网络安全保障体系总体框架

6. 可信计算网络安全防护体系

沈昌祥院士强调：可信计算是网络空间战略最核心技术之一，要坚持"五可""一有"的技术路线。可信计算网络安全防护体系（即"五可"）包括以下几方面：一是可知，对全部的开源系统及代码完全掌握其细节；二是可编，完全理解开源代码并可自主编写；三是可重构，面向具体的应用场景和安全需求，对基于开源技术的代码进行重构，形成定制化的新体系结构；四是可信，通过可信计算技术增强自主操作系统免疫性，防范自主系统中的漏洞影响系统安全性；五是可用，做好应用程序与操作系统的适配工作，确保自主操作系统能够替代国外产品。"一有"是对最终的操作系统拥有自主知识产权，并处理好所使用的开源技术的知识产权问题。📖

📖知识拓展
开源技术及
其纵深防御

☺讨论思考

（1）OSI 网络安全体系结构主要有哪些？

（2）画出 TCP/IP 网络安全管理体系结构图。

（3）概述网络安全保障体系和保障体系总体框架。

3.3 任务2 网络安全相关法律法规📹

📹教学视频
课程视频 3.3

3.3.1 目标要求

本任务主要学习目标的具体要求如下。

（1）了解国外网络安全的法律法规。

（2）掌握我国网络安全的法律法规。

3.3.2　知识要点

现代信息化社会各种信息技术发展与更新很快，但在全球广泛应用的时间却较短，具体的法律法规在较短的时期内不可能十分完善，正随着信息化社会不断发展而完善。

1. 国外网络安全的法律法规

1）国际合作立法打击网络犯罪

自 20 世纪 90 年代以来，很多国家为了更有效打击利用计算机网络进行的各种违法犯罪活动，都强化了法律手段，欧盟已成为在刑事领域做出国际示范的典型，分别于 2000 年两次颁布《网络刑事公约（草案）》，现已有 43 个国家借鉴了这一公约草案。在不同国家的刑事立法中，印度的相关做法具有一定代表性，于 2000 年 6 月颁布了《信息技术法》，制定出一部规范网络安全的基本法。一些国家修订了原有的刑法，以适应保障计算机网络安全的需要。如美国 2000 年修订了以前的《计算机反欺诈与滥用法》，增加了法人犯罪的责任，补充了类似规定。

2）禁止破坏数字化技术保护措施的法律

1996 年 12 月，世界知识产权组织做出了"禁止擅自破解他人数字化技术保护措施"的规定，以此作为保障网络安全的一项主要内容进行规范。现在，欧盟成员国、日本、美国等大多数国家都将其作为一种网络安全保护规定，纳入本国的法律之中。

3）与"入世"有关的网络法律

1996 年 12 月在联合国第 51 次大会通过了联合国贸易法委员会的《电子商务示范法》，对于网络市场中数据电文、网上合同成立及生效的条件、传输等专项领域的电子商务等，都做了十分明确具体的规定。1998 年 7 月新加坡的《电子交易法》出台。1999 年 12 月，世贸组织西雅图外交会议上，制定电子商务规范成为一个主要议题。

4）其他相关立法

很多国家除了制定保障网络健康发展的法律法规以外，还专门制定了综合性的、原则性的网络基本法。如韩国 2000 年修订的《信息通信网络利用促进法》，其中包括对"信息网络标准化"和实名制的规定，对成立"韩国信息通信振兴协会"等民间自律组织的规定等。在印度，政府机构成立了"网络事件裁判所"，以解决影响网络安全的民事纠纷。

5）民间管理、行业自律及道德规范

世界各国在规范网络使用行为方面都很注重发挥民间组织的作用，特别是行业自律作用。德国、英国、澳大利亚等学校中网络使用的"行业规范"十分严格。澳大利亚每周都要求教师填写一份保证书，申明不从网上下载违法内容。德国的网络用户一旦有校方规定禁止的行为，服务器立即会发出警告。慕尼黑大学、明斯特大学等院校都制定了《关于数据处理与信息技术设备使用管理办法》，要求严格遵守。

2. 国内网络安全的法律法规

> **【案例3-4】**《中华人民共和国网络安全法》为网络安全工作提供切实法律保障。全国人民代表大会常务委员会于 2016 年 11 月发布了《中华人民共和国网络安全法》,这是我国第一部全面规范网络空间安全管理方面问题的基础性法律,是我国网络空间法治建设的重要里程碑,是依法治网、化解网络风险的法律重器,是让互联网在法治轨道上健康运行的重要保障。

我国从依法治理网络安全的实际需要出发,国家及相关部门、行业和地方政府都相继制定并颁布了很多有关网络安全的法律法规。📖

📖知识拓展
网络安全的
法治化管理

我国网络安全立法体系分为以下 3 个层次。

(1) 法律。全国人民代表大会及其常委会通过的法律规范。我国与网络安全相关的法律主要有《中华人民共和国宪法》《中华人民共和国刑法》《中华人民共和国治安管理处罚条例》《中华人民共和国刑事诉讼法》《中华人民共和国国家安全法》《中华人民共和国保守国家秘密法》《中华人民共和国网络安全法》《中华人民共和国行政处罚法》《中华人民共和国行政诉讼法》《全国人大常委会关于维护互联网安全的决定》《中华人民共和国人民警察法》等。

(2) 行政法规。主要指国务院为执行宪法和法律而制定的法律规范。与网络信息安全有关的行政法规包括《中华人民共和国计算机信息系统安全保护条例》《中华人民共和国计算机信息网络国际联网管理暂行规定》《计算机信息网络国际联网安全保护管理办法》《商用密码管理条例》《中华人民共和国电信条例》《互联网信息服务管理办法》《计算机软件保护条例》等。

(3) 地方性法规、规章、规范性文件。主要指国务院各部委根据法律和国务院行政法规与法律规范,以及省、自治区、直辖市和较大的市人民政府根据法律、行政法规和本省、自治区、直辖市的地方性法规制定的法律规范性文件。

公安部制定了《计算机信息系统安全专用产品检测和销售许可证管理办法》《计算机病毒防治管理办法》《金融机构计算机信息系统安全保护工作暂行规定》和有关安全员培训要求等。

工业和信息化部制定了《互联网电子公告服务管理规定》《软件产品管理办法》《计算机信息系统集成资质管理办法》《国际通信出入口局管理办法》《国际通信设施建设管理规定》《中国互联网络域名管理办法》《电信网间互联管理暂行规定》等。

☺讨论思考
(1) 国外网络安全的法律法规有哪些?
(2) 概述我国网络安全立法体系。

3.4　任务3　网络安全评估准则和测评方法

3.4.1　目标要求

本任务主要学习目标的具体要求如下。

（1）了解国外网络安全主要评估标准及准则。
（2）掌握国内网络安全评估准则及系统安全保护等级划分。
（3）理解网络安全主要的测评种类和方法。

3.4.2　知识要点

网络安全标准是确保网络信息安全的产品和系统在设计研发、生产建设、使用、测评和管理维护过程中，解决产品和系统的一致性、可靠性、可控性、先进性和符合性的技术规范和依据。网络安全标准是各国信息安全保障体系的重要组成部分，是政府进行宏观管理的重要手段。

1. 国外网络安全评估标准

国际性标准化组织主要包括国际标准化组织（ISO）、国际电工委员会（IEC）及国际电信联盟（ITU）所属的电信标准化组织（ITU-TS）等。ISO 是总体标准化组织，而 IEC 在电

📖知识拓展
其他国际组织
的安全标准

工与电子技术领域里相当于 ISO 的位置。1987 年，ISO 和 IEC 成立了联合技术委员会（JTC1）。ITU-TS 则是一个联合缔约组织。这些组织在安全需求服务分析指导、安全技术研制开发、安全评估标准等方面制定了一些标准草案。📖

1）美国 TCSEC

1983 年由美国国防部制定了可信计算系统评价准则（Trusted Computer Standards Evaluation Criteria，TCSEC），即网络安全橙皮书或橘皮书，主要利用计算机安全级别评价计算机系统的安全性。它将安全分为 4 方面（类别）：安全政策、可说明性、安全保障和文档。将这 4 方面（类别）又分为 7 个安全级别，从低到高依次为 D、C1、C2、B1、B2、B3 和 A 级。1985 年，TCSEC 成为美国国防部的标准，后来基本没有更改，一直是评估多用户主机和小型操作系统的主要方法。

数据库系统和网络其他子系统也一直利用橙皮书进行评估。TCSEC 将安全级别从低到高分成 4 个类别：D 类、C 类、B 类和 A 类，并分为 7 个级别，如表 3-1 所示。

通常，安全级别设计需要从数学角度上进行验证，而且必须进行秘密通道分析和可信任分布分析。

表 3-1 安全级别分类

类别	级别	名　　称	主　要　特　征
D	D	低级保护	没有安全保护
C	C1	自主安全保护	自主存储控制
	C2	受控存储控制	单独的可查性,安全标识
B	B1	标识的安全保护	强制存取控制,安全标识
	B2	结构化保护	面向安全的体系结构,较好的抗渗透能力
	B3	安全区域	存取监控、高抗渗透能力
A	A	验证设计	形式化的最高级描述和验证

2）美国联邦准则

美国联邦准则（FC）参照了加拿大的评价标准 CTCPEC 与网络安全 TCSEC,目的是提供网络安全 TCSEC 的升级版本,同时保护已有的网络建设和投资。FC 是一个过渡标准,之后结合 ITSEC 发展为联合公共准则。

3）欧洲 ITSEC

信息技术安全评估标准（Information Technology Security Evaluation Criteria,ITSEC）,俗称欧洲的白皮书,将保密作为安全增强功能,仅限于阐述技术安全要求,并未将保密措施直接与计算机功能相结合。ITSEC 是欧洲的英国、法国、德国和荷兰 4 国在借鉴橙皮书的基础上于 1989 年联合提出的。橙皮书将保密作为安全重点,而 ITSEC 则将首次提出的完整性、可用性与保密性作为同等重要的因素,并将可信计算机的概念提高到可信信息技术的高度。ITSEC 定义了从 E0 级(不满足品质)到 E6 级(形式化验证)的 7 个安全等级,对于每个系统安全功能可分别定义。ITSEC 预定义了 10 种功能,其中前 5 种与橘皮书中的 C1～B3 级基本类似。

4）通用评估准则

通用评估准则（Common Criteria for IT Security Evaluation,CC）由美国等国家与国际标准化组织联合提出,并结合 FC 及 ITSEC 的主要特征,强调将网络信息安全的功能与保障分离,将功能需求分为 9 类 63 族(项),将保障分为 7 类 29 族。CC 的先进性体现在其结构的开放性、表达方式的通用性,以及结构及表达方式的内在完备性和实用性 4 方面。CC 于 1996 年发布第一版,充分结合并替代了 ITSEC、TCSEC、FC 等国际上重要的信息安全评估标准而成为通用评估准则,并历经了很多更新和改进。CC 主要确定评估信息技术产品和系统安全性的基本准则,提出国际公认的表述信息技术安全性的结构,将安全要求分为规范产品和系统安全行为的功能要求,以及解决正确有效地实施其功能的保证要求。中国测评中心常采用此准则进行测评。

5）ISO 安全体系结构标准

开放系统标准建立框架的依据是国际标准 ISO 7498-2—1989《信息处理系统开放系统互连基本参考模型 第 2 部分:安全体系结构》,给出网络安全服务与有关机制的基本描述,确定在参考模型内部可提供的服务与机制。此标准从体系结构的角度描述 ISO 基本参考模型之间的网络安全通信所提供的网络安全服务和网络安全机制，并说明了网络安全服务及其相应机制在安全体系结构中的关系，建立了OSI的网络安全体系结构框架。并在身份认证、访问控制、数据加密、数据完整性和防止抵赖方面提供了5种网络安全服务，如表3-2所示。

表3-2　ISO提供的网络安全服务

服　务	用　途
身份验证	身份验证是证明用户及服务器身份的过程
访问控制	用户身份一经过验证就发生访问控制，这个过程决定用户可以使用、浏览或改变哪些系统资源
数据加密	这项服务通常使用加密技术保护数据免于未授权的泄露，可避免被动威胁
数据完整性	这项服务通过检验或维护信息的一致性，避免主动威胁
防止抵赖	抵赖是指否认曾参加全部或部分事务的能力，防止抵赖服务提供关于服务、过程或部分信息的起源证明或发送证明

目前，国际上通用的网络与信息安全相关标准主要可分为三大类，如图3-9所示。

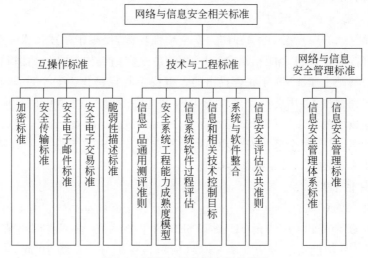

图3-9　网络与信息安全相关标准

2. 国内网络安全评估准则

1) 系统安全保护等级划分准则

1999年10月经国家质量技术监督局批准发布的《计算机信息系统安全保护等级划分准则》，主要依据GB 17859—1999《计算机信息系统安全保护等级划分准则》和GA 163—1997《计算机信息系统安全专用产品分类原则》，将计算机系统安全保护划分为5个级别，如表3-3所示。

表 3-3 我国计算机系统安全保护等级划分

等级	名称	具体描述
第一级	用户自我保护级	安全保护机制可以使用户具备安全保护的能力,保护用户信息免受非法的读写破坏
第二级	系统审计保护级	除具备第一级所有的安全保护功能外,要求创建和维护访问的审计跟踪记录,使所有用户对自身行为的合法性负责
第三级	安全标记保护级	除具备前一级所有的安全保护功能外,还要求以访问对象标记的安全级别限制访问者的权限,实现对访问对象的强制访问
第四级	结构化保护级	除具备前一级所有的安全保护功能外,还将安全保护机制划分为关键部分和非关键部分,对关键部分可直接控制访问者对访问对象的存取,从而加强系统的抗渗透能力
第五级	访问验证保护级	除具备前一级所有的安全保护功能外,还特别增设了访问验证功能,负责仲裁访问者对访问对象的所有访问

最近十几年,我国提出的有关信息安全实施等级保护问题,经过专家多次反复论证研究,其相关制度得到不断细化和完善。

知识拓展
完善信息安全保护等级

知识拓展
我国网络信息安全的标准化概况

*2) 我国网络信息安全标准化现状

在中国的信息安全标准化建设方面,主要按照国务院授权,在国家质量监督检验检疫总局管理下,由国家标准化管理委员会统一管理全国标准化工作,该委员会下设 255 个专业技术委员会。中国标准化工作实行统一管理与分工负责相结合的管理体制,由 88 个国务院有关行政主管部门和国务院授权的有关行业协会分工管理本部门、本行业的标准化工作,由 31 个省、自治区、直辖市政府有关行政主管部门分工管理本行政区域内、本行业的标准化工作。1984 年成立了全国信息技术安全标准化技术委员会(CITS),在国家标准化管理委员会及工业和信息化部的共同领导下负责全国信息技术领域和与 ISO/IEC JTC1 对应的标准化工作,下设 24 个分技术委员会和特别工作组,主要从事国内外对应的标准化工作。

3. 网络安全的测评方法

通过对网络系统进行全面、彻底、有效的安全测评,可查找并分析出网络安全漏洞、隐患和风险,以便采取措施提高系统防御及抗攻击能力。根据网络安全评估结果、业务的安全需求、安全策略和安全目标,提出合理的安全防护措施建议和解决方案。具体测评可通过网络安全管理的计划、规划、设计、策略和技术措施等方面进行。

1) 测评目的和方法

(1) 网络安全的测评目的。网络安全测评目的包括如下内容。

① 搞清机构具体信息资产的实际价值及状况。

② 确定机构网络资源的机密性、完整性、可用性、可控性和可审查性的威胁风险及程度。

③ 通过调研分析,搞清当前机构网络系统实际存在的具体漏洞隐患及状况。

④ 明确与该机构信息资产有关的风险和具体需要改进之处。

⑤ 提出改变现状具体建议和方案，将风险降低到可接受的水平。

⑥ 为构建合适的安全计划和策略做好准备。

（2）网络安全常用测评类型。网络安全通用的测评类型分为 5 个。

① 系统级漏洞测评。主要检测系统漏洞、系统安全隐患和基本安全策略及状况。

② 网络级风险测评。主要测评相关的所有网络及基础设施的风险范围。

③ 机构的风险测评。对整个机构进行整体风险分析，分析对其信息资产的具体威胁和隐患，分析处理信息漏洞和隐患，对实体系统及运行环境的各种信息进行检验。

④ 实际入侵测试。对具有成熟系统安全程序的机构进行检验，以测评该机构对具体模式的网络入侵的实际反应能力。

⑤ 审计。深入实际检查具体的安全策略和记录情况以及该组织具体执行的情况。

（3）调研及测评方法。调研和测评时，收集的信息主要有 3 种基本信息源：调研对象、文本查阅和物理检验。调研对象主要是与现有系统安全和组织实施相关的人员，重点是熟悉情况的人员和管理者。为了准确测评所保护的信息资源及资产，调研提纲尽量简单易懂，且所提供的信息与调研人员无直接利害关系，同时审查现有的安全策略及关键的配置情况，包括已经完成和正在草拟或修改的文本。还应收集对该机构的各种设施的审查信息。

2）测评标准和内容

（1）测评前提。在网络安全实际测评前，应重点考察 3 方面的测评因素：服务器和终端及其网络设备安装区域环境的安全性；设备和设施的质量安全可靠性；外部运行环境及内部运行环境相对安全性。

（2）测评依据和标准。主要根据 ISO 或国家有关的通用评估准则、《信息安全技术评估通用准则》《计算机信息系统安全保护等级划分准则》和《信息安全等级保护管理办法（试行）》等作为评估标准。经过各方认真研究和讨论达成的相关标准及协议也可作为网络安全测评的重要依据。

（3）测评内容。对网络安全的评估内容主要包括安全策略测评、网络实体（物理）安全测评、网络体系安全测评、安全服务测评、病毒防护安全性测评、审计安全性测评、备份安全性测评、紧急事件响应测评和安全组织与管理测评等。

3）网络安全策略测评

（1）测评事项。利用网络系统规划及设计文档、安全需求分析文档、网络安全风险测评文档和网络安全目标，测评网络安全策略的有效性。

（2）测评方法。采用专家分析的方法，主要测评安全策略实施及效果，包括安全需求是否满足、安全目标是否能够实现、安全策略是否有效、实现是否容易、是否符合安全设计原则、各安全策略是否一致等。

（3）测评结论。依据测评的具体结果，对比网络安全策略的完整性、准确性和一致性。

4）网络实体安全测评

（1）测评项目。包括以下内容：网络基础设施、配电系统；服务器、交换机、路由器、配线柜、主机房;工作站、工作间;记录媒体及运行环境。

（2）测评方法。采用专家分析法,主要测评对物理访问控制（包括安全隔离、门禁控制、访问权限和时限、访问登记等）、安全防护措施（防盗、防水、防火、防震等）、备份（安全恢复中需要的重要部件的备份）及运行环境等的要求是否实现、是否满足安全需求。

（3）测评结论。依据实际测评结果,确定网络系统的实际实体安全及运行环境情况。

5）网络体系的安全性测评

6）安全服务的测评

（1）测评项目。主要包括认证、授权、数据安全性（保密性、完整性、可用性、可控性、可审查性）、逻辑访问控制等。

（2）测评方法。采用扫描检测等工具截获数据包,分析上述各项是否满足安全需求情况。

（3）测评结论。依据测评结果,表述安全服务的充分性和有效性。

7）病毒防护安全性测评

（1）测评项目。主要检测服务器、工作站和网络系统是否配备了有效的防病毒软件及病毒清查的执行情况。

（2）测评方法。主要利用专家分析和模拟测评等测评方法。

（3）测评结论。依据测评结果,表述计算机病毒防范实际情况。

8）审计的安全性测评

（1）测评项目。主要包括审计数据的生成方式安全性、数据充分性、存储安全性、访问安全性及防篡改的安全性。

（2）测评方法。主要采用专家分析和模拟测试等测评方法。

（3）测评结论。依据测评具体结果表述审计的安全性。

9）备份的安全性测评

（1）测评项目。主要包括备份方式、方法、存储的安全性和访问控制情况等。

（2）测评方法。采用专家分析的方法,依据安全需求、业务计划,测评备份的安全性情况。

（3）测评结论。依据测评结果,表述备份系统的安全性。

10）紧急事件响应测评

（1）测评项目。主要包括紧急事件响应程序及其有效应急处理情况,以及平时的应急准备情况。

（2）测评方法。模拟紧急事件响应条件,检测响应程序是否有序且有效地处理安全事件。

（3）测评结论。依据实际测评结果,对紧急事件响应程序和应急预案及措施的充分性、有效性进行评价。

11）网络安全组织和管理测评

☺讨论思考

（1）国外网络安全主要的评估标准及准则有哪些?

（2）简述国内网络安全评估准则及系统安全保护等级。

（3）举例说明一种网络安全的测评种类和方法。

3.5 项目案例 网络安全管理工具应用

网络安全管理员在网络安全检测与安全管理过程中，经常在"开始"菜单的"运行"（新版本为"搜索文件或程序"）栏内输入 cmd（运行 cmd.exe），然后，在 DOS 环境下使用一些网络管理工具和命令方式，直接进行查看和检测网络有关信息。

3.5.1 目标要求

本任务主要学习目标的具体要求如下。

（1）熟悉网络连通检测及端口扫描工具的使用方法。

（2）掌握显示网络配置信息与设置及连接监听端口的方法。

（3）学会查询、删除、修改用户信息应用及创建任务命令操作。

3.5.2 知识要点

1. 网络连通检测及端口扫描

1) ping 命令

ping 命令的主要功能是通过发送 Internet 控制报文协议 ICMP 包，检验与另一台 TCP/IP 主机的 IP 级连通情况。网络管理员常用这个命令检测网络的连通性和可到达性。同时，可将应答消息的接收情况和往返过程的次数一起进行显示。

【案例 3-5】 如果只使用不带参数的 ping 命令，窗口将会显示命令及其各种参数使用的帮助信息，如图 3-10 所示。使用 ping 命令的语法格式是"ping+对方计算机名或者 IP 地址"。如果连通的话，返回的连通提示信息如图 3-11 所示。

2) quickping 命令和其他命令

quickping 命令可以快速探测网络中运行的所有主机情况。也可以使用跟踪网络路由程序 Tracert 命令、TraceRoute 程序和 Whois 程序进行端口扫描检测与探测，还可以利用网络扫描工具软件进行端口扫描检测，常用的网络扫描工具包括 SATAN、NSS、Strobe、Superscan 和 SNMP 等。

2. 显示网络配置信息及设置

ipconfig 命令的主要功能是显示所有 TCP/IP 网络配置信息、刷新动态主机配置协

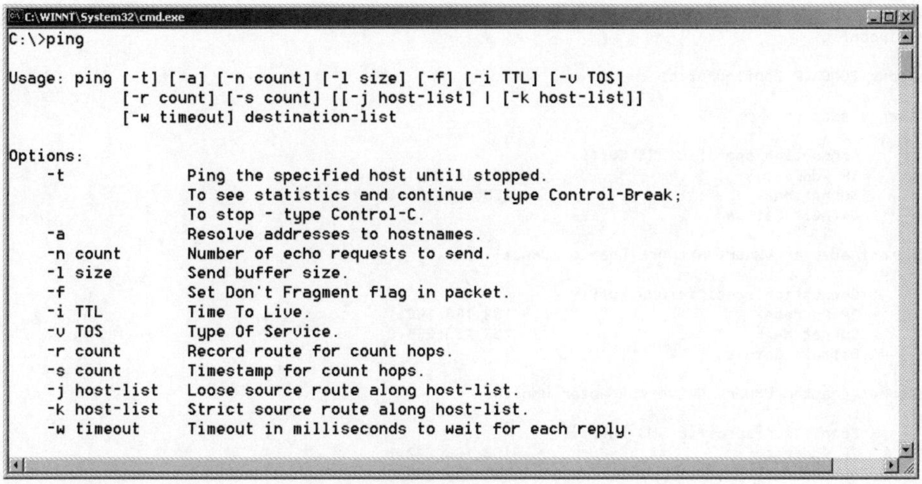

```
C:\WINNT\System32\cmd.exe                                                _ □ ×
C:\>ping

Usage: ping [-t] [-a] [-n count] [-l size] [-f] [-i TTL] [-v TOS]
            [-r count] [-s count] [[-j host-list] | [-k host-list]]
            [-w timeout] destination-list

Options:
    -t              Ping the specified host until stopped.
                    To see statistics and continue - type Control-Break;
                    To stop - type Control-C.
    -a              Resolve addresses to hostnames.
    -n count        Number of echo requests to send.
    -l size         Send buffer size.
    -f              Set Don't Fragment flag in packet.
    -i TTL          Time To Live.
    -v TOS          Type Of Service.
    -r count        Record route for count hops.
    -s count        Timestamp for count hops.
    -j host-list    Loose source route along host-list.
    -k host-list    Strict source route along host-list.
    -w timeout      Timeout in milliseconds to wait for each reply.
```

图 3-10　使用 ping 命令的提示信息

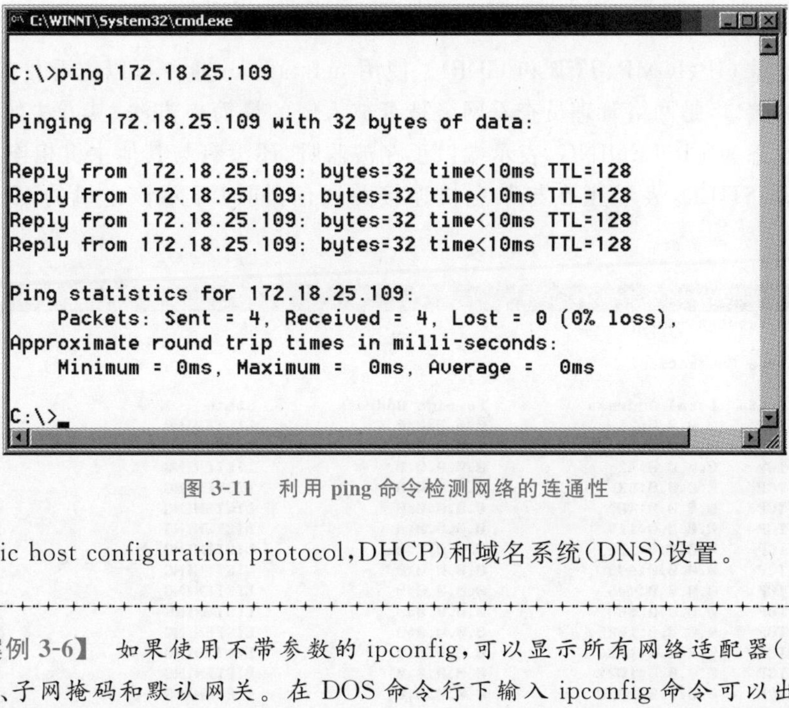

```
C:\WINNT\System32\cmd.exe                                                _ □ ×
C:\>ping 172.18.25.109

Pinging 172.18.25.109 with 32 bytes of data:

Reply from 172.18.25.109: bytes=32 time<10ms TTL=128
Reply from 172.18.25.109: bytes=32 time<10ms TTL=128
Reply from 172.18.25.109: bytes=32 time<10ms TTL=128
Reply from 172.18.25.109: bytes=32 time<10ms TTL=128

Ping statistics for 172.18.25.109:
    Packets: Sent = 4, Received = 4, Lost = 0 (0% loss),
Approximate round trip times in milli-seconds:
    Minimum = 0ms, Maximum = 0ms, Average = 0ms

C:\>
```

图 3-11　利用 ping 命令检测网络的连通性

议(dynamic host configuration protocol,DHCP)和域名系统(DNS)设置。

【案例 3-6】　如果使用不带参数的 ipconfig,可以显示所有网络适配器(网卡)的 IP 地址、子网掩码和默认网关。在 DOS 命令行下输入 ipconfig 命令可以出现有关提示信息,如图 3-12 所示。

利用 ipconfig /all 命令可以查看所有完整的 TCP/IP 配置信息。对于具有自动获取 IP 地址的网卡,则可以利用 ipconfig /renew 命令更新 DHCP 的配置。

3. 显示连接监听端口方法

netstat 命令的主要功能:显示活动的连接、监听端口、以太网统计信息、IP 路由表、

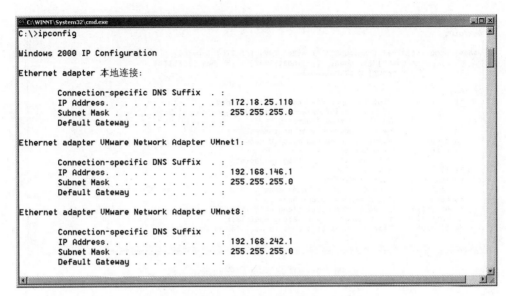

图 3-12　用 ipconfig 命令查看本机 IP 地址

IPv4 统计信息（IP、ICMP、TCP 和 UDP）。使用 netstat -an 命令可以查看目前活动的连接和开放的端口，是网络管理员查看网络是否被入侵的最简单方法，其方法如图 3-13 所示。如果状态为 LISTENING，表示端口正在被监听，还没有与其他主机相连；如果状态为 ESTABLISHED，表示正在与某主机连接并通信，同时显示该主机的 IP 地址和端口号。

```
C:\WINNT\System32\cmd.exe                                         _□×

C:\>netstat -an

Active Connections

  Proto  Local Address          Foreign Address        State
  TCP    0.0.0.0:21             0.0.0.0:0              LISTENING
  TCP    0.0.0.0:25             0.0.0.0:0              LISTENING
  TCP    0.0.0.0:42             0.0.0.0:0              LISTENING
  TCP    0.0.0.0:53             0.0.0.0:0              LISTENING
  TCP    0.0.0.0:80             0.0.0.0:0              LISTENING
  TCP    0.0.0.0:119            0.0.0.0:0              LISTENING
  TCP    0.0.0.0:135            0.0.0.0:0              LISTENING
  TCP    0.0.0.0:443            0.0.0.0:0              LISTENING
  TCP    0.0.0.0:445            0.0.0.0:0              LISTENING
  TCP    0.0.0.0:563            0.0.0.0:0              LISTENING
  TCP    0.0.0.0:1025           0.0.0.0:0              LISTENING
  TCP    0.0.0.0:1026           0.0.0.0:0              LISTENING
  TCP    0.0.0.0:1029           0.0.0.0:0              LISTENING
  TCP    0.0.0.0:1030           0.0.0.0:0              LISTENING
  TCP    0.0.0.0:1032           0.0.0.0:0              LISTENING
  TCP    0.0.0.0:1036           0.0.0.0:0              LISTENING
  TCP    0.0.0.0:2791           0.0.0.0:0              LISTENING
  TCP    0.0.0.0:3372           0.0.0.0:0              LISTENING
  TCP    0.0.0.0:3389           0.0.0.0:0              LISTENING
  TCP    172.18.25.109:80       172.18.25.110:1050    ESTABLISHED
  TCP    172.18.25.109:139      0.0.0.0:0              LISTENING
  UDP    0.0.0.0:42             *:*
```

图 3-13　用 netstat -an 命令查看连接和开放端口

4. 查询、删除、修改用户信息应用

net 命令的主要功能是查看具体主机上的用户列表、添加和删除用户、与对方计算机建立连接、启动或者停止某网络服务等有关信息，便于进行管理。

【案例 3-7】 利用 net user 查看计算机上的用户列表，如图 3-14 所示。还可以用"net user＋用户名密码"为用户修改密码，如将管理员密码改为 123456，如图 3-15 所示。

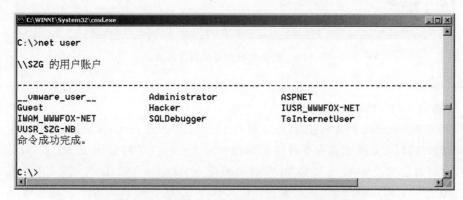

图 3-14　用 net user 查看计算机上的用户列表

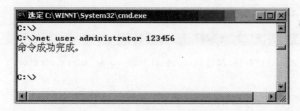

图 3-15　用 net user 修改用户密码

【案例 3-8】 建立用户并添加到管理员组。

利用 net 命令可以新建一个用户名为 jack 的用户，然后，将此用户添加到密码为 123456 的管理员组，如图 3-16 所示。

案例名称：添加用户到管理员组

文件名称：3-1-1.bat

net user jack 123456 /add

net localgroup administrators jack /add

net user

图 3-16　建立用户并添加到管理员组

【案例 3-9】　同对方主机建立信任连接。

拥有某主机的用户名和密码，便可利用 IPC＄（internet protocol control）同该主机建立信任连接，之后便可在命令行下完全控制对方主机。得到 IP 地址为 172.18.25.109，主机的管理员密码为 123456，可以利用命令"net use \\172.18.25.109\ipc＄123456 /user：administrator"同对方主机建立信任连接，如图 3-17 所示。建立连接以后，便可以通过网络操作对方的主机，如查看对方主机的文件，如图 3-18 所示。

图 3-17　同对方主机建立信任连接

图 3-18　查看对方主机的文件

5. 创建任务命令操作

主要利用 at 命令在与对方建立信任连接以后，创建一个计划任务，并设置执行时间。

【案例 3-10】 案例名称：创建定时器。

在获悉对方系统管理员的密码为 123456，并与对方主机建立信任连接以后，在对方主机建立一个任务。执行结果如图 3-19 所示。

文件名称：3-1-2. bat

net use * /del

net use \\172.18.25.109\ipc $ 123456 /user：administrator

net time \\172.18.25.109

at 8：40 notepad. exe

图 3-19 创建定时器的显示界面

☺讨论思考

(1) 网络连通检测及端口扫描工具常用命令是什么？

(2) 写出显示网络配置信息及连接监听端口的命令。

(3) 写出查询、删除、修改用户及创建任务的命令。

*3.6　任务拓展　网络安全制度、策略和规划

　　网络安全的管理过程很关键，需要认真贯彻落实。国际有关机构的调查显示大部分企业网无具体的安全策略和规划，只用一些简单的安全技术保障网络安全，教训深刻，应高度重视并强化网络安全制度、策略和规划。

> 　　**【案例3-11】**　针对大中规模虚拟专用网网络管理的解决方案，上海某信息安全技术有限公司推出了"安全网管平台"，可通过该平台实现对此系列安全网关和第三方的 VPN 设备进行全面的集中管理、监控、统一认证等功能。安全网管平台由4部分组成：安全网关单机配置软件、策略服务平台、网关监控平台和数字证书平台。基于此安全网管平台可以快速高效工作，一个具备上千结点的 VPN，可在很短时间内完成以前需要几个月才能完成的繁重网络管理和调整任务。

3.6.1　目标要求

　　本任务主要学习目标的具体要求如下。

（1）掌握网络安全管理制度的主要内容。
（2）理解网络安全策略的主要内容及制定与实施。
（3）理解网络安全规划的主要内容及制定的基本原则。

3.6.2　知识要点

1. 网络安全管理制度的主要内容

　　网络安全管理制度的主要内容包括人事资源管理制度、资产物业管理制度、教育培训制度、资格认证制度、人事考核鉴定制度、动态运行机制、日常工作规范、岗位责任制度等。

　　1）完善管理机构和岗位责任制
　　网络安全涉及整个企事业机构和系统的安全、效益及声誉。系统安全保密工作最好由单位主要领导负责，必要时设置专门机构（如安全管理中心等），协助主要领导管理。重要单位、要害部门的安全保密工作分别由安全、保密、保卫和技术部门分工负责。所有领导机构、重要计算机系统的安全组织机构，包括安全审查机构、安全决策机构、安全管理机构，都要建立和健全各项规章制度、完善专门的网络安全防范组织和岗位职责。📖

📖知识拓展
网络安全防范
组织和岗位职责

2）健全网络安全管理规章制度

通常,企事业机构常用的网络安全管理规章制度主要包括以下 7 方面。

（1）系统运行维护管理制度。包括设备管理维护制度、软件维护制度、用户管理制度、密钥管理制度、出入门卫管理值班制度、各种操作规程及守则、各种行政领导部门的定期检查或监督制度和机要重地机房的安全管理制度。

📖知识拓展
机要重地机房的安全管理制度

（2）计算机处理控制管理制度。包括编制及控制数据处理流程、程序软件和数据的管理、复制移植和存储介质的管理、文件档案日志的标准化和通信网络系统的管理。

（3）文档资料管理。各种凭证、单据、账簿、报表和文字资料必须妥善保管和严格控制;交叉复核记账;各类人员所掌握的资料要与其职责一致,如终端操作员只能阅读终端操作规程、手册,只有系统管理员才能使用系统手册。

（4）操作及管理人员的管理制度。📖

（5）机房安全管理规章制度。建立健全的机房管理规章制度,经常对有关人员进行安全教育与培训,定期或随机地进行安全检查。机房管理规章制度主要包括机房门卫管理、机房安全、机房卫生、机房操作管理等。

📖知识拓展
操作及管理人员的管理制度

（6）其他的重要管理制度。主要包括系统软件与应用软件管理制度、数据管理制度、密码口令管理制度、网络通信安全管理制度、病毒的防治管理制度、安全等级保护制度、网络电子公告系统的用户登记和信息管理制度、对外交流维护管理制度等。

（7）风险分析及网络安全教育培训。📖

3）坚持合作交流制度

📖知识拓展
风险分析及网络安全教育培训

维护互联网安全是全球的共识和责任,网络运营商更负有具体重要责任,应对此高度关注,发挥互联网积极、正面的作用,包括对青少年在内的广大用户负责。各级政府也有责任为企业和消费者创造一个共享、安全的网络环境,同时也需要行业组织、企业和各利益相关方的共同努力。因此,应当大力加强与相关业务往来单位和安全机构的合作与交流,密切配合,共同维护网络安全,及时获得必要的安全管理信息和专业技术支持与更新。国内外也应当进一步加强交流与合作,拓宽网络安全国际合作渠道,建立政府、网络安全机构、行业组织及企业之间多层次、多渠道、齐抓共管的合作机制。

2. 网络安全策略及规划

网络安全策略是指在某个特定的环境中,为达到一定级别的网络安全保护需求所遵循的各种规则和条例。包括对企业各种网络服务的安全层次和权限的分类,确定管理员的安全职责,主要涉及 4 方面。

1）网络安全策略总则

网络安全策略是保障机构网络安全的指导性文件,包括总体安全策略和具体安全管理实施细则。制定总体安全策略或具体安全管理细则时,应依据网络安全特点,遵守均衡性、最小限度和动态性原则。

（1）均衡性原则。网络效能、易用性、安全强度相互制约，不能顾此失彼，必须根据测评及用户对网络需求兼顾均衡性，充分发挥网络效能。世上没有绝对的安全，网络协议与管理等各种漏洞、安全隐患和威胁无法彻底根除，须制定合适的安全策略。

（2）最小限度原则。计算机网络系统提供的服务越多，往往带来的安全风险、隐患和威胁也越多，因此，最好关闭网络安全策略中没有规定的网络服务，以最小限度配置满足安全策略确定的用户权限，并及时去除无用账号及主机信任关系，将风险隐患降至最低。

（3）动态性原则。影响网络安全的多种因素常随时间有所变化，很多网络安全问题具有明显的时效性特征。如机构的业务变化、网络规模、用户数量及权限、网站更新、安全检测与管理等因素的变化，都会促进网络安全策略与时俱进并适应发展变化的需求。

2）网络安全策略的内容

　　　　　　　　　　根据不同的安全需求和对象，可以确定不同的网络安全策略。如访问控制策略是网络安全防范的主要策略，任务是保证网络资源不被非法访问和使用。网络安全策略包括入网访问控制策略、操作权限控制策略、目录安全控制策略、属性安全控制策略、网络服务器安全控制策略、网络监测、锁定控制策略和防火墙控制策略8方面。除此之外，网络安全还有其他策略。

3）网络安全策略的制定与实施

（1）网络安全策略的制定。网络安全策略是在指定安全需求等级、环境和区域内，与安全活动有关的规则和条例，是网络安全管理过程的重要内容和方法。

网络安全策略包括3个重要组成部分：安全立法、安全管理、安全技术。安全立法是第一层，有关网络安全的法律法规可分为社会规范和技术规范；安全管理是第二层，主要指一般的行政管理措施；安全技术是第三层，是网络安全的重要物质和技术基础。

（2）网络安全策略的实施。主要包括以下4方面。

① 存储重要数据和文件。重要资源和关键的业务数据备份应当存储在受保护、限制访问且距离源地点较远的位置，可使备份的数据摆脱当地的意外灾害。并规定只有被授权的用户才有权限访问存放在远程的备份文件。在某些情况下，为了确保只有被授权的人可以访问备份文件中的信息，需要对备份文件进行加密。

② 及时更新加固系统。由专人负责及时检查、安装和升级最新系统软件补丁、漏洞修复程序，及时进行系统加固防御，并请用户配合，包括防火墙和查杀病毒软件的升级。

③ 加强系统检测与监控。面对各种网络攻击能够快速响应，安装并运行信息安全部门认可的入侵检测系统。在防御措施遭受破坏时发出警报，以便采取应对措施。

④ 做好系统日志和审计。计算机网络系统在处理一些敏感、有价值或关键的业务信息时，必须可靠地记录重要的、与安全有关的事件，并做好系统可疑事件的审计与追踪。与网络安全有关的事件包括猜测其他用户密码、使用未经授权的权限访问、修改应用软件以及系统软件等。企事业单位应维护此类日志记录，并在一段时期内保存在安全地方。需要时可对系统日志进行分析及审计跟踪，也可判断系统日志记录是否被篡改。

（3）提高网络安全检测、整体防范能力和技术措施。

4）网络安全规划

网络安全规划的主要内容包括网络安全规划的基本原则、安全管理控制策略、安全组网、安全防御措施、网络安全审计和建设规划等。规划种类较多，其中，网络安全建设规划可以包括指导思想、基本原则、现状及需求分析、建设政策依据、实体安全建设、运行安全策略、应用安全建设和规划实施等。主要是制定网络安全规划的基本原则。📖

📖知识拓展
制定网络安全
规划的基本原则

☺讨论思考

（1）网络安全管理制度的种类主要有哪些？

（2）网络安全策略的主要内容是什么？

（3）网络安全规划的主要内容有哪些？

3.7　项 目 小 结

网络安全管理保障体系与安全技术的紧密结合至关重要。本章简要地介绍网络安全管理与保障体系和网络安全管理的基本过程。网络安全保障包括信息安全策略、信息安全管理、信息安全运作和信息安全技术，其中，管理是企业管理行为，主要包括安全意识、组织结构和审计监督；运作是日常管理的行为（包括运作流程和对象管理）；技术是信息系统的行为（包括安全服务和安全基础设施）。网络安全是在企业管理机制下，通过运作机制借助技术手段实现的。"七分管理，三分技术，运作贯穿始终"，管理是关键，技术是保障，其中的网络安全技术包括网络安全管理技术。

本章还概述了国外网络安全方面的法律法规和我国网络安全方面的法律法规。介绍了国内外网络安全评估准则和测评有关内容，包括国外网络安全评估准则、国内安全评估通用准则、网络安全评估的目标内容和方法等。同时，概述了网络安全策略和规划，包括网络安全策略的制定与实施、网络安全规划基本原则，还介绍了网络安全管理的常用工具及操作方法，以及网络安全管理基本原则、健全网络安全管理规章制度。

3.8　项目实施　实验 3　统一威胁管理平台应用

统一威胁管理（unified threat management，UTM）平台实际上类似于多功能安全防御网关，与路由器和三层交换机不同的是，UTM 不仅可以连接不同的网段，在数据通信过程中还提供了丰富的网络安全管理功能。

3.8.1　实验目的

（1）掌握应用 UTM 平台主要功能、设置与管理方法和过程。

（2）增强利用 UTM 平台进行网络安全管理、分析和解决问题的能力。

（3）促进以后更好地从事相关网络安全管理工作。

3.8.2　实验要求及方法

在开始对 UTM 平台的功能、设置与管理方法和过程的实验之前，应当先做好实验的准备工作，实验时注意掌握具体的操作界面、实验内容、实验方法和实验步骤，重点是UTM 功能、设置与管理方法和实验过程中的具体操作要领、顺序和细节。

3.8.3　实验内容及步骤

1. UTM 集成的主要功能

各版本的 UTM 平台略有不同。H3C 的 UTM 功能较全，特别是具备应用层识别用户的网络应用，控制网络中各种应用的流量，并记录用户上网行为的审计功能，相当于更高集成度的多功能安全网关。不同的 UTM 平台比较如表 3-4 所示。

表 3-4　不同的 UTM 平台比较

功能列表	品　　牌			
	H3C	Cisco	Juniper	Fortinet
防火墙功能	√（H3C）	√（Cisco）	√（Juniper）	√（Fortinet）
VPN 功能	√（H3C）	√（Cisco）	√（Juniper）	√（Fortinet）
防病毒功能	√（卡巴斯基）	√（趋势科技）	√（卡巴斯基）	√（Fortinet）
防垃圾邮件功能	√（Commtouch）	√（趋势科技）	√（赛门铁克）	√（Fortinet）
网络过滤功能	√（Secure Computing）	√（WebSense）	√（WebSense；SurControl）	○（无升级服务）
防入侵功能	√（H3C）	√（Cisco）	√（Juniper）	○（未知）
应用层流量管理控制	√（H3C）	×	×	×
网络行为审计	√（H3C）	×	×	×

UTM 集成软件的主要功能包括访问控制功能、防火墙功能、VPN 功能、防病毒功能、防垃圾邮件功能、网站过滤功能、防入侵功能、应用层流量管理控制、网络行为审计。

2. 操作步骤及方法

经过登录并简单配置，即可直接管理操作 UTM 平台。

（1）利用用户名和密码登录，H3C 设置管理 PC 的具体的 IP 地址之后，利用用户名和密码可以打开 Web 网络用户登录界面，如图 3-20 所示。

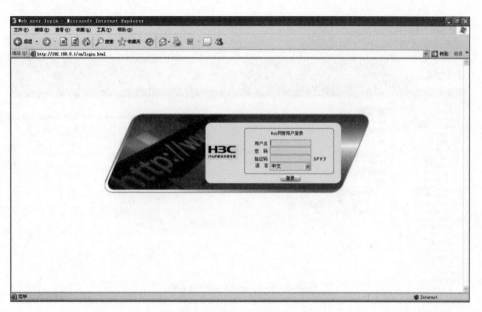

图 3-20 利用用户名和密码登录

（2）通过"设备概览""配置向导"等，可以进行防火墙等 Web 配置，通过"设备概览"配置界面如图 3-21 所示。

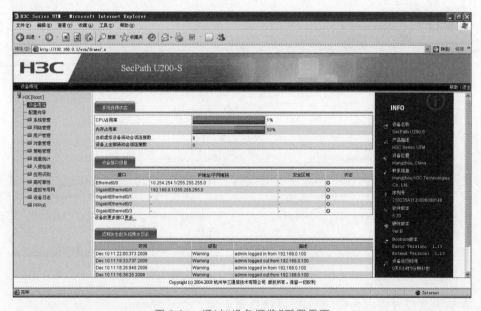

图 3-21 通过"设备概览"配置界面

通常，防火墙的配置方法如下。

① 只要设置管理 PC 的网卡地址，连接 g0/0 端口，就可从此进入 Web 管理界面。

② 配置外部网端口地址，将外网端口加入安全域，如图 3-22 所示。

③ 配置防火墙的访问控制策略，如图 3-23 所示。

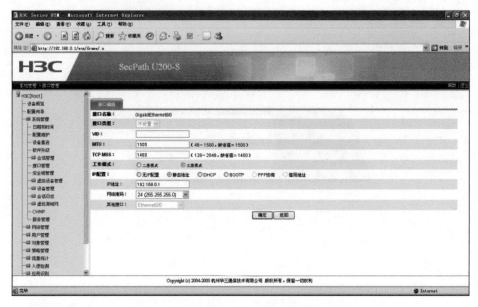

图 3-22　配置外部网端口地址并加入安全域

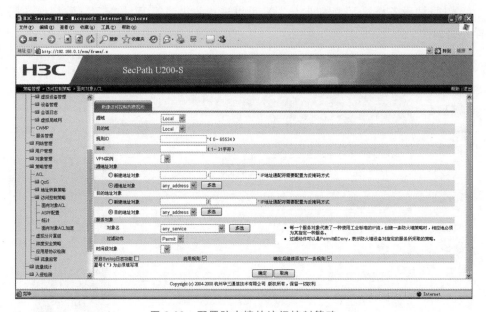

图 3-23　配置防火墙的访问控制策略

在防火墙设置完成之后，就可以直接登录上网。

（3）进行流量定义和策略设定。激活高级功能，然后选择"自动升级"，按照以下步骤完成：定义全部流量、设定全部策略、应用全部策略，如图 3-24 所示。可以设置防范病毒等五大功能，还可管控网络的各种流量，用户应用流量及统计情况，如图 3-25 所示。

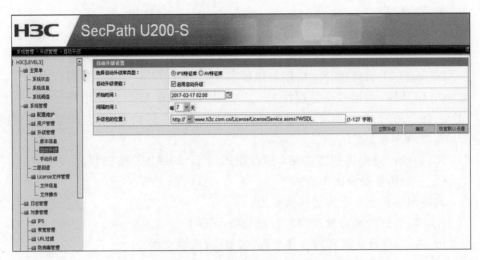

图 3-24 流量定义和策略设定

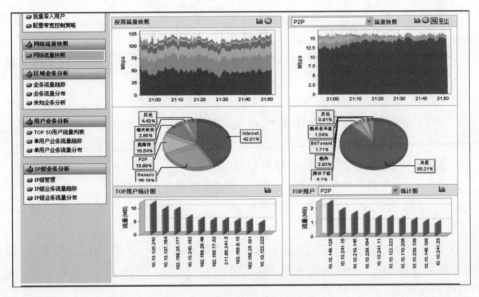

图 3-25 管控及统计网络流量

3.9 练习与实践 3

1. 选择题

(1) 网络安全保障包括信息安全策略和( )。
   A. 信息安全管理   B. 信息安全技术
   C. 信息安全运作   D. 上述三点
(2) 网络安全保障体系框架的外围是( )。

　　A．风险管理　　　　　　　　　　　　B．法律法规

　　C．标准的符合性　　　　　　　　　　D．上述三点

（3）名字服务、事务服务、时间服务和安全性服务是（　　）提供的服务。

　　A．远程 IT 管理整合式应用管理技术　　B．APM 网络安全管理技术

　　C．CORBA 网络安全管理技术　　　　　D．基于 Web 的网络管理模式

（4）一种全局的、全员参与的、事先预防、事中控制、事后纠正、动态的运作管理模式是基于风险管理理念和（　　）。

　　A．持续改进模式的信息安全运作模式　　B．网络安全管理模式

　　C．一般信息安全运作模式　　　　　　　D．以上都不对

（5）我国网络安全立法体系框架分为（　　）。

　　A．构建法律、地方性法规和行政规范

　　B．法律、行政法规和地方性法规、规章、规范性文档

　　C．法律、行政法规和地方性法规

　　D．以上都不对

（6）网络安全管理规范是为保障实现信息安全政策的各项目标制定的一系列管理规定和规程，具有（　　）。

　　A．一般要求　　　　B．法律要求　　　　C．强制效力　　　　D．文档要求

2. 填空题

（1）网络安全保障体系总体架构包括 5 部分：_____、_____、_____、_____ 和_____。

（2）TCP/IP 网络安全管理体系结构包括 3 方面：_____、_____、_____。

（3）_____是信息安全保障体系的一个重要组成部分，按照_____的思想，为实现信息安全战略而搭建。一般防护体系包括_____、_____和_____ 3 层防护结构。

（4）信息安全标准是确保信息安全的产品和系统在设计、研发、生产、建设、实施、使用、测评和管理维护过程中，解决产品和系统的_____、_____、_____、_____ 和符合性的技术规范和依据。

（5）网络安全策略包括 3 个重要组成部分：_____、_____和_____。

（6）网络安全保障包括_____、_____、_____和_____ 4 方面。

（7）TCSEC 是可信计算系统评价准则的缩写，又称网络安全橙皮书，将安全分为_____、_____、_____和文档 4 方面。

（8）通过对计算机网络系统进行全面、彻底、有效的安全测评，可查找并分析出_____、_____和_____。

（9）实体安全的内容主要包括_____、_____、_____ 3 方面，主要指 5 项防护（简称五防）：防盗、防火、防静电、防雷击、防电磁泄漏。

（10）基于软件的软件保护方式一般分为注册码、许可证文件、许可证服务器、_____和_____等。

3. 简答题

(1) 网络安全保障体系总体架构包括哪 5 部分？

(2) 如何理解"七分管理，三分技术，运作贯穿始终"？

(3) 国内外的网络安全法律法规有何差异？

(4) 网络安全评估准则和方法的内容是什么？

(5) 网络安全管理规范及策略有哪些？

(6) 简述网络安全管理制度的主要内容。

(7) 常用的网络安全管理规章制度主要包括哪些方面？

*(8) 单位如何进行具体的实体安全管理？

4. 实践题

(1) 调研一个网络中心，了解并写出实体安全的具体要求。

(2) 查看一台计算机的网络安全管理设置情况，如果不合适，对其进行调整。

(3) 利用一种网络安全管理工具对网络安全性进行实际检测并分析。

(4) 调研一个企事业单位，了解计算机网络安全管理的基本原则与工作规范情况。

(5) 结合实际论述如何贯彻落实机房的各项安全管理规章制度。

项目 4

项目 4 *project 4*

黑客攻防与检测防御

随着互联网的广泛普及,各行各业基于网络的依赖程度对于社会的发展产生了巨大而深远的影响,人们的生活和工作方式也得到了改变。随之而来的是日益突出的网络安全问题,尤其是黑客的攻击和威胁严重地影响了网络环境的安全。近年来的云计算、物联网、智慧城市、移动互联网等新一代技术的发展和应用,在促进应用创新发展的同时,安全威胁也在不断进化。面临如此严峻复杂的网络安全环境,各类网络安全防范技术和措施必然需要深入研究。

重点:黑客的概念、分类、目的;黑客攻击的过程及攻击防范。

难点:黑客攻击常用的技术和工具软件,入侵检测与防御系统的应用方法。

关键:黑客的概念、目的、攻击步骤和常用攻击技术。

目标:掌握黑客常用的攻击技术和工具软件,了解黑客攻击的目的及攻击步骤,熟悉入侵检测与防御系统的概念、功能、特点和应用方法,理解网络扫描和入侵攻击的操作方法。

教学视频
课程视频 4.1

4.1 项目分析 黑客攻击的严重威胁

【引导案例】 2016 年网络犯罪对全球经济带来的损失高达 4500 亿美元,专家预计到 2021 年,这一数字将增加到 1 万亿美元。劳埃德银行和 Cyence 的报告指出,一次大规模的黑客攻击可能导致高达 530 亿美元的损失,这相当于一场自然灾害的规模。相关报道中提到在对美国 352 名国家安全人员的调查中,45.1% 的人员认为美国面临的最大威胁来自网络安全。随着最近 Uber、Equifax 和 HBO 等大公司相继遭到黑客攻击,网络安全已经成为全球最关心的问题之一。

4.1.1 黑客攻击现状的严重性

21 世纪的信息社会伴随着计算机网络的广泛覆盖、移动互联设备的大规模普及、云计算和大数据技术的快速发展,人们的工作和生活与网络之间变得密不可分,与此同时,各种网络安全威胁也在迅猛发展与更新,网络攻击呈现出入侵结点多、威胁强度大、实施门槛低等特点。自1995年黑客的首次出现,黑客攻击的技术和方法层出不穷,主要涉及网络监听、拒绝服务攻击、源IP地址欺骗、缓冲区溢出、密码攻击等。

【案例4-1】 蠕虫病毒Conficker自2008年10月开始传播,该计算机病毒感染事件成为历史上黑客攻击事件中最严重的事件之一。Conficker有很强大的感染性,主要以远程感染为主要感染方式,利用已知的Windows系列服务器服务漏洞,使计算机感染病毒,其目的在于入侵系统,下载盗号病毒。另外,Conficker还产生了两个变种病毒,即Conficker.A型病毒和Conficker.B型病毒。

黑客攻击的本质是利用被攻击方系统中存在的安全漏洞实施攻击,窃取对方机密、破坏系统或造成网络服务瘫痪,带来的损失不仅危及个人信息安全,有甚者可能破坏社会及国家安全。近年来严重的黑客攻击事件引起了全球高度的关注。

(1) 2016年美国东海岸出现大面积互联网"断网"事件,导致这场灾难的原因是黑客入侵控制全世界十多万台智能硬件设备,组成僵尸网络,对美国互联网域名解析服务商Dyn公司进行DDoS攻击,大半个美国的网络服务瘫痪。

(2) 2016年美国国家安全局(NSA)泄露的网络武器"永恒之蓝"被黑客组织利用开发成为勒索病毒"想哭",包括中国在内的100多个国家遭受了勒索软件的攻击。

(3) 美国大选"黑客门"成为继"棱角门"事件后持续时间较长、影响力较大的重要网络安全事件。

黑客的干扰将网络空间安全问题延伸到国际安全秩序问题,日益复杂的网络攻击和网络渗透影响着国际安全制度,国际社会必须进一步加大对网络空间的治理力度,维护网络空间安全和国际社会安全。

4.1.2 黑客攻防的发展态势

(1) 网络技术的迅猛发展给全球带来便利和改变的同时,也引发了一系列的全球性网络安全问题,如黑客入侵、网络犯罪、网络战争等。网络已经打破了传统意义上的"国家疆域",成为陆、海、空、天之外的"第五空间",在信息社会中起到重要的作用。黑客攻击的手段随着科技进步而不断发展,攻击目的不仅停留在破坏系统和窃取数据等常见危害,还带有明显政治目的,有组织、有蓄谋的黑客行动挑起网络战争,影响未来国际安全。

(2) 近年来,网络安全威胁发生新变化,黑客产业链和针对性攻击呈现出上升的趋势。在巨大经济利益的驱动下,黑客组织规模不断扩大,形式不断演变,黑客产业链逐步形成。黑客产业从过去的零散组织发展成为有着分工明确且组织严密的产业链模式,它是黑客们利用技术手段入侵服务器获取站点权限以及各类账户信息,并从中牟取非法经济利益的一条产业链。由于网络终端的数量巨大,为黑客带来了无限的利润空间,产业链的每一个链条都能从中谋求经济利益。从攻击技术的角度形成的产业链类型众多,如挂马产业链、钓鱼产业链、垃圾信息产业链、拒绝服务攻击产业链、游戏私服产业链等,另外还有利用人性弱点的黑客社会工程学攻击。由于网络具有跨时空操作特性，为黑客国际化犯罪提供了条件，网络黑客产业链逐渐朝着集团化、国际化的趋势继续发展。

（3）智能手机的用户数量快速扩张，很多传统业务都迁移到手机终端，特别是网络购物、网络银行、网络游戏等与支付应用相关的业务，成为黑客攻击的焦点。

（4）大数据时代，社会发生了颠覆性的变化，通过从大量的数据中分析和挖掘出有价值的信息，进行未来预测是大数据的本质。大数据让一切变得透明，在这样的网络环境下，黑客同样认识了大数据的价值，利用大数据进行网络犯罪更加简单，利用数据出卖获利或精准犯罪成为趋势。

☺讨论思考

（1）什么是黑客攻击？主要手段有哪些？

（2）黑客产业链的主要种类有哪几种？

4.2 任务1 黑客的概念和攻击途径

4.2.1 目标要求

本任务主要学习目标的具体要求如下。

（1）熟悉黑客的基本概念。

（2）掌握黑客的产生与种类。

（3）理解黑客攻击的主要途径。

【案例4-2】 2017年以来，黑客入侵教育平台Edmodo，窃取了超7000万教师、学生和家长的账户信息。通过对盈利性漏洞通知网站LeakBase提供的200多万个用户记录的样本进行验证发现，这些泄露数据包括用户名、电子邮箱地址以及散列的（hashed）密码等信息。目前，一个化名为Nclay的供应商正在某网上以1000多美元的价格出售这些Edmodo用户数据。此外，根据LeakBase所言，Nclay还声称自己手中掌握着7700万个用户账户信息，其中4000万个账户中含有电子邮箱地址信息。

4.2.2 知识要点

随着网络技术的不断发展，网络已经成为广泛应用和快速发展的热门技术，黑客的攻击现象越演越烈，为网络安全带来了巨大威胁和风险，网络安全问题更为突出。

1. 黑客的概念及产生

1）黑客的相关概念

黑客是 hacker 的译音，源于 hack，引申为"干了一件非常漂亮的工作"。hacker 一词最初指热心于钻研计算机技术、水平高超的计算机专家，尤其热衷于特殊程序设计，主要对各种网络技术和方法充满好奇并进行冒险性探索。当时，黑客是一个极富褒义的词，伴随产生了黑客文化。然而并非所有的人都能恪守黑客文化的信条专注于技术的探索，恶意破坏计算机网络、盗取系统信息的行为不断出现，人们把此类具有主观上恶意企图的人称为"骇客"，该名称来自英文 cracker，意为"破坏者"或"入侵者"。

黑客的概念随着信息技术的快速发展和网络安全问题的出现被定义为泛指在计算机技术上有一定特长，并通过各种不正当的手段躲过网络系统安全措施和访问控制，进入他人计算机网络进行非授权活动的人。

2）黑客的产生

最早的计算机 1946 年在美国宾夕法尼亚大学出现，而黑客始于 20 世纪 50 年代。最早的黑客出现在美国麻省理工学院的人工智能实验室，一群精力充沛、技术高超，热衷于解决计算机网络难题的学生，他们自称为黑客，以编写复杂的程序为乐趣，开始并没有功利性的目的。此后不久，连接多所大学计算机实验室的美国国防部实验性网络 ARPANET 的建成，黑客活动便通过网络传播到更多的大学及社会。此后，居心不良的人利用手中掌握的"绝技"，借鉴盗打免费电话的手法，擅自进入他人的计算机系统，从事隐蔽活动。随着 ARARPNET 逐步发展成为 Internet，黑客的活动越来越活跃，人数越来越多，形成鱼目混珠的局面。

2. 黑客攻击的途径

1）黑客攻击的主要原因——漏洞

黑客攻击主要借助于计算机网络系统的漏洞。漏洞又称为系统漏洞，是在硬件、软件、协议的具体实现或系统安全策略上存在的缺陷，从而可使攻击者能够在未授权的情况下访问或破坏系统。黑客的产生与生存是由于计算机及网络系统存在漏洞和隐患，才使黑客有机可乘。造成漏洞并为黑客所利用的原因分析如下。

（1）计算机网络协议本身的缺陷。如 Internet 基础协议 TCP/IP，早期没有考虑安全方面问题，侧重开发和互联而过分信任协议，使得协议的缺陷更加突出。

（2）系统开发的缺陷。软件开发没有很好地解决大规模软件可靠性问题，致使大型系统都可能存在缺陷。主要是指程序在设计、编写、测试、设置或维护时，产生的问题或漏洞。

（3）系统配置不当。有许多软件是针对特定环境配置开发的，当环境变换或资源配置不当时，就可能使本来很小的缺陷变成漏洞。

（4）系统安全管理中的问题。快速增长的软件的复杂性、训练有素的安全技术人员的不足以及系统安全策略的配置不当，都增加了系统被攻击的机会。

2) 黑客入侵通道——端口

知识拓展
端口的分类
和由来

计算机是通过网络端口实现与外部通信,黑客攻击是将系统和网络设置中的各种端口作为入侵通道。其中的端口是逻辑意义上的端口,是指网络中面向连接服务和无连接服务的通信协议端口,是一种抽象的软件结构,包括一些数据结构和 I/O(输入输出)缓冲区、通信传输与服务的接口。📖

☺讨论思考

(1) 什么是安全漏洞和隐患?为什么网络存在安全漏洞和隐患?

(2) 举例说明计算机网络安全面临的黑客攻击问题。

(3) 黑客入侵通道——端口主要有哪些?特点是什么?

教学视频
课程视频 4.3

4.3 任务 2 黑客攻击的目的及步骤

4.3.1 目标要求

本任务主要学习目标的具体要求如下。

(1) 熟悉黑客攻击的目的。

(2) 掌握黑客攻击的关键步骤和过程。

(3) 熟悉黑客攻击的主要类型。

4.3.2 知识要点

1. 黑客攻击的目的

在当今的网络环境下,能分辨出真正意义的黑客或者入侵者并不容易。在大多数人眼里,黑客就是入侵者,因此,在以后的讨论中不再严格区别黑客和入侵者,将他们视为同一类。经过大量的案例分析,概括出黑客实施攻击的主要目的有两种。

(1) 为了得到物质利益,主要是指获取金钱和财物。

① 窃取情报。在 Internet 上监视个人、企业及竞争对手的活动信息及数据文件,以达到窃取情报的目的。

② 报复。计算机罪犯感觉其雇主本该提升自己、增加薪水或以其他方式认可他的工作,可事与愿违。因此,计算机犯罪活动成为他反击雇主的方法,也希望借此引起别人的注意。

③ 金钱。有相当一部分计算机犯罪是为了赚取金钱。

④ 政治目的。任何政治因素都会反映到网络领域。主要表现在敌对国之间利用网络的破坏活动;或者个人及组织对政府不满而产生的破坏活动。这类黑客的动机不是为

了钱,几乎永远都是为了政治,一般采用的手法包括更改网页、植入计算机病毒等。

(2) 为了满足精神需求,主要是指满足个人心理欲望。

① 好奇心。对计算机及电话网感到好奇,希望通过探究这些网络更好地了解它们是如何工作的。

② 个人声望。通过破坏具有高价值的目标以提高在黑客社会中的可信度与知名度。

③ 智力炫耀。为了向自己的智力极限挑战或为了向他人炫耀,证明自己的能力;还有些甚至不过是想做个"游戏高手"或仅为了"玩玩"而已。

2. 黑客攻击的步骤

黑客攻击无论存在何种目的,采用何种技术,其整个攻击过程有一定的规律性,一般可分为 5 个步骤,常被称作"攻击五部曲"。

1) 隐藏 IP 地址

隐藏 IP 地址就是隐藏黑客的位置,以免被发现。主要是指利用被侵入的主机作为跳板的方式,达到隐蔽自身的目的,典型的隐藏 IP 地址的技术有两种方式。

(1) 先入侵到互联网上的一台计算机当作"傀儡机"(俗称"肉鸡"),再利用这台计算机实施攻击,即使被发现,也是"傀儡机"的 IP 地址。

(2) 做多级跳板"Sock 代理",这样在入侵的计算机上留下的是代理计算机的 IP 地址,从而隐藏了入侵者的真实 IP 地址。例如,黑客攻击某国的站点,一般选择远距离的另一个国家的计算机为"肉鸡",进行跨国攻击,此类案件很难侦破。

2) 踩点扫描

踩点扫描是黑客攻击的预先阶段,以收集信息为主要目的,通过各种途径和手段对所要攻击的目标对象进行多方探察了解,确保信息准确,以便确定攻击时间和地点等。踩点是黑客收集信息,找出被信任的主机(可能是网络管理员使用的机器或是一台被认为是很安全的服务器)。可以使用 Whois、DNS/nslookup、Google、百度等工具收集目标信息;扫描是利用各种扫描工具(对踩点所确定的攻击目标的 IP 地址或地址段的主机)寻找漏洞。扫描的目标对象可以是工作站、服务器、交换机、路由器和数据库应用等,对目标可能存在的已知安全漏洞逐项进行检查,根据扫描结果提供给扫描者或管理员可靠的分析报告。扫描工具可以进行下列检查:TCP 端口扫描;RPC 服务列表;NFS 输出列表;共享列表;默认账号检查;Sendmail、IMAP、POP3、RPC status 和 RPC mountd 有缺陷版本检测。进行完这些扫描,黑客对哪些主机有机可乘便已胸有成竹。

3) 获得特权

获得特权是指获得管理权限。目的是通过网络登录到远程计算机上,对其进行控制,达到攻击目的。获得权限方式分为 6 种:由系统或软件漏洞获取系统权限;由管理漏洞获取管理员权限;由监听获取敏感信息,进一步获得相应权限;以弱口令或穷举法获取远程管理员的用户密码;攻破与目标主机有信任关系的另一台计算机,进而得到目标主机的控制权;用欺骗等方式获取权限。

4) 种植后门

种植后门是黑客利用程序的漏洞进入系统后安装后门程序,以便日后可以不被察觉地再次入侵做好准备。后门程序潜伏在计算机中，从事收集信息或便于黑客进入的动作，入侵者可以使用最少的时间进入系统，并且在系统中不易被发现，同时系统管理员也难以阻止入侵者再次进入系统。种植后门的主要方法有创建具有特权用户权限的虚假用户账号、安装批处理、安装远程控制工具、使用木马程序替换系统程序、安装监控机制及感染启动文件等。多数后门程序都是预先编译好的，只需要想办法修改时间和权限就可以再次使用。黑客一般使用特殊方法传递这些文件，以便不留下 FTP 记录。

5）隐身退出

黑客在确认自身安全之后，就可以开始实施网络攻击。一旦黑客入侵系统，就会留下痕迹，因此，黑客为了避免被检测出来，黑客在入侵完毕后会及时清除系统和服务日志，最后隐身退出。

3. 黑客攻击的分类

黑客攻击是利用被攻击方网络系统自身存在的漏洞，通过使用网络命令和专用软件侵入网络系统实施攻击，具体攻击的类型有以下几种。

1）阻塞类攻击

阻塞类攻击企图通过强制占有信道资源、网络连接资源、存储空间资源，使服务器崩溃或资源耗尽，无法对外继续提供服务。常见的攻击方法有拒绝服务（denial of service，DoS）攻击、TCP SYN 洪泛攻击、Land 攻击、Smurf 攻击、电子邮件炸弹等。

2）探测类攻击

探测类攻击主要是收集目标系统的各种与网络安全有关的信息，为下一步入侵提供帮助。主要包括扫描技术、体系结构刺探、系统信息服务收集等。目前，正在发展更先进的网络无踪迹信息探测技术。

3）控制类攻击

控制类攻击是一类试图获得对目标机器控制权的攻击。最常见的是口令攻击、特洛伊木马、缓冲区溢出攻击 3 种。口令的截获与破解仍然是最有效的口令攻击手段，进一步的发展应该是研制功能更强的口令破解程序；特洛伊木马技术目前着重研发更新的隐藏技术和秘密信道技术；缓冲区溢出是一种常用攻击技术，早期利用系统软件自身存在的缓冲区溢出的缺陷进行攻击，现在研究制造缓冲区溢出。

4）欺骗类攻击

欺骗类攻击包括 IP 地址欺骗和假消息攻击，前一种攻击通过冒充合法网络主机骗取敏感信息，后一种攻击主要是通过配制或设置一些假信息来实施欺骗攻击。主要包括 ARP 缓存虚构、DNS 高速缓存污染、伪造电子邮件等。

5）漏洞类攻击

漏洞是系统硬件或者软件存在某种形式的安全方面的脆弱性，这种脆弱性存在的直接后果是允许非法用户未经授权获得访问权或提高其访问权限。针对扫描器发现的网络系统的各种漏洞实施的相应攻击，伴随新发现的漏洞，攻击手段不断翻新，防不胜防。

6）破坏类攻击

破坏类攻击指对目标机器的各种数据与软件实施破坏，包括计算机病毒、逻辑炸弹等攻击手段。逻辑炸弹与计算机病毒的主要区别：逻辑炸弹没有感染能力，它不会自动传播到其他软件内。由于我国使用的大多数系统都是国外进口的，可能存在逻辑炸弹，因此应该保持警惕。对于机要部门中的计算机系统，应使用自主开发的软件为主。

⌂注意：在一次黑客网络攻击中，并非只使用上述攻击手段中的某一种，而是多种攻击手段相结合，取长补短，发挥各自不同的作用。

☺讨论思考

（1）黑客攻击的目的与步骤？

（2）黑客找到攻击目标后，可以继续哪几步的攻击操作？

（3）黑客的攻击行为有哪些？

4.4 任务3 黑客攻防的常用方式

4.4.1 目标要求

本任务主要学习目标的具体要求如下。

（1）了解常用的黑客攻防技术的分类。

（2）掌握常用的黑客攻击技术以及对应的防范手段。

（3）了解网络后门的主要策略。

4.4.2 知识要点

1. 常用的黑客攻防技术

网络环境下，网络的入侵和攻击在所难免，黑客攻击的防范成为网络安全管理工作的首要任务，掌握黑客攻击防御技术可以有效地预防攻击，做到"知己知彼，百战不殆"。根据网络攻击的工作流程，下面将从信息收集、网络入侵、种植后门及清除痕迹几方面常用的黑客攻防技术进行分析，如图 4-1 所示。

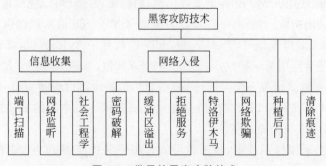

图 4-1 常用的黑客攻防技术

2. 端口扫描的攻防

【案例4-3】 勒索病毒利用端口传播。2017年5月12日，WannaCry勒索病毒通过MS17-010漏洞在全球范围大爆发。遭到感染的计算机中会被植入敲诈者病毒，导致计算机大量文件被加密，只有支付一定的比特币才可以解锁。WannaCry勒索病毒利用Windows操作系统445端口存在的漏洞进行传播，并具有自我复制、主动传播的特性。WannaCry勒索病毒爆发后，至少150个国家、30万用户中招，造成损失达80亿美元。

1）端口的概念

端口是计算机与外部通信的途径，它的作用如同进出一间房屋的大门，起到了通道的作用。在计算机系统中，端口泛指硬件端口，又称为接口，如计算机的串口、并口、输入输出设备端口、USB接口以及适配器接口、网络连接设备集线器、交换机、路由器的连接端口等，这些端口都是看得见摸得着的。

2）端口扫描器

端口扫描器也称为扫描工具、扫描软件，是一种自动检测远程或本地主机安全性弱点的程序。扫描器通过选用远程TCP/IP不同端口的服务，记录目标给予的回答，收集到很多关于目标计算机的各种有用的信息，如是否有端口在侦听，是否能用匿名登录，是否有可写的FTP目录，是否能用TELNET，httpd是用root还是nobady。扫描器不是一个直接攻击网络漏洞的程序，它仅能帮助使用者发现目标机的某些内在的弱点。一个好的扫描器能对它得到的数据进行分析，帮助查找目标主机的漏洞。

3）端口扫描方式

端口扫描的基础是利用TCP端口的连接定向特性，根据与目标计算机某些端口建立连接的应答，从而收集目标计算机的有用信息，发现系统的安全漏洞。扫描的方式主要采用手工扫描和端口扫描软件。

手工扫描方式需要熟悉各种命令，对命令执行后的输出结果进行分析。如通过调用ping命令来判断一台计算机是否存活。若要知道网络上哪些计算机正在运行，可向指定网络内的每个IP地址发送ICMP echo请求数据包，而扫描程序就可以完成这项任务。如果主机正在运行就会做出响应。然而，一些站点会阻塞ICMP echo请求数据包。在这种情况下扫描器也能够向80端口发送TCP ACK包，如果能收到一个RST包，就表示主机正在运行。扫描器通常还会使用另一种技术：发送一个SYN包，然后等待一个RST包或者SYN/ACK包。扫描器在默认情况下都会进行ping扫描，但是也可以强制关闭ping扫描。

TCP connect扫描和TCP SYN扫描是端口扫描软件最主要的扫描技术。

4）端口扫描攻击与防范对策

端口扫描攻击采用探测技术，攻击者可将它用于寻找能够成功攻击的服务。常用端口扫描攻击如下。

（1）秘密扫描。不能被用户使用审查工具检测出来的扫描。

（2）Socks 端口探测。Socks 是一种允许多台计算机共享公用 Internet 连接的系统。如果 Socks 配置有错误，将能允许任意的源地址和目标地址通行。

（3）跳跃扫描。攻击者快速地在 Internet 中寻找可供他们进行跳跃攻击的系统。FTP 跳跃扫描使用了 FTP 自身的一个缺陷。其他的应用程序，如电子邮件服务器、HTTP 代理、指针等都存在着攻击者可进行跳跃攻击的弱点。

（4）UDP 扫描。对 UDP 端口进行扫描，寻找开放的端口。UDP 的应答有着不同的方式，为了发现 UDP 端口，攻击者们通常发送空的 UDP 数据包，如果该端口正处于监听状态，将发回一个错误消息或不理睬流入的数据包；如果该端口是关闭的，大多数的操作系统将发回"ICMP 端口不可到达"的消息。这样，就可以发现一个端口到底有没有打开，通过排除方法确定哪些端口是打开的。

3. 网络监听的攻防

【案例 4-4】 美国监听全球事件。2014 年 5 月 26 日，中国互联网新闻研究中心发表了《美国全球监听行动记录》，披露美国对其他国家的监听行为。《美国全球监听行动记录》指出美国专门监控互联网的项目非常庞大，可以监控某个目标人物的几乎所有的互联网活动。美国国家安全局通过接入全球移动网络，每天收集全球高达 50 亿份手机通话的位置记录以及约 20 亿条全球手机短信。

1）网络监听

网络监听又称为网络嗅探，是指通过某种手段监视网络状态，并截获他人网络上通信的数据流，以非法获得重要信息的一种方法。网络监听技术的起源是帮助网络管理员诊断网络故障而监听网络中传输的数据信息，从而了解网络运行状况的需要而出现的。网络管理人员也可以利用截获网络中传输的数据监听网络数据流量，实现一定的流量计费功能。网络监听目前成为黑客用来截获网络中传送的数据，达到窃取信息目的的重要手段。网络监听是主机的一种工作模式，在此模式下，主机可以接收到本网络在同一条物理通道上传输的所有信息，而不管这些信息的发送方和接收方是谁。此时，如果两台主机进行通信的信息没有加密，只要使用某些网络监听工具可以轻而易举地截获包括账号和口令在内的信息资料。网络监听可以在网上的任何一个位置实施，如局域网中的一台主机、网关上或远程网服务器等。黑客用得最多的是截获用户的账号和口令，当黑客登录到网络上某一台主机并获得超级用户权限后，则可以使用网络监听截获其所在网络的其他主机的账号和口令。

⚠注意：网络监听只能应用于物理上连接于同一网段的主机，也就是其能力范围目前只限于局域网。

2）网络监听的检测

网络监听为网络管理员提供了管理网络的手段，起到监测网络传输数据、排除网络故障等作用，正是由于其对于网络强大的监测能力，成为黑客获取在局域网上传输敏感信息的一种重要手段。以太网是局域网常使用的一种技术，以太网的工作方式是将要发送的数据帧发送到同一网络中所有的主机，只有与数据帧中的目标地址一致的主机才能接收数据帧。如果将主机的网络接口设置为混杂（promiscuous）模式，则无论接收到的数据帧中的目标地址是什么，该主机可以接收到所有在以太网上传输的数据帧，包括在网络上传输的口令等敏感信息。如Sniffer Pro等的网络监听工具的工作原理，通常将网络监听放置在被攻击主机或网络附近，也可将其放在网关或路由器上，如图4-2所示。

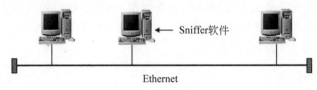

图 4-2　Sniffer 软件工作原理

3）网络监听的防范

（1）从逻辑或物理上对网络分段。通过网络分段将非法用户与敏感的网络资源相互隔离，从而防止可能的非法监听。网络分段是控制网络广播风暴的一种基本手段，也是保证网络安全的一项措施。

（2）以交换式集线器代替共享式集线器。网络终端用户的接入往往是通过分支集线器而不是中心交换机，使用最广泛的分支集线器通常是共享式集线器，因此，局域网中心交换机进行网络分段后，仍然面临被监听的危险。当用户与主机进行数据通信时，两台主机之间的数据包（单播包）会被同一台集线器上的其他用户监听，应用交换式集线器代替共享式集线器，使单播包仅在两个结点之间传送，从而防止非法监听。

（3）使用加密技术。若主机设置为监听模式，则局域网中传输的任何数据都可以被主机监听，将原始数据经过加密后在网络上传输，即使监听，得到的数据包往往也是乱码，没有使用价值。使用加密技术的缺点是影响数据传输速度，若采用了弱加密技术的数据仍然容易被破解。

（4）划分VLAN。运用VLAN技术，可以将局域网分割成一个个的小段，让数据包在小段内传输，将以太网通信变为点到点通信，从而可以防止大部分基于网络监听的入侵。

（5）使用动态口令技术，使得监听结果再次使用时无效。

4. 社会工程学的攻防

1）社会工程学攻击

社会工程学攻击是一种利用社会工程学来实施的网络攻击行为，通常利用大众疏于防范的诡计，骗取对方信任，获取机密情报。现实中运用社会工程学的犯罪很多，如短信诈骗银行信用卡账号、电话诈骗、以知名人士的名义去推销诈骗等，都运用到了社会工程学的方法。对于黑客，利用网络远程渗透破解获取数据是常用的攻击手段，而近来的黑客转向利用社会工程学攻击这种非技术性的黑客手法实施网络攻击，它更加注重人性弱点的利用,甚至无需计算机网络就可以进行。利用社会工程学手段,突破信息安全防御措施的事件,已经呈现上升甚至泛滥的趋势。

2) 社会工程学攻击的防范

社会工程学攻击的形式多样,其成功率取决于人类在尝试谨慎分析不同情况时出现的盲点。黑客多数利用电子邮件伪造、钓鱼网站、电话冒名、诱饵挖掘等方式骗取被攻击者的信任,逐步攻破被攻击者的防御,最终暴露个人机密信息。为了免受社会工程学攻击,应从以下几点保持警惕。

(1) 学会鉴别和防御网络攻击者,知识武装头脑,掌握信息是预防社会工程学攻击的最有力工具。

(2) 对于来路不明的服务供应商等人的电子邮件、即时简讯以及电话,不要轻易提供个人信息;对于未知发送者电子邮件中的嵌入链接和附件,不要随便单击和下载。

(3) 关注网站的 URL,尽量手动输入,避免钓鱼网站。

(4) 及时下载和更新操作系统及常用软件的补丁,预防漏洞。

(5) 安装及使用防火墙保护计算机。

5. 密码破解的攻防

【案例 4-5】　CSDN 用户信息大量泄露。2012 年 12 月,CSDN 的安全系统遭到黑客攻击,600 万用户的登录名、密码及邮箱遭到泄露。随后,CSDN“密码外泄门”持续发酵,天涯社区、世纪佳缘等网站相继被曝用户数据遭泄露。天涯社区于 2012 年 12 月 25 日发布致歉信,称天涯社区 4000 万用户的隐私遭到黑客泄露。针对泄露的 CSDN 用户口令统计,近 45 万用户使用 123456789 和 12345678 做口令;近 40 万用户使用自己的生日做口令;近 25 万用户使用自己的 QQ 号做口令;近 15 万用户使用自己的手机号做口令。其中,设置成弱口令的用户占了 590 万,只有 8000 多个用户的口令在 8 位以上,并有大写字母、小写字母和数字,不在常见的口令字典表里。

在网络环境中,基于账号和密码的认证是最常见、应用最广泛的一种身份识别与安全防范方式,网络操作系统及其各种应用软件的运行与访问安全由该认证方式实现,因此,获取账号和密码来进行网络攻击成为黑客入侵的前提。只要黑客能破解得到这些机密信息,就能够获得计算机或网络系统的访问权,进而可以获取系统任何资源。

黑客依靠获得计算机或者网络系统的账号和密码进行网络攻击的行为,称为“口令攻击”。口令是很多系统认证用户的唯一标识,这种攻击的前提是必须得到主机的某个合法用户的账号,然后进行合法用户的口令的破解。

📖知识拓展
其他口令攻击方式

1) 口令攻击的方法 📖

(1) 暴力攻击。暴力攻击是利用无穷列举的方法尝试获取账号或口令的方法。从理论上来讲,任何口令都是不安全的,没有破解不了的口令,破解的时间取决于口令的复杂程度。针对固定长度的口令,只要有足够的时间,总能穷举出所有可能的组合值,如字母、数字、特殊字符等的组合。

（2）字典攻击。字典攻击是将一些网络用户经常使用的口令集中起来存放在一个称为"口令字典"的文本文件中，通过对字典中的口令逐一进行比较猜测口令的方法。这种方法可以快速地查找系统中的弱口令，即非常简单的口令，如 hello、admin、birthday 等。

（3）组合攻击。实际应用中，网络系统要求用户的口令采用字母和数字的组合，许多用户将原先的口令尾部添加几个数字，组成新的口令，如 hello 改成 hello123，组合攻击对于此类口令的攻击效果显著。组合攻击就是在使用词典单词的基础上，在单词的后面串接几个字母和数字的攻击方式。

（4）口令存储攻击。通常，在操作系统中存储了一些口令文件，如 Windows 操作系统的 sam 文件、Linux 操作系统的 shadow 文件。用户的口令信息以明文或者密文的方式存放在这些文件中，黑客只要能够远程控制或者本地操作目标主机，就可以通过一些技术手段破解口令文件，获取这些口令文件的明文，这就是口令存储攻击。

2）口令破解工具

口令破解工具是用于破解口令的应用程序，大多数口令破解工具并不是真正意义上的解码，而是通过尝试加密后的口令与要解密的口令进行比较，直到数据一致，则认为这个数据就是要破解的密码。

3）密码破解防范对策

通常情况下，网络用户应注意以下"五不要"。

（1）不要选取容易被黑客猜测到的信息做密码，如生日、手机号后几位等。

（2）不要将密码写到纸上，以免出现泄露或遗失问题。

（3）不要将密码保存在计算机或其他磁盘文件中。

（4）不要让他人知道密码。

（5）不要在不同系统中使用同一密码。

6. 缓冲区溢出的攻防

缓冲区溢出是一种非常普遍和危险的漏洞，在各种操作系统、应用软件中广泛存在。利用缓冲区溢出攻击，可以导致程序运行失败、重新启动等后果。缓冲区溢出攻击是利用缓冲区溢出漏洞所进行的攻击行动。缓冲区溢出是指当计算机向缓冲区内存储调入填充数据时，超过了缓冲区本身限定的容量，致使溢出的数据覆盖在合法数据上。操作系统所使用的缓冲区又称为堆栈，在各个操作进程之间，系统指令会被临时存储在堆栈中，堆栈也会出现缓冲区溢出。缓冲区溢出中，最危险的是堆栈溢出，因为入侵者可以利用堆栈溢出，在函数返回时改变返回程序的地址，让其跳转到任意地址。其带来的危害有两种：一种是程序崩溃导致拒绝服务；另一种是跳转并且执行一段恶意代码。

1）缓冲区溢出攻击

缓冲区溢出攻击是指通过向缓冲区写入超出其长度的大量文件或信息内容，造成缓冲区溢出，破坏程序的堆栈，使程序转而执行其他指令或使得攻击者篡夺程序运行的控制权。如果该程序具有足够的权限，那么整个网络或主机就被控制了，达到黑客期望的攻击目的。

2）缓冲区溢出攻击的防范

缓冲区溢出攻击占了远程网络攻击的绝大多数。如果能有效地消除缓冲区溢出的漏洞，则很大一部分的安全威胁可以得到缓解。保护缓冲区免受缓冲区溢出攻击和影响的方法是提高软件编写者的能力，强制编写正确代码。利用编译器的边界检查来实现缓冲区的保护，这个方法使得缓冲区溢出不可能出现，从而完全消除了缓冲区溢出的威胁，但是相对而言代价比较大。

7. 拒绝服务的攻防

1）拒绝服务攻击

拒绝服务（denial of service，DoS）攻击并非微软的 DOS。DoS 攻击是指黑客利用合理的服务请求来占用过多的服务资源，使合法用户无法得到服务的响应，直至瘫痪而停止提供正常的网络服务的攻击方式。DoS 攻击的目的是使目标主机停止网络服务，而其他类型的攻击目的往往是获取主机的控制权。这种攻击的危险性在于它可以在没有获得主机的任何权限的情况下进行，只要主机连接到网络上就可能受到攻击。攻击的实施容易，达到目的简单，但是追查起来困难，并且难于预防。一旦主机遭受了 DoS 攻击，其常表现出下述现象。

（1）被攻击的主机上有大量等待的 TCP 连接。

（2）网络中充斥着大量无用的数据包，源地址为假。

（3）制造高流量无用数据，造成网络拥塞，使受害主机无法正常和外界通信。

（4）利用受害主机提供的服务或传输协议上的缺陷，反复高速地发出特定的服务请求，使受害主机无法及时处理所有正常请求。

（5）严重时会造成系统死机。

分布式拒绝服务（distributed denial of service，DDoS）攻击是利用更多的傀儡机（肉鸡）来发起进攻，以比从前更大的规模来进攻受害者，DDoS 攻击是在传统的 DoS 攻击基础之上产生的一类攻击方式。DDoS 的攻击原理如图 4-3 所示，通过制造伪造的流量，使得被攻击的服务器、网络链路或是网络设备（如防火墙、路由器等）负载过高，从而最终导致系统崩溃，无法提供正常的 Internet 服务。

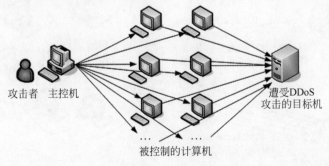

图 4-3　DDoS 的攻击原理

2）常见的拒绝服务攻击

（1）TCP SYN 攻击。利用 TCP/IP 的固有漏洞，面向连接的 TCP 三次握手是 TCP SYN 拒绝服务攻击存在的基础。标准的 TCP 握手需要三次包交换来建立：当服务器接收到客户机发送的 SYN 包后，必须回应一个 SYN ACK 包，然后等待客户机回应一个 ACK 包来确认，从而建立真正的连接。如果客户机只发送初始的 SYN 包而不向服务器发送确认的 ACK 包，则会导致服务器一直等待 ACK 包直到超时为止。由于服务器在有限的时间内只能响应有限数量的连接，这就会导致服务器一直等待回应而无法响应其他机器的连接请求。如果客户机连续不断地发送 SYN 包，使得目标无法响应合法用户的连接请求，就会发生拒绝服务，如图 4-4 所示。

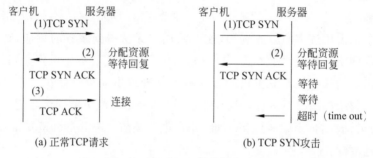

图 4-4　TCP SYN 拒绝服务攻击

（2）Smurf 攻击。利用了 TCP/IP 中的定向广播特性，广播信息可以通过广播地址发送到整个网络中的所有主机，当某台主机使用广播地址发送一个 ICMP echo 请求包（requst）时，一些系统会回应一个 ICMP echo 应答包（reply），即发送一个请求包会收到许多的应答包。Smurf 攻击正是基于这样的原理来显示的。为了使网络上某台主机成为被攻击的对象，将该主机的地址作为发送源地址，目标地址为某个网络的广播地址，这样会有许多的系统响应发送大量的信息给被攻击的主机。大量的 ICMP echo 应答包会发送到被攻击主机而消耗其网络带宽和 CPU 周期。Smurf 攻击如图 4-5 所示。

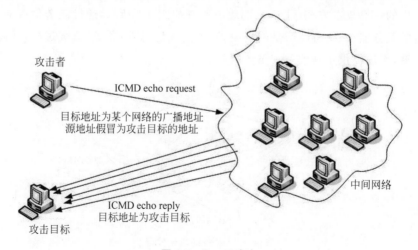

图 4-5　Smurf 攻击

（3）ping 洪流攻击。利用了早期操作系统在处理 ICMP 数据包时存在的漏洞。早期许多操作系统对 TCP/IP 的 ICMP 包长度规定为固定大小 64KB，在接收 ICMP 数据包时，只开辟 64KB 的缓存区存储接收的数据包。一旦发送过来的 ICMP 数据包的实际尺寸超过 64KB，操作系统将收到的数据报文向缓存区填写时，报文长度大于 64KB，就会产生一个缓存溢出，结果将导致 TCP/IP 堆栈的崩溃，造成主机重启或死机。这种攻击也称为 ping of death。针对此类攻击，接收方可以使用新的补丁程序，判断接收的数据包字节数大于 65 535KB 时，则丢弃该数据包，并进行系统审计。

（4）泪滴攻击。泪滴也称为分片攻击，它是一种典型的利用 TCP/IP 的问题进行拒绝服务攻击的方式，由于第一个实现这种攻击的程序名称为 Teardrop，所以这种攻击也称为泪滴。泪滴攻击的工作原理是向被攻击者发送多个分片的 IP 包，某些操作系统收到含有重叠偏移的伪造分片数据包时将会出现系统崩溃或重启等现象。即利用了在 TCP/IP 堆栈中实现信任 IP 碎片中的数据包的标题头所包含的信息来实现自己的攻击。

（5）Land 攻击。这种攻击方式与 SYN floods 类似，但是在 Land 攻击包中的源地址和目标地址都是攻击对象的 IP 地址。这种攻击会导致被攻击的机器死循环，最终耗尽运行的系统资源而死机。

3）拒绝服务攻击检测与防范

检测 DDoS 攻击的方法主要有两种：根据异常情况分析和使用 DDoS 检测工具。通常，对 DDoS 攻击的主要防范策略如下。

（1）尽早发现网络系统存在的攻击漏洞，及时安装系统补丁程序。

（2）在网络安全管理方面，要经常检查系统的物理环境，禁止那些不必要的网络服务。

（3）利用网络安全设备（如防火墙）等来加固网络的安全性。

（4）同网络服务提供商协调，帮助用户实现路由的访问控制和对带宽总量的限制。

（5）当发现主机正在遭受 DDoS 攻击时应当启动应付策略，尽快追踪攻击包，并及时联系 ISP 和有关应急组织，分析受影响的系统，确定涉及的其他结点，阻挡已知攻击结点的流量。

（6）对于潜在的 DDoS 攻击应当及时清除，以免留下后患。

8. 特洛伊木马的攻防

1）特洛伊木马概述

特洛伊木马（Trojan horse）简称木马，是一种隐藏在正常程序下的一段具有特殊功能的恶意程序，它们在用户毫无察觉的情况下运行在宿主机器上，从而使攻击者获取远程访问和控制的权限。隐蔽性是区分木马与远程控制软件最主要的特性，主要表现为木马在计算机系统中不产生图标，不会出现在任务管理器中。

注意：木马一般不具有普通病毒所具有的自我繁殖、主动感染传播等特性，主要具备寄生性，习惯上可以将其纳入广义病毒的范畴。

2）木马的攻击过程 📖

📖知识拓展
木马的
植入方式

木马攻击途径：主要在客户端和服务端通信协议的选择上，绝大多数木马都使用 TCP/IP 进行通信，但是也有一些木马由于特殊情况或其他原因，使用 UDP 进行通信。当服务端程序在被感染机器上成功运行以后，攻击者就可以使用客户端与服务端建立连接，并进一步控制被感染的机器。木马会尽量将自己隐藏在计算机的某个角落里面，以防被用户发现；同时监听某个特定的端口，等待客户端与其取得连接，实施攻击；另外，为了下次重启时仍然能正常工作，木马程序常通过修改注册表或者其他的方法成为自启动程序。

使用木马工具进行网络入侵的基本过程可以分为 6 个步骤：配置木马，传播木马，运行木马，泄露信息，建立连接，远程控制。

3）木马的防范对策

针对木马的防范对策如下。

（1）必须提高安全防范意识，不要轻易打开电子邮件附件，尽管有时并非陌生人的邮件，如果要阅读，可以先以纯文本的方式阅读邮件。

（2）在打开或下载文件之前，一定要确认文件的来源是否可靠。

（3）安装和使用最新的杀毒软件，特别是带有木马病毒拦截功能的杀毒软件。

（4）监测系统文件、注册表、应用进程和内存等的变化，定期备份文件和注册表。

（5）特别需要注意的是不要轻易运行来历不明的软件或从网上下载的软件，即使通过了一般反病毒软件的检查也不要轻易运行。

（6）及时更新系统漏洞补丁，升级系统软件和应用软件。

（7）不要随意浏览陌生网站，特别是网站上一些广告条和来历不明的网络链接，这些很可能是木马病毒的入口。

（8）在计算机安装并运行防火墙。

【案例 4-6】　微信红包窃取个人信息。近来，微信红包成为朋友之间往来交流、资金转化的一种常用工具，而不法之徒制造了一种"另类的红包"。当用户领取该红包时，个人信息及与手机绑定的网银、支付宝账户等不知不觉地被别人盗走。这种"发红包"的软件实际上是一种木马病毒，它的设计与微信钱包非常相似。骗子先让你在微信上关注他的公众账号并提醒"恭喜你！你已经成功领取红包，请关注公众账号，建立你的小金库"，关注成功后会发送给用户一个红包，让用户领取。若用户真的领取，会出现"恭喜你成功领取红包＊＊元"。不知情用户以为这是商家搞的促销活动或是有亲朋发红包而暗自窃喜，进而将这个链接发给更多的微信好友，更多不知情者因此上当受骗。

随着智能手机的功能越来越强大，原本集中在计算机间传播的木马已经在手机之间传播，手机木马成为黑客谋取利益、获取重要信息的主要手段之一。手机木马一般有两大特征：一是多以图片、网址、二维码的形式伪装；二是需要用户单击下载操作。

9. 网络欺骗的攻防

1）WWW 欺骗

WWW 欺骗是指黑客篡改访问站点页面内容或将用户浏览网页 URL 改写为指向黑客的服务器。当用户浏览目标网页时，就向黑客服务器发出请求，黑客就可窃取信息等。

网络钓鱼（phishing）是指利用欺骗性很强的电子邮件和伪造的 Web 站点来进行诈骗活动，目的在于钓取用户的账户资料，假冒受害者进行欺诈性金融交易，从而获得经济利益。近几年来，这种网络诈骗在我国急剧攀升，接连出现了利用伪装成某银行主页的恶意网站进行诈骗钱财的事件。

2）电子邮件欺骗

（1）电子邮件攻击方式。电子邮件欺骗是指攻击者佯称自己为系统管理员（邮件地址和系统管理员完全相同），给用户发送邮件要求用户修改口令（口令为指定字符串）或在貌似正常的附件中加载病毒或其他木马程序。电子邮件欺骗的主要目的是在隐藏自己的身份的同时，冒充他人骗取敏感信息。

（2）防范电子邮件攻击的方法。使用邮件程序的 Email-notify 功能过滤信件，它不会将信件直接从主机上下载下来，只会将所有信件的头部信息（headers）送过来，它包含信件的发送者、信件的主题等信息；用 View 功能检查头部信息，看到可疑信件，可直接下指令将它从主机服务器端删除掉。拒收某用户信件的方法：在收到某特定用户的信件后，自动退回（相当于查无此人）。

3）IP 地址欺骗

IP 地址欺骗是黑客的一种攻击形式。黑客在与网络上的目标计算机通信时，借用第三方的 IP 地址，从而冒充另一台计算机与目标计算机通信。这是利用了 TCP/IP 的缺陷，根据 IP，数据包的头部包含源地址和目的地址。而一般情况下，路由器在转发数据包时，只根据目的地址查路由表并转发，并不检查源地址。黑客正是利用这一缺陷，在向目的计算机发送数据包时，将源地址改写为被攻击者的 IP 地址，这样这个数据包在到达目标计算机后，便可能向被攻击者进行回应，这就是 IP 地址欺骗攻击。

10. 种植后门

黑客实施攻击后，为了对侵入的主机保持长久控制，常会在主机上种植后门，方便日后再次通过后门入侵系统。建立的后门应使系统管理员无法阻止攻击者再次进入系统，同时使攻击者在系统中不易被发现，攻击者再次进入系统的用时较少。

后门程序是指那些绕过安全性控制而获取对程序或系统访问权的程序方法。最初是软件程序员为了便于修改程序设计中的缺陷而在软件开发阶段创建的后门程序，逐渐被黑客加以利用，成为黑客入侵和控制攻击目标的一种途径。后门也可以说是一种登录系统的方法，作为一种黑客工具，不像计算机病毒具有感染性，后门是为了绕过系统已有的安全设置，方便地进入系统。

11．清除痕迹

黑客一旦入侵系统，并非毫无痕迹留下，系统会记录黑客的 IP 地址以及相应操作事件，系统管理员可以通过有关的文件记录查找出入侵证据。因此，黑客在完成入侵任务后，除了断开与远程主机/服务器的连接之外，还要尽可能地避免留下攻击取证数据，同时为后续的攻击做好准备，黑客需要清除痕迹。删除事件日志是黑客用来清除痕迹的最主要手段。入侵者可以远程控制主机，对该系统的日志文件进行手动清除，也可以编写批处理文件实现对日志文件的清除，另外，利用第三方软件来清除一些手动难以清除的系统日志也是常用的方法。

☺讨论思考

（1）如何进行端口扫描攻防及网络监听攻防？

（2）如何进行密码破解攻防及特洛伊木马攻防？

（3）如何进行缓冲区溢出攻防与拒绝服务攻防？

4.5 任务4 防范攻击的策略和措施

4.5.1 目标要求

本任务主要学习目标的具体要求如下。

（1）了解防范攻击的策略。

（2）掌握防范攻击的措施。

4.5.2 知识要点

黑客攻击给网络系统的安全带来了严重的威胁与严峻的挑战。积极有效的防范措施将会减少损失，提高网络系统的安全性和可靠性。普及网络安全知识教育，提高对网络安全重要性的认识，增强防范意识，强化防范措施，切实增强用户对网络入侵的认识和自我防范能力，是抵御和防范黑客攻击、确保网络安全的基本途径。

1．防范攻击的策略

防范黑客攻击要在主观上重视，客观上积极采取措施，制定规章制度和管理制度，普及网络安全教育，使用户掌握网络安全知识和有关的安全策略。管理上应当明确安全对象，设置强有力的安全保障体系，按照安全等级保护条例对网络实施保护。认真制订有针对性的防攻击方法，使用科技手段，有的放矢，在网络中层层设防，使每一层都成为一道关卡，从而让攻击者无隙可乘、无计可施。防范黑客攻击的技术主要有数据加密、身份认证、数字签名、建立完善的访问控制策略、安全审计等。技术上要注重研发新方法,同时还必须做到未雨绸缪,预防为主,将重要的数据备份并时刻注意系统运行状况。

2. 防范攻击的措施

具体防范攻击的措施与步骤如下。

(1) 加强网络安全防范法律法规等方面的宣传和教育,提高安全防范意识。

(2) 加固网络系统,及时下载、安装系统补丁程序。

(3) 尽量避免从 Internet 下载不知名的软件、游戏程序。

(4) 不要随意打开来历不明的电子邮件及文件或运行不熟悉的人给的程序。

(5) 不随便运行黑客程序,不少这类程序运行时易暴露用户的个人信息。

(6) 在支持 HTML 的 BBS 上,如发现提交警告,先看源代码,预防骗取密码。

(7) 设置安全密码。使用字母数字混排,常用的密码设置不同,重要密码经常更换。

(8) 使用防病毒、防黑客等防火墙软件,以阻挡外部网络的侵入。

(9) 隐藏 IP 地址。使用代理服务器中转,用户上网聊天、BBS 等不会留下自己的 IP 地址。使用工具软件,如 Norton Internet Security 隐藏主机地址,避免暴露个人信息。

(10) 切实做好端口防范。安装端口监视程序,并将不用的一些端口关闭。

(11) 加强 IE 浏览器对网页的安全防护。个人用户应通过对 IE 属性的设置来提高 IE 访问网页的安全性。

(12) 上网前备份注册表。许多黑客攻击会对系统注册表进行修改。

(13) 加强管理。将防病毒、防黑客形成惯例,当成日常例行工作,定时更新防毒软件,将防毒软件保持在常驻状态,以彻底防毒。由于黑客经常会针对特定的日期发动攻击,计算机用户在此期间应特别提高警戒。对于重要的个人资料做好严密的保护,并养成资料备份的习惯。

☺讨论思考

(1) 简述几种通过对 IE 属性设置来提高 IE 访问网页的安全性的具体措施。

(2) 防范攻击的措施与步骤具体有哪些?

*4.6 知识拓展 入侵检测与防御技术

4.6.1 目标要求

本任务主要学习目标的具体要求如下。

(1) 掌握入侵检测系统的概念、原理、功能和常用入侵检测方法。

(2) 掌握入侵防御系统的概念、原理和应用部署。

(3) 了解入侵检测与防御技术的发展态势。

4.6.2 知识要点

1. 入侵检测系统

1）入侵检测相关概念

入侵是对信息系统的非授权访问或未经许可在信息系统中进行操作，而入侵检测（intrusion detection，ID）是对正在入侵或已经发生的入侵行为的检测和识别。根据GB/T 18336.1—2015 给出的定义，入侵检测是指"通过对行为、安全日志、审计数据或其他网络上可以获得的信息进行操作，检测到对系统的闯入或闯入的企图"。

入侵检测系统（intrusion detection system，IDS）是指对入侵行为自动进行检测、监控和分析的组合系统，可自动检测信息系统内外入侵。IDS 通过从计算机网络或计算机系统中的若干关键点收集信息，并对其进行分析，从中发现网络或系统中是否有违反安全策略的行为和遭到攻击迹象的一种安全技术。在网络安全领域，防火墙作为网络边界设备常用于抵御外部网络的入侵，然而其对于内部攻击几乎束手无策。另外，防火墙本身也会引起一些安全问题，如可以被攻破，保存的信息在攻击发生后难以调查和取证等。而入侵检测系统作为防火墙的合理补充，帮助系统应对网络攻击，扩展系统管理员在安

知识拓展
主要的入侵
检测技术

全审计、监视、进攻识别和响应等方面的安全管理能力，提高信息安全基础结构的完整性。入侵检测系统可以称为防火墙之后的第二道防线，在网络受到攻击时，发出警报或采取一定的干预措施，与防火墙形成互补，通过合理搭配部署和联动提升网络安全级别。

2）入侵检测系统的主要功能

入侵检测系统主要有以下 7 种功能。

（1）对网络流量的跟踪与分析功能。跟踪用户从进入网络到退出网络的所有活动，实时监测并分析用户在系统中的活动状态。

（2）对已知攻击特征的识别功能。识别特定类型的攻击，向控制台报警，为防御提供依据。

（3）对异常行为的分析、统计与响应功能。分析系统的异常行为模式，统计异常行为，并对异常行为做出响应。

（4）特征库的在线升级功能。提供在线升级实时更新入侵特征库，不断提高 IDS 的入侵检测能力。

（5）数据文件的完整性检验功能。检查关键数据文件的完整性，识别并报告数据文件的改动情况。

（6）自定义特征的响应功能。定制实时响应策略；根据用户定义，经过系统过滤，对警报事件及时响应。

（7）系统漏洞的预报警功能。对未发现的系统漏洞特征进行预报警。

3）入侵检测实现方式

（1）基于主机的入侵检测系统（host-based intrusion detection system，HIDS）是以系

统日志、应用程序日志等作为数据源,也可以通过其他手段(如监督系统调用)从所在的主机收集信息进行分析。HIDS 一般是保护所在的系统,经常运行在被监测的系统之上,检测系统上正在运行的进程是否合法。该类系统已经被用于多种平台。

(2) 基于网络的入侵检测系统(network intrusion detection system,NIDS)又称嗅探器,通过在共享网段上对通信数据的侦听采集数据,分析可疑现象(将 NIDS 放置在比较重要的网段,监视各种数据包)。NIDS 的输入数据来源于网络的信息流。该类系统一般被动地监听整个网络上的信息流,通过捕获网络数据包进行分析,检测该网段上发生的网络入侵,如图 4-6 所示。

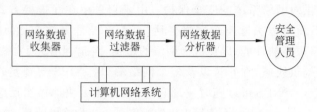

图 4-6 基于网络的入侵检测系统

(3) 分布式入侵检测系统(distributed intrusion detection system,DIDS)。DIDS 是将基于主机和基于网络的检测方法集成到一起,即混合型入侵检测系统。系统一般由多个部件组成,分布在网络的多部分,完成相应的功能,分别进行数据采集、数据分析等。通过中心的控制部件进行数据汇总、分析、产生入侵报警等。在这种结构下,不仅可以检测到针对单独主机的入侵,同时也可以检测到针对整个网络系统上的主机的入侵。

2. 入侵防御系统

1) 入侵防御系统的概念

入侵防御系统(intrusion prevention system,IPS)是能够监视网络或网络设备的网络资料传输行为,及时中断、调整或隔离一些不正常或是具有危害性的网络资料传输行为。由于 IDS 只能被动地检测攻击,不能主动地阻止网络威胁,因此急需一种主动入侵防护解决方案来确保企业网络安全,IPS 应运而生。IPS 是一种智能化的入侵检测和防御产品,它不但能检测入侵的发生,更能通过一定的响应方式,实时地中止入侵行为的发生和发展,实时地保护信息系统不受实质性的攻击。IPS 可以深度感知并检测流经的数据流量、对恶意报文进行丢弃以阻断攻击、对滥用报文进行限流以保护网络带宽资源等。相对于 IDS,IPS 在对网络进行精确检测的同时,更能阻断网络威胁。IPS 又是防火墙和防病毒软件的补充,是一种能够防御防火墙所不能防御的深层入侵威胁的在线部署安全产品。在必要时,它还可以为追究攻击者的刑事责任而提供法律上有效的证据。

📖知识拓展
防火墙、IDS 与
IPS 的区别

2) 入侵防御系统的种类

(1) 主机入侵防御系统(host-based intrusion prevention system,HIPS)。通过在主机/服务器上安装软件代理程序,防止网络攻击入侵操作系统以及应用程序,保护服务器的安全弱点不被不法分子所利用。主机入侵防御技术可以根据自定义的安全策略以及分析学习机制来阻断对服务器、主机发起的恶意入侵。HIPS 可以阻断缓冲区溢出、改变登录口令、修改动态链接库以及其他试图从操作系统夺取控制权的入侵行为，整体提升主机的安全水平。由于 HIPS 工作在受保护的主机/服务器上，它不但能够利用特征和行为规则检测，阻止诸如缓冲区溢出之类的已知攻击，还能够防范未知攻击，防止针对 Web 页面、应用和资源的未授权的任何非法访问。HIPS 与具体的主机/服务器操作系统平台紧密相关，不同的平台需要不同的软件代理程序。

（2）网络入侵防御系统（network intrusion prevention system，NIPS）。通过检测流经的网络流量，提供对网络系统的安全保护。由于它采用在线连接方式，所以一旦辨识出入侵行为，NIPS 就可以去除整个网络会话，而不仅仅是复位会话。同样由于实时在线，NIPS 需要具备很高的性能，以免成为网络的瓶颈，因此 NIPS 通常被设计成类似于交换机的网络设备，提供线速、吞吐量以及多个网络端口。NIPS 实现实时检测应答，一旦发生恶意访问或攻击，NIPS 可以随时发现它们，因此能更快地做出反应，从而将入侵活动的破坏降到最低。另外，NIPS 不依赖主机的操作系统作为检测资源，独立于操作系统。

3）入侵防御系统的工作原理

IPS 实现实时检查和阻止入侵的原理，如图 4-7 所示。主要利用多个 IPS 的过滤器，当新的攻击手段被发现后，就会创建一个新的过滤器。IPS 数据包处理引擎是专业化定制的集成电路，可以深层检查数据包的内容。如果有攻击者利用 Layer 2（介质访问控制）～Layer 7（应用）的漏洞发起攻击，IPS 能够从数据流中检查出其攻击并加以阻止。IPS 可以做到逐一字节地检查数据包。所有流经 IPS 的数据包都被分类，分类依据是数据包中的报头信息，如源 IP 地址和目的 IP 地址、端口号和应用域。每种过滤器负责分析相对应的数据包。通过检查的数据包可继续前进，包含恶意内容的数据包则被丢弃，被怀疑的数据包需进一步检查。

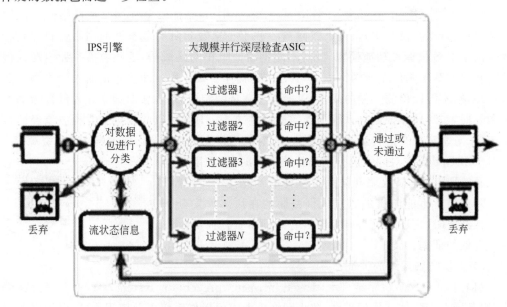

图 4-7　IPS 的工作原理

4）入侵防御系统的应用及部署

H3C SecBlade IPS 是一款高性能入侵防御系统，可应用于 H3C S5800/S7500E/S9500E/S10500/S12500 系列交换机和 SR6600/SR8800 路由器，具有集成入侵防御/检测、病毒过滤和带宽管理等功能，是业界综合防护技术最领先的入侵防御/检测系统。通过深达 7 层的分析与检测，实时阻断网络流量中隐藏的病毒、蠕虫、木马、间谍软件、网页篡改等攻击和恶意行为，并实现对网络基础设施、网络应用和性能的全面保护。H3C SecBlade IPS 模块与基础网络设备融合，具有即插即用、扩展性强的特点，降低用户管理难度，减少维护成本。IPS 部署交换机的应用如图 4-8 所示，IPS 部署路由器的应用如图 4-9 所示。

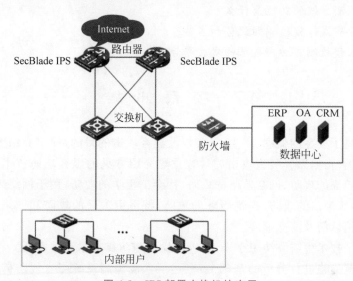

图 4-8 IPS 部署交换机的应用

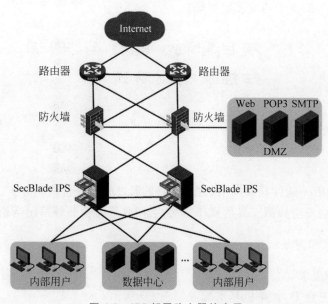

图 4-9 IPS 部署路由器的应用

3. 入侵检测与防御技术的发展趋势

入侵检测与防御技术随着网络安全问题的日益突出，越来越多地受到广泛的关注，取得了较快的发展。随之而来也存在不少的问题，如入侵或攻击的综合化与复杂化、入侵主体对象的间接化、入侵规模的扩大化、入侵技术的分布化、攻击对象的转移等。目前的网络环境对入侵检测与防御技术的要求也越来越高，检测与防御的方法也越来越复杂。

☺讨论思考

（1）入侵检测系统的功能是什么？

（2）简述分布式入侵检测的优势和劣势。

（3）简述入侵检测与防御技术的发展趋势。

4.7 项 目 小 结

本项目概述了黑客的概念、产生、分类以及黑客攻击的目的，简单介绍黑客攻击的步骤及攻击的分类；根据黑客实施攻击的过程重点介绍常见的黑客攻防技术，包括用于信息收集的端口扫描的攻防、网络监听的攻防、社会工程学的攻防；用于网络入侵的密码破解的攻防、缓冲区溢出的攻防、拒绝服务的攻防、特洛伊木马的攻防和网络欺骗的攻防；同时讨论了种植后门及清除痕迹。

在网络安全技术中需要防患于未然，入侵检测与防御技术至关重要。在上述对各种网络攻击及防范措施进行分析的基础上，概述了入侵检测系统与入侵防御系统的概念、功能、特点、分类、检测与防御过程、常用检测与防御技术和方法、实用入侵检测与防御系统和入侵检测与防御技术的发展趋势等。

4.8 项目实施 实验4 漏洞 扫描及检测防御

4.8.1 选做1 Sniffer 网络漏洞扫描

1. 实验目标

（1）利用 Sniffer 软件捕获网络数据包，然后通过解码进行检测分析。

（2）熟悉网络安全检测工具的操作方法，会用其进行检测并写出结论。

2. 实验要求和方法

1）实验环境要求

（1）硬件。三台 PC。单机基本配置如表 4-1 所示。

表 4-1　单机基本配置要求

设　备	名　　称	设　备	名　　称
内存	1GB 以上	硬盘	40GB 以上
CPU	2GB 以上	网卡	10MB 或者 100MB

（2）软件。操作系统 Windows 2003 Server SP4 以上，Sniffer 软件。

2）注意事项及特别提醒

本实验是在虚拟实验环境下完成，若在真实的环境下完成，则网络设备应选择集线器或交换机，若是交换机，则在 PC 上要做端口镜像。

实验用时：2 学时（90～120 分钟）。

3）实验方法

三台 PC，其中用户 Zhao 利用已建好的账号在 A 机上登录到 B 机已经搭建好的 FTP 服务器，用户 Tom 在此机利用 Sniffer 软件捕获用户 Zhao 的账号和密码。

三台 PC 的 IP 地址及任务分配如表 4-2 所示。

表 4-2　三台 PC 的 IP 地址及任务分配

设备	IP 地址	任 务 分 配
A 机	10.0.0.3	用户 Zhao 利用此机登录到 FTP 服务器
B 机	10.0.0.4	已经搭建好 FTP 服务器
C 机	10.0.0.2	用户 Tom 在此机利用 Sniffer 软件捕获用户 Zhao 的账号和密码

3. 实验内容和步骤

（1）在 C 机上安装 Sniffer 软件。启动 Sniffer 软件进入主窗口，如图 4-10 所示。

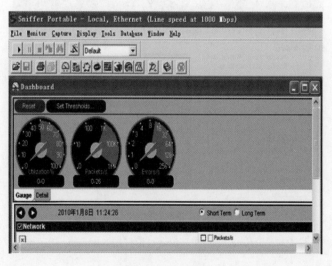

图 4-10　主窗口

（2）在进行流量捕捉之前，首先选择网卡，确定从计算机的哪个网卡接收数据，并将网卡设成混杂模式。网卡混杂模式，就是将所有数据包接收下来放入内存进行分析。设置方法：在主窗口中，单击 File→Select Settings 命令，在弹出的 Settings 对话框中设置网卡，如图 4-11 所示。

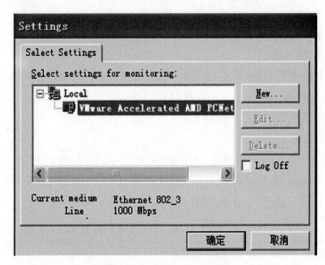

图 4-11　Settings 对话框

（3）新建一个过滤器。设置的具体方法如下。

① 单击 Capture→Define Filter 命令，进入 Define Filter-Capture 对话框。

② 单击 Profiles 命令，打开 Capture Profiles 对话框，单击 New 按钮。在弹出的对话框的 New Profiles Name 文本框中输入 ftp_test，单击 OK 按钮。在 Capture Profiles 对话框中单击 Done 按钮，如图 4-12 所示。

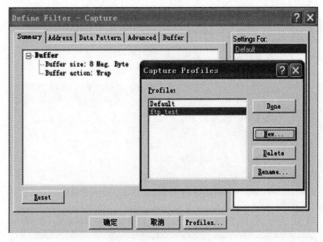

图 4-12　Define Filter-Capture 对话框的 Summany 选项卡

（4）在 Define Filter-Capture 对话框的 Address 选项卡中，设置地址的类型为 IP，并

在 Station1 和 Station2 中分别指定要捕获的地址对,如图 4-13 所示。

图 4-13 Define Filter-Capture 对话框的 Address 选项卡

(5) 在 Define Filter-Capture 对话框的 Advanced 选项卡中,指定要捕获的协议为 FTP。

(6) 主窗口中,选择过滤器为 ftp_test,然后单击 Capture→Start,开始进行捕获。

(7) 用户 Zhao 在 A 机上登录到 FTP 服务器。

(8) 当用户用名字 Zhao 及密码登录成功时,Sniffer 的工具栏会显示捕获成功的标志。

(9) 利用专家分析系统解码分析,可得到基本信息,如用户名、客户端 IP 地址等。

4.8.2 选做 2 入侵检测与防御技术应用

1. 实验目标

(1) 学会 Windows 环境下的 Snort 安装和配置。

(2) 熟练掌握入侵检测软件的安装部署。

2. 实验要求和方法

(1) 准备入侵检测软件 Snort 的安装软件,本实验以 Snort 2.1 为例。

(2) 本实验基于 Snort 入侵检测功能配置,日志文件存入 alert.ids。

(3) 规划好 Snort 软件的安装部署。

3. 实验内容和步骤

1) Snort 的安装及基本配置

(1) 双击 Snort 2.1 安装程序,并选择 I Agree,在接下来的选择安装方案中,选择默认方式,即第一个选项(Snort 将日志写入文本文件中),如图 4-14 所示。

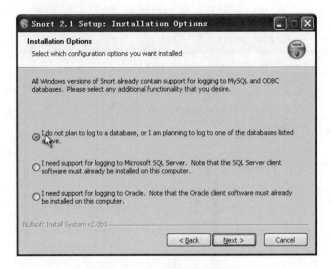

图 4-14　选择安装方案

（2）根据提示，选择程序安装目录后，开始安装 Snort 软件，直到安装成功，出现如图 4-15 所示的提示信息，要求安装 WinPcap 2.3。

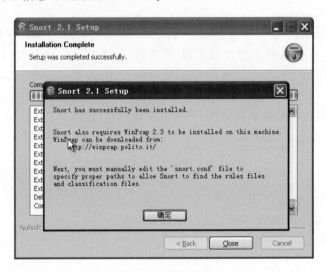

图 4-15　安装成功

（3）打开 WinPcap 的安装程序根据提示安装，如图 4-16 所示，WinPcap 安装后网卡即处于混杂模式。

（4）下一步安装 IDScenter 软件，安装根据提示完成。安装后双击打开 IDScenter，将 Snort 与 IDScenter 进行关联，如图 4-17 所示。

（5）进入 Snort 的安装目录，找到 log 目录，在该目录下新建文本文件，将其重命名为 alert.ids。

（6）在 Snort 的主程序界面，单击 Log File 下的"浏览"按钮，找到 alert.ids 文件，即将 Snort 检测的日志文件均存入此文件中。

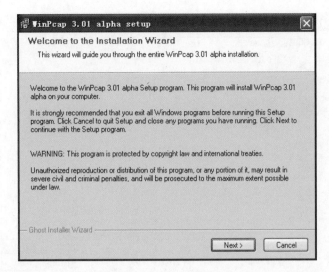

图 4-16　WinPcap 安装

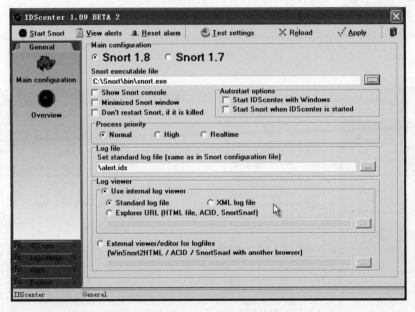

图 4-17　Snort 与 IDScenter 关联设置

（7）修改 Snort 配置文件。单击 Snort config，选择 snort. conf 文件并单击"打开"按钮，如图 4-18 所示，然后单击 Save 按钮。

（8）修改入侵检测规则。在 IDScenter 中的 IDS rules 项下的 Rules/Signatures 中指定一个规则文件分类，Snort 将按此文件定义的入侵检测规则进行检查，去除所有选中的默认规则文件，如图 4-19 所示。

（9）编辑一个 icmp. rules 文件，书写命令 alert icmp any any->10. 41. 3. 0 any(msg：
"ICMP Test";)，将其存放在 etc 目录下。

图 4-18　修改 Snort 配置文件

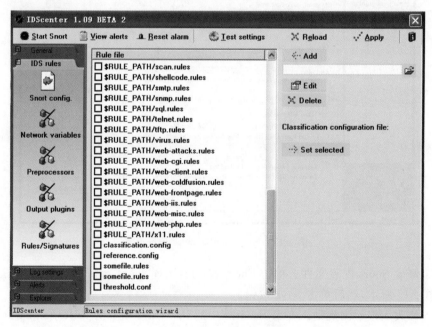

图 4-19　修改入侵检测规则

（10）将新建的 icmp.rules 文件添加到规则文件中，单击 Set selected 按钮，如图 4-20 所示。

（11）单击右上角的 Apply，生成一条 Snort 命令，如图 4-21 所示。

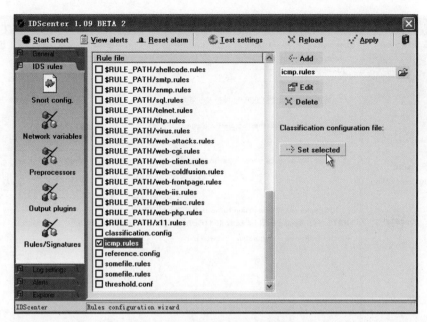

图 4-20 将新建文件添加到规则文件

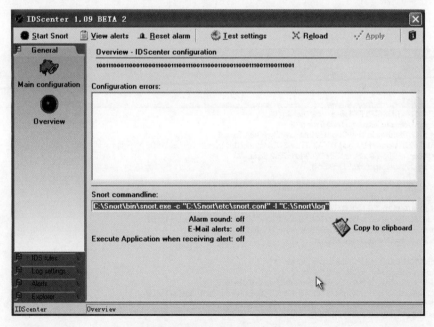

图 4-21 生成 Snort 命令

2）Snort 报警文件的配置

（1）如果检测到攻击，设置声音报警通告，如图 4-22 所示。

（2）Snort 正常运行时，利用 IDScenter 查看按照事先指定的规则集检测到的报警和日志信息，如图 4-23 所示。

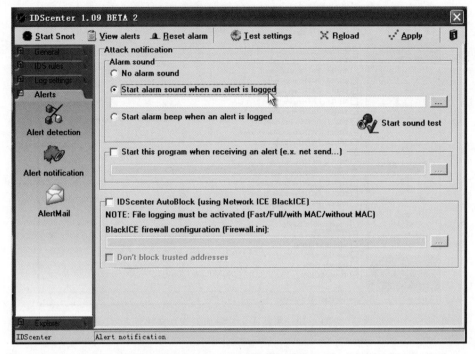

图 4-22　设置声音报警通告

图 4-23　IDScenter 查看报警和日志信息

4.9 练习与实践 4

1. 选择题

(1) 在黑客攻击技术中,(   )是黑客发现获得主机信息的一种最佳途径。

　　A. 端口扫描　　　　　　　　　B. 缓冲区溢出

　　C. 网络监听　　　　　　　　　D. 口令破解

(2) 一般情况下,大多数监听工具不能够分析的协议是(   )。

　　A. 标准以太网　　　　　　　　B. TCP/IP

　　C. SNMP 和 CMIS　　　　　　 D. IPX 和 DECNet

(3) 改变路由信息,修改 Windows NT 注册表等行为属于拒绝服务攻击的(   )方式。

　　A. 资源消耗型　　　　　　　　B. 配置修改型

　　C. 服务利用型　　　　　　　　D. 物理破坏型

(4)(   )利用以太网的特点,将设备网卡设置为"混杂模式",从而能够接收到整个以太网内的网络数据信息。

　　A. 缓冲区溢出攻击　　　　　　B. 木马程序

　　C. 嗅探程序　　　　　　　　　D. 拒绝服务攻击

(5) 字典攻击被用于(   )。

　　A. 用户欺骗　　　B. 远程登录　　　C. 网络嗅探　　　D. 破解密码

2. 填空题

(1) 黑客的"攻击五部曲"是_____、_____、_____、_____、_____。

(2) 端口扫描的防范也称为_____,主要有_____和_____。

(3) 黑客攻击计算机的手段可分为破坏性攻击和非破坏性攻击。常见的黑客行为有_____、_____、_____、告知漏洞、获取目标主机系统的非法访问权。

(4)_____就是利用更多的傀儡机对目标发起进攻,以比从前更大的规模进攻受害者。

(5) 按数据来源和系统结构分类,入侵检测系统分为 3 类:_____、_____和_____。

3. 简答题

(1) 入侵检测系统的主要功能是什么?

(2) 通常按端口号分布将端口分为几类? 并简单说明。

(3) 什么是异常入侵检测? 什么是特征入侵检测?

(4) 网络安全攻防的实践中,为什么人们经常说"三分技术,七分管理"?

4. 实践题

（1）利用一种端口扫描工具软件，练习对网络端口进行扫描，检查安全漏洞和隐患。

（2）调查一个网站的网络防范配置情况。

（3）使用 X-Scan 对服务器进行评估（上机操作）。

（4）安装配置和使用绿盟科技"冰之眼"（上机操作）。

（5）通过调研及参考资料，写一篇黑客攻击原因与预防的研究报告。

项目 5

密码及加密技术

密码及加密技术是实现网络安全的重要手段,作为现代信息化社会中一项最常用的防范措施,已被广泛地运用到网络安全应用中。密码技术保障了网络中数据传输和信息交换的安全性,是数据加密、数字签名、消息认证与身份识别、防火墙及反病毒技术等众多信息安全技术的基础。网络安全采用防火墙、病毒查杀等属于被动防御措施,数据安全主要采用对数据加密进行主动保护。

重点:密码技术相关概念、密码体制及加密方式。

难点:实用加密技术、数据及网络加密方式。

关键:密码技术的概念,密码体制的概念、分类和特点,实用加密技术的典型算法,数据及网络加密方式。

目标:掌握密码学的基本概念和基本术语、密码体制、实用加密技术、数据及网络加密方式,了解密码破译与密钥管理的常用方法。

5.1 项目分析 密码及加密技术的重要性

教学视频
课程视频 5.1

【引导案例】 密码作为一种最原始、最广泛使用的安全手段,保护着人们的信息安全及个人隐私,而近年来的密码泄露事件严重危害着网络安全。据相关报道可知81%黑客导致的泄露事件都与密码破译或弱密码有关:国内最大的开发者技术社区CSDN安全系统遭到黑客攻击,数据库中超过 600 万用户的登录名和密码泄露;携程安全支付日历导致用户银行卡信息泄露,包括持卡人姓名、身份证、卡号及密码等信息;数百万领英的用户账户信息泄露导致 Facebook 联合创始人马克扎克伯格的其他账户被黑……加深对密码安全的认识、掌握相关密码技术手段、增强安全意识尤为重要。

5.1.1 密码学与密码技术的重要意义

密码学是研究编制密码和破译密码的科学,是一门结合了数学、计算机科学、电子与通信等多种学科为一体的交叉学科，而密码技术是利用密码学的知识和技术保护信息安全的基础核心手段之一。

（1）随着移动互联网、云计算、物联网、大数据为代表的新型网络形态及网络服务的兴起，世界范围的信息实现了更加方便快捷地共享和交流，这些在为人们的工作和生活提供便利的同时，随之而来的是巨大的信息泄露及恶意攻击等问题，网络空间竞争与对抗的矛盾日益尖锐复杂，人们对信息安全意识及个人隐私安全意识也与日俱增。

（2）在信息安全的理论体系和应用技术研究中，密码技术经历了长期的发展形成了较完整的密码学理论体系，一系列公认的经典可靠的算法被提出，并且至今被广泛地采用及改进。密码技术逐步从最初的外交和军事领域走向社会公众，用于保证各类信息的机密性、完整性和准确性，防止信息被篡改、伪造和假冒。

（3）围绕信息安全和密码学中的前沿和热点问题，世界范围的信息安全与密码学国际会议每年举行，通过与会学者们的广泛讨论和交流，探讨如何运用密码学基础理论探索信息安全技术和保障网络空间安全，这些都是当前政府、学术界、工业界共同关注的焦点。

（4）密码技术始终在信息安全领域处于核心技术地位，经历了古典密码及现代密码技术的发展，各种新兴的密码技术，如神经网络密码、混沌密码、量子密码、DNA密码等相继提出，近年来得到了普遍的重视和关注。

密码学的发展促进了许多新技术的诞生，同时新技术的推广应用以及计算能力的不断提升也给秘密技术带来新的机遇和挑战，密码学理论和技术的发展应顺应社会进步的实际需求不断进步。

5.1.2　密码学发展态势分析

密码学在网络安全领域成为不可或缺的安全技术，随着各类新技术的产生以及计算机运算速度的不断提高，传统的加密技术无法满足现阶段应用的需求，新的密码技术和手段被研究和应用，主要围绕量子密码、混沌密码、DNA密码等展开。

（1）量子密码是以量子法则为基础，利用量子态作为符号而实现的密码技术。它突破了传统加密方法的束缚，以量子态作为密钥，体现出不可复制性，任何截获或测试量子密钥的操作都会改变量子态，因此截获者得到的是无用信息，信息合法接收者可以根据量子态的改变获知密钥是否被攻击。量子密码目前已经进入实用化阶段，但是其中仍存在需要进一步探讨的安全性问题。

（2）混沌密码利用了混沌系统产生S混沌序列作为密钥序列，利用该序列对明文加密，密文经过信道传输到接收方后，利用混沌同步的方法将明文信号提取出来实现解密。混沌加密技术是混沌和密码学优点的结合，安全性能非常高，其加密和解密的过程可重用，且易于硬软件的实现。

（3）DNA密码作为密码学的新分支迅速发展起来，其以传统密码学为基础，同时利用了DNA分子所具有的超大规模并行性、超高容量的存储密度以及超低的能量消耗等特点，实现加密、认证及签名等密码学功能。DNA密码基于数学问题，以现代生物技术为实现工具，使得DNA密码的破译难度更大，安全保障性更强。

另外,值得关注的是大数据时代的到来,伴随着移动互联网、物联网和云计算等新兴技术和服务的涌现与应用,大数据的存储、搜索、计算等环节都可能发生数据泄露等问题。现阶段的云计算为大数据提供了专业的存储服务,而云端的存储为不可全信的第三方,数据面临着偷窃或篡改的风险,大数据安全及隐私保护成为新型的安全问题。当前,同态密码技术被用于大数据隐私存储保护,其作为支撑云计算安全的关键技术,仍然处于探索阶段,是当前大数据应用领域最大的挑战之一。

☺讨论思考

(1) 密码学的研究内容有哪些?

(2) 目前新的密码技术有哪些?

5.2 任务1 密码学相关概念和特点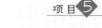

教学视频

课程视频 5.2

5.2.1 目标要求

本任务主要学习目标的具体要求如下。

(1) 熟悉密码学的基本概念和基本术语。

(2) 了解密码系统的基本原理。

(3) 掌握密码体制的分类及各自特点。

5.2.2 知识要点

1. 密码学的基本概念

【案例 5-1】 英德大战,图灵破译德军密码。1942 年,英军和德军在北非展开激战。春夏之交,德国著名的"沙漠之狐"隆梅尔率领德国非洲军团横扫北非,英军一溃千里,1942 年 6 月退守阿拉曼,后来才守住阵地。1942 年 8 月,英国名将蒙哥马利率军反攻,有效地切断了德军的补给线。德军终因补给不足、增援无望而败北。这一仗是非洲战争的转折点。阿拉曼战役,英军何以能准确地拦截到几乎所有的德军补给船队却一直是个谜。直到 20 世纪 70 年代才露出谜底:当时数学家图灵领导的一个小组成功地破译了德军的密码!

密码学(cryptology)是密码编码学和密码分析学的总称,是研究编制密码和破译密码的技术科学。密码编码学是研究密码变化的客观规律,并应用于编制密码以保守密码信息的科学;密码分析学是研究密码变化的规律,并应用于破译密码以获取通信情报的科学,亦称为密码破译学。密码学一词来源于古希腊的 crypto 和 graphein 两个词,希腊语的原意是隐写术，即将易懂的信息通过一些变换转换成难以理解的信息进行隐秘地传递。在现代，密码学特别指对信息及其传输的数学性研究，是应用数学和计算机科学相结合的一个交叉学科，和信息论也密切相关。密码学研究进行保密通信和如何实现信息保密的问题，以认识密码变换的本质、研究密码保密与破译的基本规律为对象，主要以可靠的数学方法和理论为基础，对解决信息安全中的机密性、数据完整性、认证和身份识别，对信息的可控性及不可抵赖性等问题提供系统的理论、方法和技术。

密码学的发展历史悠久，密码学的发展历程大致经历了 3 个阶段。第一阶段，从古代到 1949 年，可以看作是密码学的前夜。这一时期的密码技术可以说是一种艺术，而不是一种科学，密码学专家凭直觉和信念来进行密码设计和分析，而不是推理和证明。第二阶段，1949—1975 年。1949 年，香农发表的《保密系统的通信理论》一文为密码学的发展奠定了理论基础，使密码学成为一门真正的科学，但后续理论研究工作进展不大，公开的密码学文献很少。第三阶段，1976 年至今。Diffie 和 Hellman 发表的《密码学的新方向》一文提出了一种新的密码设计思想，从而开创了公钥密码学的新纪元。此后，对称密码和公钥密码相继飞跃发展。随着时代进步，计算机的广泛应用又为密码学的进一步发展提出新的客观需要。密码学成为计算机安全研究的主要方向，不仅在计算机通信的数据传输保密方面，而且在计算机的操作系统和数据库的安全保密方面也很突出，由此产生了计算机密码学。

2. 密码学的基本术语

要了解密码学中的基本原理和密码体制，首先要对相关术语进行了解。

（1）明文（plaintext）：是信息的原始形式，即待加密的信息，记为 P 或 M。明文可以是文本、图形、数字化存储的语音流或数字化的视频图像的位流等。

（2）密文（ciphertext）：明文经过变换加密后的形式，记为 C。

（3）加密（enciphering）：由明文变成密文的过程，记为 E。

（4）解密（deciphering）：由密文还原成明文的过程，记为 D。

（5）加密算法（encryption algorithm）：实现加密所遵循的规则。它用于对明文进行各种代换和变换，生成密文。

（6）解密算法（decryption algorithm）：实现解密所遵循的规则。它是加密算法的逆运算，由密文得到明文。

（7）密钥（key）：为了有效地控制加密和解密算法的实现，密码体制中要有通信双方的专门的保密"信息"参与加密和解密操作，这种专门信息称为密钥，分为加密密钥和解密密钥，记为 K。

（8）加密协议：定义了如何使用加密、解密算法来解决特定的任务。

（9）发送方（sender）：发送消息的对象。

（10）接收方（receiver）：传送消息的预定接收对象。

（11）入侵者（intruder）：非授权进入计算机及其网络系统者。

（12）窃听者（eavesdropper）：在消息传输和处理系统中，除了意定的接收者外，非授权者通过某种办法（如搭线窃听、电磁窃听、声音窃听等）来窃取机密信息。

（13）主动攻击（active attack）：入侵者主动向系统审扰，采用删除、更改、增添、重放、伪造等手段向系统注入假消息，以达到损人利己的目的。

（14）被动攻击（passive attack）：对一个密码系统采取截获密文进行分析。

3. 密码系统基本原理

密码系统通常由明文、密文、密钥（包括加密密钥和解密密钥）与密码算法（包括加密算法和解密算法）4 个基本要素组成。其中密钥是一组二进制数，由进行密码通信的专人掌握，而算法则是公开的，任何人都可以获取使用。

密码系统可以用一个五元组(P, C, K, E, D)定义，该五元组应满足如下条件。

（1）明文空间 P：可能明文的有限集。

（2）密文空间 C：可能密文的有限集。

（3）密钥空间 K：一切可能密钥构成的有限集。

（4）加密算法空间 E：可能加密算法的有限集。

（5）解密算法空间 D：可能解密算法的有限集。

（6）任意 $k \in K$，有一个加密算法 $ek \in E$ 和相应的解密算法 $dk \in D$，使得 ek：$P \rightarrow C$ 和 dk：$C \rightarrow P$ 分别为加密函数和解密函数，满足 $dk(ek(x)) = x$，其中 $x \in P$。

以上是密码系统中的数学描述，密码系统的基本原理模型如图 5-1 所示。明文 P 由加密算法 ek 和加密密钥 k_e 进行加密得到密文 C，接收者对得到的密文 C 用解密算法 dk 和解密密钥 k_d 对密文 C 进行解密得到明文 P。

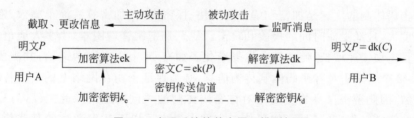

图 5-1 密码系统的基本原理模型框图

为了实现网络信息的保密性，密码系统要求满足以下 4 点。

（1）系统密文不可破译。从网络系统截获的密文中确定密钥或任意明文在计算上是不可行的，或解密时间超过密码要求的保护期限。

（2）系统的保密性不依赖于对加密体制或算法的保密，而是依赖于密钥。

（3）加密算法和解密算法适用于所有密钥空间中的元素。

（4）密码系统便于实现和推广使用。

4. 密码体制及其分类

密码体制即密码系统，其主要的作用是能够完整地解决信息安全中的机密性、数据完整性、认证、身份识别、可控性及不可抵赖性等几个基本问题。密码体制按照密码的不同原理和用途有多种分类方式。📖

📖知识拓展
数据加密方式

根据加密算法和解密算法所使用的密钥是否相同可以分为对称密码体制和非对称密码体制。

（1）对称密码体制。

对称密码体制又称为单钥密码体制、私钥密码体制或对称密钥密码体制。它是指在加密和解密过程中使用相同或可以推导出本质上相同的密钥，即加密密钥与解密密钥相同且密钥需要保密。信息的发送者和接收者在进行信息的传输与处理时，必须共同持有该密钥，密钥的安全性成为保证系统机密性的关键。对称密钥加密和解密的基本原理及过程如图5-2所示。信息的发送方将持有的密钥对要发送的明文信息进行加密，加密后的密文通过网络传送给接收方，接收方用与发送方相同的私钥对接收的密文进行解密，得到明文信息。

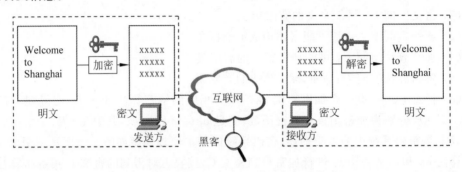

图 5-2 对称密钥加密和解密的基本原理及过程

对称密码体制的优点是加密和解密速度快、保密度高、加密算法简单高效、密钥简短和破译难度大，且经受住时间的检验和攻击。缺点是密钥管理困难，当多人通信时，密钥组合的数量出现快速增长，使密钥分发复杂化。如有 N 个用户两两通信，共需要密钥数 $N(N-1)/2$ 个。采用对称密码体制传输信息，必须保证密钥在网络上的安全传输，不被窃取或破解，因此密钥自身的安全是对称密码体制的关键问题。除此之外，对称密码体制还存在数字签名困难的问题，如通信双方的发送方可以否认发送过的某些信息，而接收方可以伪造签名等。

对称密码体制根据对明文信息的加密方式不同可以分为流密码和分组密码两类。

① 流密码又称为序列密码，以明文的单个位（或字节）为单位进行运算。流密码的加密过程是将明文划分成单个位（如数字 0 或 1）作为加密单位产生明文序列，然后将其与密钥流序列逐位进行模 2 加运算，最后将其结果作为密文的方法。流密码体制的密文与给定的加密算法和密钥有关，还与当前正被加密的明文部分在整个明文中的位置有关。流密码实现简单，具有便于硬件计算、加密与解密速度快、低错误（没有或只有有限位的错误）传播等优点，但同时也暴露出对错误的产生不敏感等缺点。流密码涉及大量的理论知识，提出了众多的设计原理，得到了广泛的分析。但是许多研究成果并没有完全公开，这也许是因为流密码目前主要应用于军事和外交等机密部门的缘故。目前，公开的流密码算法主要有 RC4、SEAL 等。

② 分组密码是以固定长度的组为处理的基本单元，将明文消息划分为若干固定长度的

组,每组分别在密钥的控制下变换成等长的输出数字序列。分组密码本质上是由密钥控制的从明文空间到密文空间的一个一对一的映射。分组密码体制的密文仅与加密算法和密钥有关,而与被加密的明文分组在整个明文中的位置无关。分组密码具有对明文信息的良好扩展性及插入敏感性、不需要密钥同步、适用性强、适合作为加密标准等优点,但也有加密速度慢、错误扩散和传播等缺陷。著名的 DES、IDEA 等算法都采用的是分组密码。

(2) 非对称密码体制。

非对称密码体制也称为非对称密钥密码体制、公开密钥密码体制(PKI)、公开密钥加密系统、公钥密码体制或双钥密码体制。密钥成对出现,加密密钥和解密密钥不同,难以相互推导。其中一个为加密密钥,可以公开通用,称为公钥;另一个为解密密钥,是只有解密者知道的密钥,称为私钥。非对称密钥加密和解密的基本原理及过程如图 5-3 所示。信息的发送方利用接收方的公钥对要发送的信息进行加密,加密后的密文通过网络传送给接收方,接收方用自己的私钥对接收的密文进行解密,得到信息明文。

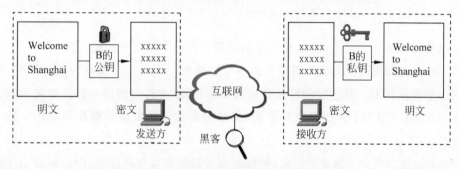

图 5-3 非对称密钥加密和解密的基本原理及过程

非对称密码体制相对于对称密码体制,由于加密密钥和解密密钥不同,无法从任意一个密钥推导出另一个密钥,这样安全程度更高;解决了对称密码体制的密钥管理与分配问题,如 N 个用户仅需产生 N 对密钥,密钥数量少,每个用户只保存自己的私钥;密钥的分配不需要秘密的通道和复杂的协议来传送密钥,公钥可基于公开的渠道分发给其他用户,私钥由用户保管;同时,非对称密码体制还能实现数字签名。然而非对称密码体制的加密、解密处理速度较慢,同等安全强度下非对称密码体制的密钥位数会较多一些。典型的非对称密码体制有 RSA 算法、ElGamal 算法、ECC 算法等。

对称密码体制与非对称密码体制特性对比如表 5-1 所示。

表 5-1 对称密码体制与非对称密码体制特性对比

特征	对称密码体制	非对称密码体制
密钥的数目	单一密钥	密钥是成对的
密钥种类	密钥是秘密的	需要公钥和私钥
密钥管理	简单、不好管理	需要数字证书及可信任第三方
计算速度	非常快	比较慢
用途	加密大块数据	加密少量数据或数字签名

混合密码体制由对称密码体制和非对称密码体制结合而成，图 5-4 是混合密码体制基本原理。

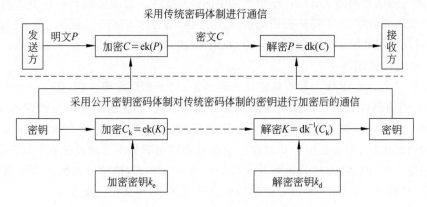

图 5-4　混合密码体制基本原理图

根据加密变换是否可逆，可以分为单向函数密码以及双向变换密码。

（1）单向函数密码：从明文到密文的不可逆映射。哈希函数又称为散列函数，是一种单向函数密码体制。其主要的特征是只有加密过程，不存在解密过程。单向函数的目的不在于加密，主要用于密钥管理和鉴别，如哈希函数保证数据完整性和应用在数字签名上。

（2）双向变换密码：通常的加密、解密都属于双向变换密码体制，即存在对明文的加密过程，也存在对密文的解密过程。

☺讨论思考

（1）什么是密码技术？什么是加密及解密？

（2）密码体制及加密方式有哪几种？

5.3　任务2　密码破译与密钥管理

5.3.1　目标要求

本任务主要学习目标的具体要求如下。

（1）熟悉密码破译的基本概念和常用方法。

（2）了解对称密码体制的密钥管理。

（3）了解公钥密码体制的密钥管理。

5.3.2 知识要点

1. 密码破译

1) 密码破译的概念

密码破译是在不知道密钥的情况下恢复出密文中隐藏的明文信息。密码破译也是对密码体制的攻击,成功的密码破译能恢复出明文或密钥,也能发现密码体制的弱点。穷举破译法和统计分析法虽然烦琐却是最基本的、有效的密码破译方法。

影响密码破译的主要因素涉及算法的强度、密钥的保密性和密钥长度。通常在相同条件下,密钥越长破译越困难,而且加密系统也越可靠。各种加密系统使用不同长度的密钥。常见加密系统的口令及其对应的密钥长度如表 5-2 所示。

表 5-2 常见加密系统的口令及其对应的密钥长度

系　统	口 令 长 度	密 钥 长 度
银行自动取款机密码	4 位数字	约 14 个二进制位
UNIX 操作系统用户账号	8 个字符	约 56 个二进制位

2) 密码破译的方法

(1) 穷举破译法(exhaustive decoding method)。对窃取的密文依次用各种可解的密钥试译,直到得到有意义的明文;或在不变密钥下,对所有可能的明文加密直到得到与截获密报一致为止。此方法又称为完全试凑法(complete trial-and-error method)或暴力破解法。此方法需要事先知道密码体制或加密算法,但不知道密钥或加密的具体方法。

> 【案例 5-2】 移位加密算法分析
> 密文:BJQHTRJYTXMFSLMFN
> 明文:welcome to shanghai
> 方法:知道当前采用移位加密算法,依次尝试所有可能的密钥 0、1、2、…、25,当尝试到密钥 5 时,得到明文。

⌂注意:只要有足够的计算时间和存储容量,原则上穷举破译法总是可以成功的。但实际中,任何一种能保障安全要求的实用密码都会设计得使这一方法在实际上是不可行的。

(2) 统计分析法(statistical analysis method)。统计分析法是根据统计资料进行猜测。一般情况下,在一段足够长且非特别专门化的文章中,字母的使用频率是比较稳定的,而在某些技术性或专门化文章中的字母使用频率可能有微小变化。据报道,密码学家对英文字母按使用频率得出如表 5-3 所示的分类,该统计为截获的密文中各字母出现的概率提供了重要的密钥信息。

表 5-3 英文字母使用频率统计表（%）

字母	A	B	C	D	E	F	G	H	I	J	K	L	M
频率	7.25	1.25	3.5	4.25	12.75	3	2	3.5	7.75	0.25	0.5	3.75	2.75
字母	N	O	P	Q	R	S	T	U	V	W	X	Y	Z
频率	7.75	7.5	2.75	0.5	8.5	6	9.25	3	1.5	1.5	0.5	2.25	0.25

【案例 5-3】 福尔摩斯探案集——跳舞的人。福尔摩斯探案集《跳舞的人》（Dancing Men）中出现了"小人密码"，如图 5-5 所示。福尔摩斯推测这一串图画代表一串单词或数字。根据应用字母使用频率统计，在 26 个字母中 E 出现的频率最高，有 12.75%。在小纸条中 15 个小人有 4 个相同，可以大胆推测这个小人就是代表 E。知道的小人越多对破解密码越有利，再联系案情做进一步的推理就能够知道纸条上所传达的信息了。

图 5-5 小人密码

（3）其他密码破译方法。除了穷举破译法和统计分析法外，在实际生活中，破密者更可能真对人机系统的弱点进行攻击，而不是攻击加密算法本身。利用加密系统实现中的缺陷或漏洞等都是破译密码的方法，虽然这些方法不是密码学所研究的内容，但对于每一个使用加密技术的用户是不可忽视的问题，甚至比加密算法本身更为重要。常见的密码破译方法如下。

① 通过各种途径或办法欺骗用户口令密码。

② 在用户输入口令时，应用各种技术手段，"窥视"或"偷窃"口令内容。

③ 利用加密系统实现中的缺陷破译。

④ 对用户使用的密码系统偷梁换柱。

⑤ 从用户工作生活环境获得未加密的保密信息，如进行的"垃圾分析"。

⑥ 让口令的另一方透露口令或相关信息。

⑦ 威胁用户交出密码。

3）防范密码破译的措施

防范密码破译，采取的具体措施如下。

（1）强化加密算法。通过增加加密算法的破译复杂程度和破译的时间进行密码保护。

（2）采用动态会话密钥。每次会话所使用的密钥不相同。

（3）定期更换加密会话的密钥，以免泄露引起严重后果。

（4）一个好的加密算法只有用穷举破译法才能得到密钥，所以只要密钥足够长就会很安全。

2. 密钥管理

密钥体制的安全取决于密钥的安全，而不取决于对密码算法的保密，因此密钥管理是至关重要的。密钥管理内容包括密钥的产生、存储、装入、分配、保护、丢失和销毁等各个环节中的保密措施，其主要目的是确保使用中密钥的安全。对称密码体制的密钥管理和非对称密码体制的密钥管理是不同的，只有当参与者对使用密钥管理方法的环境认真评估后，才能确定密钥管理的方法。

（1）对称密码体制的密钥管理。对称加密是基于共同保守秘密来实现的。采用对称加密技术的通信双方保证采用相同的密钥，要保证彼此密钥的交换是安全可靠的，同时还要设定防止密钥泄密和更改密钥的程序。对称密钥的管理和分发是一项危险和烦琐的工作，公开密钥加密技术的使用可以使得对称密钥的管理变得更加简单和安全，同时解决了纯对称密钥模式中存在的可靠性问题和鉴别问题。美国国家标准学会（American National Standards Institute，ANSI）颁布了 ANSI X9.17 金融机构密钥管理标准，为 DES、AES 等商业密码的应用提供了密钥管理指导。

（2）非对称密码体制的密钥管理。通信双方可以使用数字证书（公开密钥证书）来交换公开密钥。国际电信联盟制定的标准 X.509 对数字证书进行了定义，该标准等同于国际标准化组织与国际电工委员会联合发布的 ISO/IEC 9594-8：195 标准。数字证书通常包含唯一标识证书所有者的名称、唯一标识证书发布者的名称、证书所有者的公开密钥、证书发布者的数字签名、证书的有效期及证书的序列号等。证书发布者一般称为证书管理机构（CA），是通信双方都信赖的机构。数字证书能够起到标识通信双方的作用，是目前广泛采用的密钥管理技术之一。

注意：数字证书又称为公钥证书，是一种包含持证主体标识、持证主体公钥等信息，并由可信任的 CA 签署的信息集合。由于公钥证书不需要保密，可以在互联网上安全分发，同时公钥证书有 CA 的签名，攻击者不能伪造合法的公钥证书，因此，只要 CA 是可信的，公钥证书就是可信的。

国际标准化机构制定了关于密钥管理的技术标准规范。ISO 与 IEC 下属的信息技术委员会已起草了关于密钥管理的国际标准规范，主要由 3 部分组成：第一部分是密钥管理框架；第二部分是采用对称技术的机制；第三部分是采用非对称技术的机制。

☺讨论思考

（1）密码破译具体有哪几种方法？

（2）密钥管理的方法有哪些？

*5.4 知识拓展 实用加密技术基础

5.4.1 目标要求

本任务主要学习目标的具体要求如下。

(1) 掌握古典密码体制的基本加密方法。
(2) 熟悉常用的对称密码体制算法和非对称密码体制算法。
(3) 了解单向体制加密算法和无线网络加密技术。

5.4.2 知识要点

1. 古典密码体制

📖知识拓展
单表密码和
多表密码

古典密码体制的基本加密方法是代换密码和置换密码，虽然古典密码技术目前应用较少，加密原理比较简单，安全性较差，但是研究和学习古典密码，有助于对现代密码的分析和理解。📖

1) 代换密码

代换密码是明文中的每一个字符由另一个字符所代替，接收者对密文做反向代换就可以恢复出明文。单表代换密码和多表代换密码是古典密码学中典型的密码算法。

(1) 凯撒(Caesar)密码。凯撒密码是单表代换密码的典型代表，一般意义上的单表代换密码也称为移位密码、乘法密码、仿射密码等。凯撒密码是根据字母表中的顺序，明文中的每个字母用该序列中在它后面的第 3 个字母来替代，如表 5-4 所示，字母表看作是循环的，即 z 后面的字母是 a。

表 5-4 凯撒密码

明文	a	b	c	d	e	f	g	h	i	j	k	l	m	n	o	p	q	r	s	t	u	v	w	x	y	z
密文	D	E	F	G	H	I	J	K	L	M	N	O	P	Q	R	S	T	U	V	W	X	Y	Z	A	B	C

将英文字母表左环移 $k(0 \leqslant k \leqslant 26)$ 位得到替换表，则得到一般的凯撒算法，其共有 26 种可能的密码算法(25 种可用)。

【案例 5-4】 凯撒密码
明文：I am a student

密文：N FR F XYZIJSY

此时的密钥为 5 且大写。

凯撒密码的加密和解密算法是已知的，且需要尝试的密钥只有 25 个，所破译的明文语言已知，其意义易于识别，因此，凯撒密码的安全性较差。

(2) 维吉尼亚(Vigenère)密码。维吉尼亚密码是 16 世纪法国著名数学家 Blaise de Vigenère 设计发明的，是多表代换密码的典型代表。Vigenère 密码使用不同的策略创建密钥流。该密钥流是一个长度为 $m(1 \leqslant m \leqslant 26$ 是已知的) 的起始密钥流的重复。Vigenère 密码利用一个凯撒方阵来修正密文中字母的频率，在明文中不同地方出现的同一字母在密文中一般用不同的字母替代。

2）置换密码

置换密码是将明文通过某种处理得到类型不同的映射，如将明文字母的顺序重新排列，但保持明文字母不变。常用的置换密码有列置换密码和矩阵置换密码。

(1) 列置换密码。将明文按行排列，以密钥的英文字母大小顺序排出序号，通常密钥不含重复字母的单词或短语，按照密钥的顺序得到密文。

(2) 矩阵置换密码。将密钥的英文字母按照字母表中的大小顺序排列，把明文中的字母按给定顺序排列在一个矩阵中，矩阵的列数与密钥字母数量相同，然后按照另一种顺序读出明文字母，便产生了密文。

【案例 5-5】 列置换密码

明文：morning

密钥：5273614

密文：iogrnmn

【案例 5-6】 采用一个字符串 SECURITY 为密钥，把明文 Electoral law revision key to equal rights 进行矩阵置换加密，如表 5-5 所示。

密钥：SECURITY

明文：Electoral law revision key to equal rights

密文：eaoqtlliehoeelBtrkaAElsogrvyrCcwnusaitiD

在矩阵置换加密算法中，将明文按行排列到一个矩阵中(矩阵的列数等于密钥字母的个数，行数以够用为准，如果最后一行不全，可以用 A、B、C…填充)，然后按照密钥各个字母大小的顺序排出列号，以列的顺序将矩阵的字母读出，就构成了密文。

表 5-5　置换表

密钥	S	E	C	U	R	I	T	Y
顺序	5	2	1	7	4	3	6	8
	E	l	e	c	t	o	r	a
	l	l	a	w	r	e	v	i
	s	i	o	n	k	e	y	t
	o	e	q	u	a	l	r	i
	g	h	t	s	A	B	C	D

2. 对称密码体制

对称密码体制又称为单密钥加密体制、秘密密钥密码体制或常规密码体制。在对称密码体制中，加密密钥和解密密钥相同，发送者和接收者使用相同的密钥，因此，对称密码体制的安全性不仅涉及加密算法本身，密钥的传递和管理的安全性也极为重要。

对称加密算法具有算法公开、计算量小、加密速度快以及加密效率高等优点，其密钥长度通常为 40～169b。到目前为止，出现了许多著名的对称加密算法，具体如下。

　📖知识拓展
　DES 算法
　加密过程

1）数据加密标准 📖

数据加密标准（data encryption standard，DES）是 IBM 公司于 20 世纪 70 年代为美国国家标准局所研制，1977 年 7 月 15 日，该算法被正式采纳为美国联邦信息处理标准，成为事实上的国际商用数据加密标准。经长期的使用，由于受到各种攻击的威胁，其安全性大大降低，1998 年底被废除使用，不再作为官方机密保护用途，仅用于一般商业使用。DES 是一种分组或块加密算法，其分组长度为 64b，密钥长度固定为 56b，密钥通常表示为 64b，每第 8 位用作奇偶校验，可以忽略。DES 算法是两种加密技术的组合，即先代换后置换。其加密算法是公开的，保密性仅取决于对密钥的保密。DES 算法由于其密钥较短，随着计算机速度的不断提高，使用穷举破译法进行破解成为可能。

由于 DES 密钥位数和迭代次数较少的缺陷，三重 DES 被提出，即应用 DES 算法三遍。密钥长度增加到 112b 或 168b，抗穷举攻击的能力大大增强。DES 和 3DES 已经成为许多公司和组织加密的标准，目前，国内 DES 算法在 POS、ATM、磁卡、IC 卡等领域应用广泛。

2）国际数据加密算法

国际数据加密算法（international data encryption algorithm，IDEA）是一个迭代分组密码，分组长度为 64b，密钥长度为 128b。IDEA 中使用 3 种不同的运算：①逐位异或运算；②模 216 加运算；③模 216＋1 乘运算，0 与 216 对应。类似于 DES 算法，IDEA 算法也是一种数据块加密算法，它设计了一系列加密轮次，每轮加密都使用从完整的加密密钥中生成的一个子密钥。与 DES 算法的不同之处在于，它采用软件和硬件实现都同样快速。

3）RC 系列

RC5 分组密码算法是 1994 由马萨诸塞技术研究所的 Ronald L. Rivest 教授发明的，并由 RSA 实验室分析。它是参数可变的分组密码算法，分组大小、密钥大小和加密轮数 3 个参数都可变。算法中使用了异或、加和循环 3 种运算，采用面向字结构，便于软件和硬件快速实现。RC 系列的对称加密算法还有 RC2、RC3，其密钥长度均可变，RC2 的运算速度比 DES 算法快，是否比 DES 算法安全取决于其所使用的密钥长度。RC4 是流模式加密算法，面向位操作，算法基于随机置换，应用较为广泛。

4）高级加密标准

NIST 在 2001 年发布了高级加密标准（Advanced Encryption Standard，AES）。NIST 从最终的 5 个候选者中选择 Rijndael 算法作为 AES。Rijndael 算法的作者是比利时的两位青年密码学家 Joan Daemen 博士和 Vincent Rijmen 博士。AES 的分组长度为 128b，密钥长度可以为 128b、192b 或 256b。AES 算法具有能抵抗所有的已知攻击、平台通用性强、运行速度快、设计简单等特点。目前最流行的版本是 128b 密钥长度的 AES-128，其对 128b 的消息块使用 10 轮迭代后得到密文。AES 算法相比 DES 算法的安全性更好，但其加密步骤和解密步骤不同，因此其硬件实现没有 DES 算法简单。

3. 非对称密码体制

非对称密码体制不同于对称密码体制使用同一密钥加密和解密，其利用公钥进行加密，私钥进行解密，公钥和私钥之间必须存在成对与唯一对应的数学关系，且利用公钥去推导私钥在计算上是不可行的，这样就大大加强了信息的保护程度。非对称密码系统又可称为双钥系统或公开密钥系统，利用密钥对的原理很容易实现数字签名和电子信封。使用过程中，发送者用接收者的公钥加密后发给接收者，接收者利用自己的私钥进行解密。

公钥密码算法根据所基于的数学基础不同，主要分为 3 类：①是基于因子分解难题的算法，如典型的有 RSA 算法、Rabin 算法等；②基于离散对数难题的算法，如 ElGamal 算法以及 DSA 数字签名算法；③基于椭圆曲线的公钥密码算法。

1）RSA 算法

RSA 算法是美国麻省理工学院的 Ron Rivest、Adi Shamir 和 Leonard Adleman 3 位学者于 1977 年提出的。RSA 算法方案是唯一被广泛接受并实现的通用公开密码算法，它能够抵抗目前为止已知的绝大多数密码攻击，已经成为公钥密码的国际标准。它是第一个既能用于数据加密，也

📖知识拓展
RSA 算法
加密过程

能通用数字签名的公钥密码算法。在 Internet 中，电子邮件收、发的加密和数字签名软件 PGP 都采用了 RSA 算法。📖

2）ElGamal 算法

ElGamal 算法由 T. ElGamal 在 1985 年提出，是一种基于离散对数问题的公钥密码算法。它既能用于数据加密，也能用于数字签名，其安全性依赖于计算有限域上离散对数这一难题。ElGamal 算法是除了 RSA 算法之外最具有代表性的公钥密码算法之一，

著名的美国数字签名算法（DSA）就是 ElGamal 算法的变形。ElGamal 公钥体制的公钥密码算法是非确定性的，即使加密相同的明文，得到的明文也是不同的，因此又称为概率加密体制。

4. 单向加密体制

单向加密体制也称为哈希加密（Hash encryption）体制，是一种单向密码体制，即它是一个从明文到密文的不可逆映射，只有加密过程，不存在解密过程。单向加密利用一个含有哈希（Hash）函数的哈希表，确定用于加密的十六进制数，Hash 函数可以将任意长度的输入经过变换以后得到固定长度的输出。Hash 函数的单向特征和输出数据长度固定的特征使得它可以生成消息或数据块的"数据指纹"（也称为消息摘要或散列值），因此，在数据完整性和数字签名等领域有广泛的应用的，Hash 函数在现代密码学中起着重要作用。目前最常用的两种 Hash 函数如下。

1) MD5

消息摘要 5（message digest 5，MD5）是信息安全领域广泛使用的一种 Hash 函数，用于提供消息的完整性保护。MD5 在计算中使用了 64 个 32 位常数，最终生成一个 128 位的 Hash 值，也就是将任意长度的字符串变换成固定长度的十六进制数字串。MD5 主要应用于信息的一致性验证、数字签名以及安全访问认证。

2) SHA

安全 Hash 算法由 NIST 和 NSA 在 1993 年提出，修订版于 1995 年发布，称为 SHA，其作为美国 DSA 的标准。SHA 以 MD5 为原型，在计算中使用了 79 个 32 位常数，最终产生一个 160 位的 Hash 值。SHA 接收任何有限长度的输入消息，并产生长度为 160 位的 Hash 值（MD5 仅生成 128 位的信息摘要），因此抗穷举性更好。

5. 无线网络加密技术

1) WEP 加密技术

WEP 是 wired equivalent privacy 的简称，译为有线等效保密。WEP 是为了保证 IEEE 802.11b 协议数据传输的安全性而推出的安全协议，该协议通过对传输的数据进行加密，以保证无线局域网中数据传输的安全性。WEP 作为一种数据加密算法，提供了等同于有线局域网的保护能力。WEP 安全技术源自名为 RC4 的 RSA 数据加密技术，在无线网络中传输的数据使用一个随机产生的密钥来进行加密。使用该技术的无线局域网，所有客户端与无线接入点的数据都会以一个共享的密钥进行加密。密钥越长，需要越多的时间进行破解，因此能够提供更好的安全保护。

WEP 主要通过无线网络通信双方共享的密钥保护传输的加密数据帧，利用加密数据帧的加密过程如图 5-6 所示。

（1）计算校验和。①对输入数据进行完整性校验和计算；②把输入数据和计算得到的校验和组合起来得到新的加密数据，也称为明文，作为下一步加密过程的输入。

（2）加密。在这个过程中，将第一步得到的数据明文采用算法加密。对明文的加密有两层含义：明文数据的加密，保护未经认证的数据。

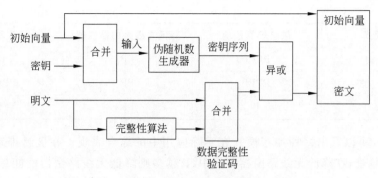

图 5-6 WEP 的加密过程

① 将 24 位的初始化向量和 40 位的密钥连接进行校验和计算,得到 64 位的数据。

② 将这个 64 位的数据输入到伪随机数生成器中,它对初始化向量、密钥的校验和计算值进行加密计算。

③ 经过校验和计算的明文与伪随机数生成器的输出密钥流进行按位异或运算得到加密后的信息,即密文。

(3) 传输。将初始化向量和密文串接起来,得到要传输的加密数据帧,在无线链路上传输。

WEP 的缺陷:WEP 中不提供密钥管理,所以对于许多无线连接网络中的用户而言,同样的密钥可能需要使用很长时间。WEP 的共享密钥为 40b,用来加密数据显得过短,不能抵抗某些具有强大计算能力的组织或个人的穷举攻击或字典攻击。WEP 没有对加密完整性提供保护。协议中使用了未加密的循环冗余码(CRC)校验数据包的完整性,并利用正确的检查来确认数据包。未加密的检查和加上密钥数据流一起使用会带来安全隐患,并常常会降低安全性。

2) WPA 加密技术

WPA 是 WiFi protected access 的简称,译为 WiFi 保护访问。WPA 是针对 WEP 协议自身存在的不足而改进后推出的新加密协议,其继承了 WEP 的基本原理又解决了 WEP 的缺陷,极大地提高了数据加密的安全性,完整的 WPA 标准在 2004 年 6 月通过。WPA 有两种基本的方法可以使用,根据要求的安全等级而定。大多数家庭和小企业用户可以使用 WPA-Personal 安全,它单独基于一个加密密钥。

实施 WPA 的综合防范措施是使用 WPA 加密密钥、IEEE 802.1x 认证、访问控制和相关安全设置等。除了上述加密方法之外,还有很多其他加密模式,其参数对比如表 5-6 所示。

表 5-6 各种加密模式参数对比

加密模式	破解难易程度	降低无线路由器性能	实用性
禁用 SSID 广播	PP	P	PPP
禁用 DHCP 服务器	PPP		PP

加密模式	破解难易程度	降低无线路由器性能	实用性
设置网络密钥	PPPP	PP	PPPP
MAC 地址过滤	PPPP	PP	PPPPP
IP 地址过滤	P	PP	P

从表 5-6 可以看出每种加密模式在实际应用中的综合表现。在破解难易程度中，P越多则破解越难；在降低无线路由器性能中，P 越多则降低无线路由器性能越厉害；在实用性中，P 越多则该种加密模式越实用。用户可根据实际应用环境选择适合的加密模式。

3）隧道加密技术

隧道加密技术保证数据报文传输的机密性。加密系统提供一个安全数据传输，如果没有正确的解密密钥，将无法读出负载的内容，接收方收到的数据报文不仅是加密的，而且确实来自发送方。隧道加密方式和加密层的选择是加密系统的主要属性。

（1）隧道加密方式。在无线局域网中，隧道加密方式主要有 3 种，如图 5-7 所示。

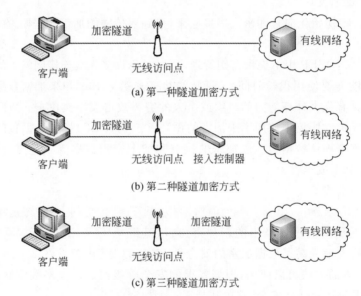

图 5-7　无线局域网隧道加密方式

第一种加密隧道用于客户端到无线访问点之间，这种加密隧道保证了无线链路间的传输安全，但是无法保证数据报文和有线网络服务器之间的安全。

第二种加密隧道穿过了无线访问点，但是仅到达网络接入一种用于分离无线网络和有线网络的控制器就结束，这种加密隧道同样不能达到端到端的安全传输。

第三种加密隧道即端到端加密传输，从客户端到服务器，在无线网络和有线网络中都保持了加密状态，是真正的端到端加密。

（2）加密层的选择。除了加密隧道的长度外，决定加密安全的另外一个关键属性是加密层的选择。加密隧道可以在第四层（如 secure socket 或 SSL）和第三层（如 IPSec 或

VPN)实施,也可以在第二层(如 WEP 或 AES)实施。第三层加密隧道加密了第四层和更高层的内容,但是本层的报头没有加密;同样,第二层加密隧道加密了第二层数据和更高层的信息,如源 IP 地址和目的 IP 地址等。

6. 实用综合加密方法

为了确保网络的长距离安全传输,常采用将对称、非对称和单向加密综合运用的方法。如 IIS、PGP、SSL 和 S-MIME 的应用程序都是用对称密钥对原始信息加密,再用非对称密钥加密所用的对称密钥,最后用一个随机码标记信息。实用综合加密方法可兼有各种加密方式的优点,由于非对称密钥加密速度比较慢,可以只对对称密钥进行加密,并不用对原始信息进行加密;而对称密钥的加密速度很快,可以用于加密原始信息,同时单向加密又可以有效地标记信息。

【案例 5-7】 常用的重要文件发送、接收邮件的加密和解密过程分别如图 5-8 和图 5-9 所示。

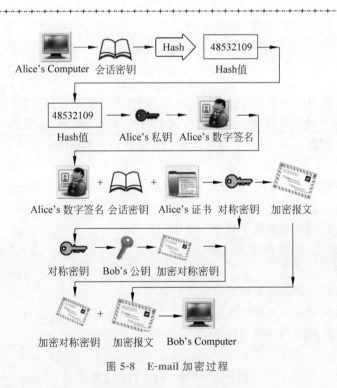

图 5-8　E-mail 加密过程

(1)发送信息之前,发送方和接收方要得到对方的公钥。

(2)发送方产生一个随机的会话密钥,用于加密 E-mail 信息和附件,这个密钥是根据时间的不同、文件的大小和日期而随机产生的,算法可以通过使用 DES、RC5 得到。

(3)发送方将该会话密钥和信息进行一次单向加密,得到一个 Hash 值,这个值用于保证数据的完整性,因为它在传输的过程中不会被改变,这一步通常使用 MD2、MD4、

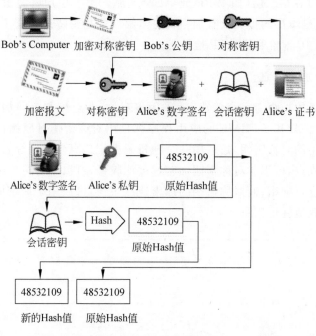

图 5-9　E-mail 解密过程

MD5 或 SHA1。

（4）发送方用自己的私钥对这个 Hash 值加密，通过使用发送方自己的私钥加密，接收方可以确定信息确实是从这个发送方发过来的。加密后的 Hash 值称为信息摘要。

（5）发送方用在步骤（2）产生的会话密钥对邮件信息和所有的附件加密，提供了数据的保密性。

（6）发送方用接收方的公钥对此会话密钥加密，确保信息只能被接收方用其私钥解密。

（7）将加密后的信息和数字摘要发送给接收方。

解密的过程正好顺序相反。

☺讨论思考

（1）古典密码体制的基本加密方法是什么？

（2）简述对称密码体制的特点。

（3）简述非对称密码体制的特点。

5.5　项目小结

本项目介绍了密码技术的相关概念、密码学与密码体制、数据及网络加密方式；讨论了密码破译方法与密钥管理；概述了实用加密技术，包括古典密码体制、对称密码体制、非对称密码体制、单向加密体制、无线网络加密技术、实用综合加密方法。

5.6 项目实施 实验 5 常用密码与加密软件应用

5.6.1 选做 1 常用密码应用

1. 实验目标

(1) 掌握利用加密文件系统(encrypting file system,EFS)加密的方法。
(2) 理解加密文件和备份密钥的重要性及应用。

2. 实验要求和方法

(1) 用 EFS 加密文件。
(2) 进行备份密钥操作。
(3) 导入密钥及保存管理。
实验所需设备和软件:Windows 操作系统的 PC 一台,有 NTFS 分区。

3. 实验内容和步骤

1) 用 EFS 加密文件

(1) 建立两个账户,一个为 liyinhuan1,另一个为 liyinhuan2。

(2) 用 liyinhuan1 登录系统。在 NTFS 分区建立一个 lyhtest 文件夹,在其中再建立一个 test. txt 文本文件,在该文本文件中任意输入一些内容。

(3) 开始利用 EFS 加密 test. txt 文件。右击 test 文件夹,在弹出的快捷菜单中选择"属性"命令,打开"test 属性"对话框,在"常规"选项卡中单击"高级"按钮,打开"高级属性"对话框,如图 5-10 所示。

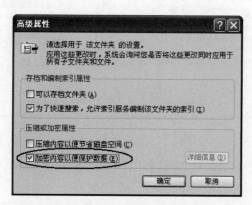

图 5-10 "高级属性"对话框

(4) 选中"加密内容以便保护数据"复选框,单击"确定"按钮返回"test 属性"对话框,再单击"确定"按钮,打开"确认属性更改"对话框,选中"将更改应用于该文件夹、子文件和文件"单选按钮,如图 5-11 所示,单击"确定"按钮。

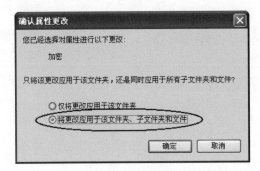

图 5-11 "确认属性更改"对话框

此时，test 文件夹名和 test. txt 文件的颜色变为绿色，表示处于 EFS 加密状态。

2）备份密钥

（1）运行 mmc. exe 命令，打开"控制台 1"窗口，选择"文件"→"添加/删除管理单元"命令，打开"添加/删除管理单元"对话框，单击"添加"命令，添加"证书"服务后，单击"确定"按钮。

（2）在"控制台 1"窗口中，展开"证书"→"个人"→"证书"选项，在右侧窗格中右击 user1 账户名，在弹出的快捷菜单中选择"所有任务"→"导出"命令，如图 5-12 所示。

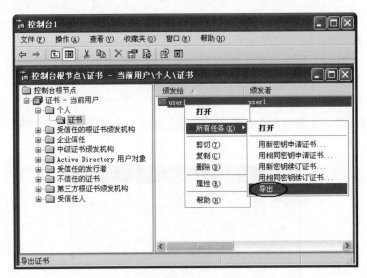

图 5-12 "控制台 1"窗口

（3）在打开的"证书导出向导"对话框中，单击"下一步"按钮，打开"导出私钥"界面，选中"是，导出私钥"单选按钮，如图 5-13 所示。

（4）单击"下一步"按钮，打开"导出文件格式"界面，选中"如果可能，将所有证书包括到证书路径中"和"启用加强保护"复选框，如图 5-14 所示。

（5）单击"下一步"按钮，打开"密码"界面，输入密码以保护导出的私钥，如图 5-15 所示。

（6）单击"下一步"按钮，打开"要导出的文件"界面，选择保存证书的路径，如图 5-16

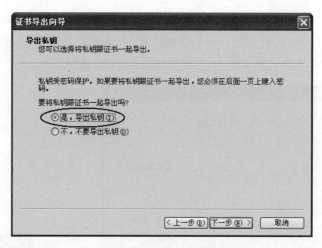

图 5-13　"导出私钥"界面

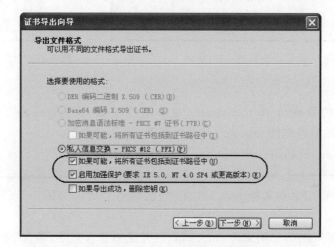

图 5-14　"导出文件格式"界面

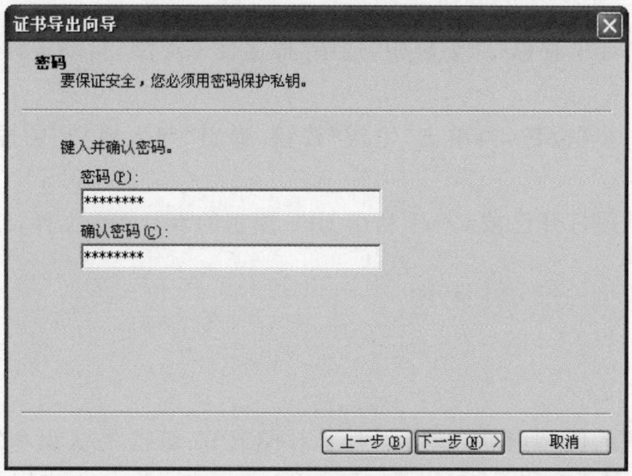

图 5-15　"密码"界面

所示，单击"下一步"按钮，再单击"完成"按钮。导出的私钥文件的扩展名为 pfx。

（7）注销用户 user1，以用户 user2 登录系统，并试图打开已被 user1 利用 EFS 加密的 test. txt 文件，结果会出现如图 5-17 所示的结果，无法访问。

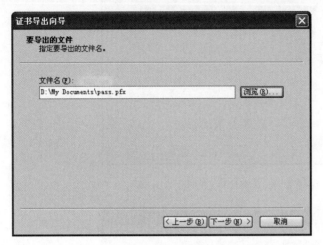

图 5-16　"要导出的文件"界面　　　　　　　图 5-17　拒绝注销用户访问

3）导入密钥

本地计算机的管理员 Administrator 也不能打开被 EFS 加密的文件。如打开被 user1 利用 EFS 加密的文件 test. txt，就必须获得 user1 的私钥。

通过导入 user1 的私钥打开 test. txt 文件操作步骤如下。

（1）注销用户 user2，以用户 Administrator 登录系统（模拟系统重装），并试图打开已被 user1 利用 EFS 加密的 test. txt 文件，结果仍会出现如图 5-17 所示的结果，无法访问。

（2）双击已经导出的私钥文件 pass. pfx，打开证书导入向导，单击"下一步"按钮，确认要导入的文件路径后，再单击"下一步"按钮，出现"密码"界面，输入刚才设置的私钥保护密码后，单击"下一步"按钮。

（3）在打开的"证书存储"对话框中，选中"根据证书类型，自动选择证书存储区"单选按钮。

（4）单击"下一步"按钮，再单击"完成"按钮，弹出"导入成功"的提示信息，单击"确定"按钮。

（5）此时，再试图打开已被 user1 利用 EFS 加密的 test. txt 文件，结果能成功打开。

5.6.2　选做 2　加密软件应用

1. 实验目标

通过 PGP 软件的使用，进一步加深对非对称 RSA 算法的认识和掌握，主要目的是熟悉软件的操作及主要功能，学会使用加密邮件、普通文件和操作应用等。

2. 预备知识

颇好保密性(pretty good privacy,PGP)加密技术是一个基于 RSA 公钥加密体系的邮件加密软件,提出了公共钥匙或不对称文件的加密技术。PGP 加密技术的创始人是美国的 Phil Zimmerman,他创造性地把 RSA 公钥体系和传统加密体系结合起来,并且在数字签名和密钥认证管理机制上设计巧妙,因此,PGP 成为目前几乎最流行的公钥加密软件包。

PGP 可以对邮件保密以防止非授权者阅读,还能对邮件加上数字签名从而使收信人可以确认邮件的发送者,并能确信邮件没有被篡改。PGP 可以提供一种安全的通信方式,采用了一种 RSA 和传统加密的杂合算法,用于数字签名的邮件文摘算法、加密前压缩等,还有一个良好的人机工程设计。PGP 功能强大,有很快的速度,而且它的源代码是免费的。

3. 实验要求及配置

1) 实验环境与设备

在网络实验室,每组必备两台装有 Windows 操作系统的 PC。

实验用时:2 学时(90~120 分钟)。

2) 实验的注意事项

(1) 实验课前必须预习实验内容,做好实验前准备工作,实验课上实验时间有限。

(2) 注重技术方法。由于网络安全技术更新快、软硬件产品种类繁多,因此可能具体版本和界面等方面不尽一致或有所差异。在具体实验中应多注重方法、实验过程、步骤和要点。

3) 实验方法

建议两人一组,每组两台 PC,每人操作一台,相互操作。

可以在 PGP 中国网站(网址为 http://www.pgp.cn/)等处下载 PGP 软件后,相互进行加密及认证操作。

4. 实验步骤

A 机上的用户(pgp_user)传送一封保密信给 B 机上的用户(pgp_user1)。首先 pgp_user 对一封信用自己的私钥签名,再利用 pgp_user1 公钥加密后发给 pgp_user1。当 pgp_user1 收到 pgp_user 的加密信件后,使用其相对的私钥解密,再用 pgp_user 公钥进行身份验证。

(1) 两台 PC 上分别安装 PGP 软件。实验步骤如下。

① 运行安装文件 PGPDesktop 10.1.1,经过短暂的自解压准备安装过程后进入安装界面。

② 选择语言后进入是否接受协议,选择 I accept the license agreement 后,单击"下一步"按钮。

③ 是否跳转到解释页面,选择 Do not display the Release Notes 后,单击"下一步"按

钮,不重启进入破解软件步骤。

④ 利用 Keygen 破解序列号生成器打补丁,输入生成的序列号进行认证,然后根据提示完成后续操作,不需要改动默认设置,直至出现安装结束提示。

⑤ 关闭 PGP 软件解压文件,解压中文语言包,复制到 C：\Program Files\Common Files\PGP Corporation\Strings 目录下,选全部替换。

(2) 以 pgp_user 用户为例,生成密钥对,获得对方公钥和签名。实验步骤如下。

① 启动 PGP 软件,进入新用户创建与设置。选择主界面的菜单"文件"→"新建 PGP 密钥"命令,如图 5-18 所示,在出现的"PGP 密钥生成向导"对话框中,根据提示,设置用户名和电子邮件。

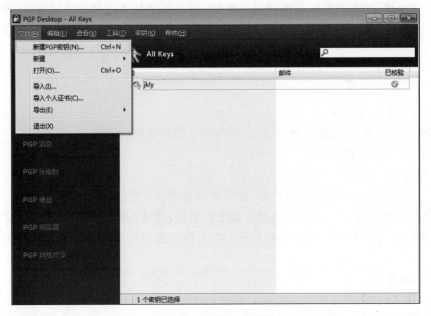

图 5-18　新建 PGP 密钥

② 设置保护私钥的用户口令,进入"密钥生成进程"界面,如图 5-19 所示。等待主密钥和次密钥,直到出现完成。

③ 导出公钥。首先,单击任务栏上的带锁的图标按钮,选择 PGPKeys 选项,进入 PGPKeys 主界面,选择用户并右击,在弹出的快捷菜单中选择 Export(导出)命令,再导出公钥。

🔎注意:将导出的公钥放在一个指定的位置,文件的扩展名为 asc。

④ 导入公钥。可以直接双击对方发送来的扩展名为 asc 的公钥,将出现选择公钥的窗口,这里可以查看该公钥的基本属性,如有效性、创建时间、信任度等,便于了解是否应该导入该公钥。选好后,单击 Import(导入)按钮,即可导入公钥。

⑤ 文件签名。pgp_user 对导入的公钥签名,右击,在弹出的快捷菜单中选择 sign 命令,输入 pgp_user 密钥。

以上操作同样的用户 pgp_user1 在 B 机上实现。

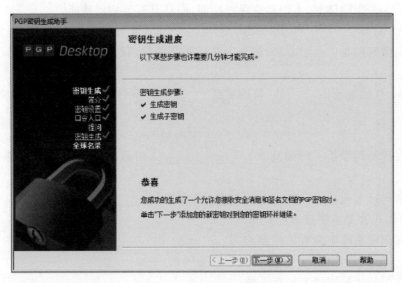

图 5-19　PGP 密钥生成

（3）pgp_user 用私钥对文件签名，再用 pgp_user1 公钥加密并传送文件给 pgp_user1。

① 创建一个文档并右击，在弹出的快捷菜单中选择 PGP→Encrypt&Sign 命令。

② 选择接收方 pgp_user1，按照提示输入 pgp_user 私钥。

③ 此时将产生一个加密文件，将此加密文件发送给 pgp_user1。

④ pgp_user1 用私钥解密，再进行身份验证。pgp_user1 收到文件后右击，在弹出的快捷菜单中选择 PGP→Decrypt&Verify 命令。然后在输入框中根据提示输入 pgp_user1 的私钥解密并验证。

5.7　练习与实践 5

1. 选择题

（1）使用密码技术不仅可以保证信息的（　　），而且可以保证信息的完整性和准确性，防止信息被篡改、伪造和假冒。

  A. 机密性   B. 抗攻击性

  C. 网络服务正确性   D. 控制安全性

（2）网络加密常用的方法有链路加密、（　　）加密和结点加密 3 种。

  A. 系统   B. 端到端   C. 信息   D. 网站

（3）根据密码分析者破译时已具备的前提条件，通常将攻击类型分为 4 种，分别是（　　）、（　　）、选定明文攻击和选择密文攻击。

  A. 已知明文攻击、选择密文攻击   B. 选定明文攻击、已知明文攻击

  C. 选择密文攻击、唯密文攻击   D. 唯密文攻击、已知明文攻击

(4)（　　　）密码体制,不但具有保密功能,而且具有鉴别的功能。

  A. 对称   B. 私钥   C. 非对称   D. 混合加密

(5) 凯撒密码是（　　　）方法,被称为循环移位密码,优点是密钥简单易记,缺点是安全性较差。

  A. 代码加密   B. 替换加密   C. 变位加密   D. 一次性加密

2. 填空题

(1) 现代密码学是一门涉及＿＿＿＿、＿＿＿＿、信息论、计算机科学等多学科的综合性学科。

(2) 密码技术包括＿＿＿＿、＿＿＿＿、安全协议、＿＿＿＿、＿＿＿＿、＿＿＿＿、消息确认、密钥托管等多项技术。

(3) 在加密系统中原有的信息称为＿＿＿＿,由＿＿＿＿变为＿＿＿＿的过程称为加密,由＿＿＿＿还原成＿＿＿＿的过程称为解密。

(4) 常用的传统加密方法有 4 种:＿＿＿＿、＿＿＿＿、＿＿＿＿、＿＿＿＿。

3. 简答题

(1) 任何加密系统不论形式多么复杂至少应包括哪 4 部分?

(2) 网络的加密方式有哪些?

(3) 简述 RSA 算法中密钥的产生,数据加密和解密的过程,以及 RSA 算法安全性的原理。

(4) 简述密码破译方法和防止密码破译的措施。

4. 实践题

(1) 已知 RSA 算法中,素数 $p=5$、$q=7$,模数 $n=35$,公开密钥 $e=5$,密文 $c=10$,求明文。试用手工完成 RSA 公开密钥密码体制算法加密运算。

(2) 已知密文 $C=$ abacnuaiotettgfksr,且知其是使用替代密码方法加密的。用程序分析出其明文和密钥。

(3) 通过调研及借鉴资料,写一份分析密码学与网络安全管理的研究报告。

(4) 凯撒密码加密运算公式为 $c=m+k \bmod 26$,密钥可以是 $0\sim25$ 的任何一个确定的数,试用程序实现算法,要求可灵活设置密钥。

项目 6

project 6

身份认证与访问控制

随着互联网的快速发展,越来越多的用户开始使用在线电子交易和网银等便利方式。但是,网页仿冒诈骗、网络攻击以及黑客恶意威胁等,给在线电子交易和网银安全性带来了极大挑战。各种层出不穷的计算机犯罪案件,引起了人们对网络身份的信任危机,证明访问用户身份及防止身份被冒名顶替变得极为重要。身份认证和访问控制技术是网络安全最基本的要素,是用户登录网络时保证其使用和交易"门户"安全的首要条件。

重点:数字签名和访问控制技术及应用与实验,安全审计技术及应用。

难点:身份认证技术的常用方法,网络安全的登录认证与授权管理,安全审计技术及应用。

关键:数字签名和访问控制技术及应用与实验,安全审计技术及应用。

目标:理解身份认证技术的概念、种类和常用方法,了解网络安全的登录认证与授权管理,掌握数字签名和访问控制技术及应用与实验,掌握安全审计技术及应用。

6.1 项目分析 身份认证与访问控制意义

教学视频

课程视频 6.1

【引导案例】 随着计算机网络的快速发展,资源的信息化管理和网络共享被广泛应用到各个领域之中,由于网络结构的复杂性、多个涉密应用系统并存、信息资源的保密性等都不仅仅要求只对用户进行身份认证,而且也要对用户的访问权限进行严格的控制和审计。涉密信息系统统一身份认证与访问控制平台的设计与实现,满足了在多个涉密应用系统并存的情况下,用户身份的认证、权限的集中管理、访问操作的审计以及单点登录的需要,解决了在实施发布多个涉密应用系统时的机构管理混乱、用户信息不一致和权限管理复杂等问题。

6.1.1　身份认证与访问控制需求分析

1. 身份认证需求分析

1）产生原因

计算机网络世界中一切信息（包括用户的身份信息）都是用一组特定的数据来表示的，计算机只能识别用户的数字身份，所有对用户的授权也是针对用户数字身份的授权。

如何保证以数字身份进行操作的操作者就是这个数字身份合法拥有者，即保证操作者的物理身份与数字身份相对应，身份认证就是为了解决上述问题而出现的。作为保护网络资源安全的第一道关口，身份认证有着举足轻重的作用。

2）身份认证的必要性

云证书对于云安全具有一定风险。用户名和密码可以轻松共享，而且钓鱼攻击使个人一不注意就公开了证书。随着云供应商和应用研发者提升锁定代码，避免编码技术被注入式攻击利用，检测云系统最容易的方法可能就是用户证书，被盗用的证书一旦被使用时就会成为问题。如果有人把云证书共享给自己的同事，而且共享者离开了公司，永远不会使用证书，企业可能就不会发现其被曝光。检测被盗用的证书的第一个机会也许就是其被使用的时候。关注试图登录的元数据，如客户端设备 IP 地址的地理位置或者客户端设备的类型，可能揭示出潜在的问题。例如，如果证书所有人通常在办公室工作，突然尝试在其他地方进行网上登录，可能就显示了证书被盗用。其他例子也可以提供假设证书被盗的信息支持。多次尝试从不同的地点同时登录是一个例子；从明显没有企业业务相关性的地区尝试登录是另一个例子。连续进行证书使用监测是监测被盗证书的一种方式，但是如果检测规则过于严格，会导致更高的失败率。相反，较松的检测规则可能错过实际的被盗用证书。双因子认证可以帮助减少云证书被盗用的风险，如用户名和密码或者私钥。以前，用户必须保证双因子认证设备在身边，但这样不方便，实施费用也高。现在，双因子认证应用作为应用软件对于智能手机即可使用，从本质上消除了其应用的负担。

2. 访问控制需求分析

访问控制是几乎所有系统（包括计算机系统和非计算机系统）都需要用到的一种技术。访问控制是按用户身份及其所归属的某项定义组来限制用户对某些信息项的访问，

或限制对某些控制功能的使用的一种技术，如网络准入控制（UniNAC）系统的原理就是基于此技术之上。访问控制通常用于系统管理员控制用户对服务器、目录、文件等网络资源的访问。

1）访问控制的功能

（1）防止非法的主体进入受保护的网络资源。

（2）允许合法用户访问受保护的网络资源。

（3）防止合法的用户对受保护的网络资源进行非授权的访问。

2）访问控制的实现

（1）实现机制。访问控制的实现机制建立访问控制模型和实现访问控制都是抽象和复杂的行为，实现访问控制不仅要保证授权用户使用的权限与其所拥有的权限对应，制止非授权用户的非授权行为，还要保证敏感信息的交叉感染。为了便于讨论这一问题，以文件的访问控制为例，对访问控制的实现做具体说明。通常用户访问信息资源（文件或数据库），可能的行为有读、写和管理。之所以将管理操作从读写中分离出来，是因为管理员也许会对控制规则本身或是文件的属性等做修改，即修改访问控制列表。

（2）访问控制列表。访问控制列表（access control list，ACL）是以文件为中心建立的访问权限表。目前，大多数 PC、服务器和主机都使用 ACL 作为访问控制的实现机制。访问控制列表的优点是实现简单，任何得到授权的主体都可以有一个访问控制表，例如，授权用户 A1 的访问控制规则存储在文件 File1 中，A1 的访问规则可以由 A1 下面的访问控制表 ACL A1 来确定，访问控制表限定了用户 A1 的访问权限。📖

📖知识拓展
访问控制矩阵

（3）安全标签。安全标签是限制和附属在主体或客体上的一组安全属性信息。安全标签是一种不同安全等级进行识别的标志，因为它实际上还建立了一个严格的安全等级集合。访问控制安全标签列表（access control security label list，ACSLL）是限定一个用户对一个客体目标访问的安全属性集合。安全标签能对敏感信息加以区分，这样就可以对用户和客体资源强制执行安全策略，因此，强制访问控制经常会用到这种实现机制。

📖知识拓展
访问控制
的实现

（4）具体类别。访问控制是网络安全防范和保护的重要手段，它的主要任务是维护网络系统安全、保证网络资源不被非法使用和非正常访问。📖

6.1.2 身份认证与访问控制技术的发展态势

1. 身份认证技术的发展态势

目前随着电子商务和电子政务的发展，以及 GSM、CPRS、CDMA、WLAN 等无线移动通信技术与相应业务的发展，身份认证的理论和技术已经在不断成熟完善的基础上，出现了几个研究热点。

（1）图像口令认证技术。传统的口令认证技术主要是基于文本口令，大部分安全系统为了保证口令的安全性都会要求用户选择较长的复杂口令，这种文本口令提高了安全性，但是由于难以记忆且输入不便，使得很多用户仍然使用弱口令。图像口令认证技术是用一组图像组成的集合代替文本字符集合，用户通过从图像集合中选择 P 个图像合成自己的口令。认证系统在认证时给出 T 个图像，用户从中选出自己生成口令时的 P 个图像。由于图像包括的信息远大于文本，很难实现自动字典攻击，而且这种口令很难记录，也不易与人共享，增加了安全性。该系统的安全性在于从 T 个图像中选取 P 个图像口令的组合数大小。为了提高安全性应使组合数 $T!/((T-P)!P!)$ 尽量增加。

（2）生物特征识别技术。传统的身份验证方式都是基于用户有关信息确认（what you know）或者用户物件认证（what you have）的验证手段，它只能说明用户具有登录权限，并不能说明用户为非冒充者，直到生物特征识别技术的出现和普及。比尔·盖茨曾断言，生物特征识别技术将成为未来几年 IT 产业的重要革新。越来越多的个人、企业乃至政府都承认，现有身份加密码或基于智能卡的身份识别系统远远不够，生物特征识别技术在未来的身份认证方面将占据不可或缺地位。

知识拓展
生物特征
识别技术

知识拓展
Web挖掘

（3）基于数据挖掘的身份识别。由于数据挖掘技术的出现，一种基于数据挖掘的身份识别技术应运而生。它不必像生物特征识别技术那样需要个体的生物特征，而只需要个体的行为特征。它克服了传统身份识别的单一性缺点，通过挖掘人们的历史行为得到人们的行为模式，再根据相应的预测算法来鉴别身份的真实性。

2. 访问控制发展态势

随着企业信息系统的建立及规模的不断扩大，存储在系统中的敏感数据和关键数据也越来越多，而这些数据都依赖于系统来进行处理、交换、传递，因此，保护系统及其数据不被未经授权的非法访问显得越来越重要。访问控制作为网络安全防范和保护的主要策略，主要是要明确访问对象并确定授权，具体包括以下 4 方面。

（1）用户访问管理。为防止对计算机信息系统未经授权的访问，建立一套对信息系统和服务的访问权限分配程序是必需的。这些程序应当覆盖用户访问的每一个阶段，从新用户的注册到不再需要访问信息系统和服务的用户最终的注销。通常一个计算机信息系统是一个多用户的系统，为防止对信息系统的非法操作，需要一种正式的用户注册和注销的安全保护措施，用户和用户组被赋予一定的权限，体现为用户组可以访问哪些系统资源，当不再需要对信息系统访问时，又可以注销这些权限。特权访问具有超越一般用户对系统访问的权限，而对系统特权的不当使用往往可能导致系统发生故障。

知识拓展
特权分配可
参照因素

（2）网络访问控制。为保护网络服务，应控制对内部和外部网络服务的访问，这对于确保对网络有访问权限的用户是完全必要的。与网络服务的不安全连接会影响自身系统的安全性，因此应明确对用户提供哪些特权才可以直接访问其服务。网络服务使用策略应考虑到网络和网络服务的使用，具体应包括允许访问的网络与网络服务、用于确定谁可访问哪些网络和网络服务的授权、保护对网络连接和网络服务的访问管理措施等。

知识拓展
网络的最大
特征

（3）应用系统访问控制。应用系统，特别是敏感的或关键的业务应用系统，对一个企业或一个机构是一笔财富。为确保对应用系统的访问是经过授权的,其应当控制用户对应用程序的访问,并要求与所制定的业务访问控制策略一致、对超越应用程序限制的任何一个实用程序和操作系统中的部分软件提供保护,防止未经授权访问,不影响有共享信息资源的其他系统的安全,只能向所有权人及其他被指定和经授权者或确定的用户群提供访问权限。

(4) 数据库访问控制。数据库访问控制是对用户数据库各种资源,包括表、视窗、各种目录以及实用程序等的权力(包括创建、撤销、查询、增加、删除、修改、执行等)的控制,这是数据安全的基本手段。对数据库进行访问控制,首先要正确识别用户,防止假冒。数据库用户在数据库管理系统(DBMS)注册时,给每一个用户标识。用户标识是用户公开的标识,不能成为其鉴别用户的凭证。鉴别用户身份一般采用以下 3 种方法:利用只有用户知道的信息鉴别用户,如广泛使用的口令;利用只有用户可得到的物品鉴别用户,如磁卡;利用用户的个人特征鉴别用户,如指纹、声音、签名等。对一般数据库用户、具有支配部分数据库资源特权的数据库用户、具有 DBA 特权的数据库用户要进行明确的区分,才能确保其合法授权。

☺讨论思考

(1) 简述基于签名及签名验证的身份认证和访问控制原理。

(2) 身份认证技术的发展趋势是什么?

6.2 任务 1 身份认证基础

教学视频
课程视频 6.2

6.2.1 目标要求

本任务主要学习目标的具体要求如下。

(1) 理解身份认证的概念、种类和方法。

(2) 掌握常见的身份认证系统的认证方式。

【案例 6-1】 多数银行的网银服务,除了向客户提供 U 盾证书保护模式外,还推出了动态口令方式,可免除携带 U 盾的不便。动态口令是一种动态密码技术,在使用网银过程中,输入用户名后,即可通过绑定的手机一次性收到本次操作的密码,此密码只可使用一次,便利安全。

6.2.2 知识要点

1. 身份认证的概念

身份认证(identity authentication)是指计算机网络系统的用户在进入系统或访问不

同保护级别的系统资源时,系统确认该用户的身份是否真实、合法和唯一的过程。数据完整性可以通过消息认证进行保证,是计算机网络系统安全保障的重要措施之一。📁

2. 身份认证的作用

身份认证与鉴别是信息安全中的第一道防线,对信息系统的安全有着重要意义。身份认证可以确保用户身份的真实性、合法性和唯一性。因此,可以防止非法人员进入系统,防止非法人员通过各种非法操作获取不正当利益、非法访问受控信息、恶意破坏系统数据的完整性等情况的发生。

3. 身份认证的种类和方法

认证技术是计算机网络安全中的一个重要内容。从鉴别对象上,身份认证分为两种。

(1) 消息认证。用于保证信息的完整性和可审查性,通常用户要确认网上信息的真实性,是否被第三方修改或伪造。

(2) 身份认证。鉴别用户身份,包括识别访问者的身份,对访问者的身份的合法性进行确认。

身份认证技术方法的分类有多种:包括以身份认证所用到的物理介质、身份认证所应用的系统、身份认证的基本原理、身份认证所用的认证协议、认证协议所使用的密码技术进行分类。

常用的身份认证技术主要包括基于秘密信息的身份认证方法和基于物理安全的身份认证方法。由于一些技术方法相对比较专业、复杂,需要进一步的深入研究。在此,只简单介绍一些常用的技术和方法。📖

① 静态密码方式。静态密码方式是指以用户名及密码认证的方式,是最简单、最常用的身份认证方法。

② 动态口令认证。动态口令是应用最广的一种身份识别方式。基于动态口令认证的方式主要有动态短信密码和动态口令牌(卡)两种方式,均为一次一密。动态口令牌如图 6-1 所示。

③ USB Key 认证。采用软硬件相结合、一次一密的强双因素(两种认证方法)认证模式。其身份认证系统主要有两种认证模式:基于冲击/响应模式和基于 PKI 体系的认证模式。常用的网银 USB Key 如图 6-2 所示。

图 6-1　动态口令牌

图 6-2　网银 USB Key

【案例 6-2】 XX 银行为了保障网上银行"客户证书"的安全性,推出了电子证书存储器(简称 USB Key),即 U 盾,可将客户的"证书"专门存放于 U 盘中,即插即用,非常安全可靠。U 盾只存放银行的证书,不可导入或导出其他数据。只需先安装其驱动程序,即可导入相应的证书。网上银行支持 USB Key 证书功能,U 盾具有安全、可移动、方便的特点。

④ 生物特征识别技术。生物特征识别技术是指通过可测量的生物信息和行为等特征进行身份认证的一种技术。认证系统测量的生物特征一般是用户唯一生理特征或行为方式。生物特征分为身体特征和行为特征两类。

⑤ CA 认证。国际认证机构通称为 CA(Certification Authority),是对数字证书的申请者发放、管理、取消的机构。该机构用于检查证书持有者身份的合法性,并签发证书,以防证书被伪造或篡改。发放、管理和认证是一个复杂的过程,即 CA 认证过程,如表 6-1 所示。

表 6-1　证书的类型与作用

证书名称	证书类型	主要功能描述
个人证书	个人证书	个人网上交易、网上支付、电子邮件等相关网络操作
单位证书	单位身份证书	用于企事业单位网上交易、网上支付等
	E-mail 证书	用于企事业单位内安全电子邮件通信
	部门证书	用于企事业单位内某个部门的身份认证
服务器证书	企业证书	用于服务器、安全站点认证等
代码签名证书	个人证书	用于个人软件开发者对其软件的签名
	企业证书	用于软件开发企业对其软件的签名

⚠注意:数字证书标准有 X.509 证书、简单 PKI 证书、PGP 证书和属性证书。

CA 主要职能是管理和维护所签发的证书,并提供各种证书服务,包括证书的签发、更新、回收、归档等。CA 系统的主要功能是管理其辖域内的用户证书。

CA 的主要职能体现在以下 3 方面。

- 管理和维护客户的证书和证书作废表(CRL)。
- 维护整个认证过程的安全。
- 提供安全审计的依据。

☺讨论思考

(1) 什么是身份认证?身份认证技术有哪几种类型?

(2) 常用的身份认证方式有哪些?并举例说明。

教学视频
课程视频 6.3

6.3 任务 2 认证系统与数字签名

6.3.1 目标要求

本任务主要学习目标的具体要求如下。

(1) 理解认证系统及认证系统的组成。
(2) 掌握数字签名的概念及分类、主要功能、原理及过程。

6.3.2 知识要点

1. 认证系统

(1) 基于共享密钥认证。通信双方有一个共享的密钥，通信基于双方的信任中心、密钥分发中心(KDC)。通信前，一方 A 向 KDC 发送消息(消息中包括一个共享密钥，还有带有 A 的标志)，消息为 KA 的公钥加密，KDC 收到后用 A 的私钥解密，KDC 再用 KB 的公钥加密，发送给另一方 B，B 收到以后用自己的私钥解密，得到信息里的共享密钥和 A 的标志(B 知道了这是 A 发来的消息)，即 Ks，双方用 Ks 加解密通信。

(2) 基于重放攻击的认证。

(3) 基于公钥的认证。通信双方都用对方的公钥加密，双方用各自的私钥解密。即通信前一方 A 向另一方 B 发送一个用 B 的公钥加密的 A 的标志，指定随机数 Ra 和通信密钥 Ks，B 收到以后用自己的私钥解密，知道了这是 A 的消息和要用 Ks 密钥通信，然后发送一个用 A 的公钥加密的 B 的标志，随机数 Rb 和密钥 Ks，A 用自己的私钥解密以后，发送给 B 一个用通信密钥 Ks 加密的 Rb。

2. 数字签名的概念及种类

数字签名(digital signature)又称为公钥数字签名或电子签章，是以电子形式存储于信息中或作为其附件或逻辑上与之有联系的数据，用于辨识数据签署人的身份，并表明签署人对数据中所包含的信息的认可。

特别理解
电子签章的
基本概念

基于公钥密码体制和私钥密码体制都可获得数字签名，目前主要是基于公钥密码体制的数字签名，包括普通数字签名和特殊数字签名两种。

3. 数字签名的功能

数字签名的主要功能是保证信息传输的完整性，对发送者的身份进行认证，防止交易中的抵赖行为发生。数字签名技术是将摘要信息用发送者的私钥加密，与原文一起传送给接收者。最终目的是为了实现以下 6 种安全保障功能：必须可信、无法抵赖、不可伪造、不能重用、不许变更、处理快且应用广。

4. 数字签名的原理及过程

1）数字签名算法的组成

数字签名算法主要由两部分组成：签名算法和验证算法。签名者可使用一个秘密的签名算法签署一个数据文件，所得的签名可通过一个公开的验证算法进行验证。

常用的数字签名技术主要是公钥加密（非对称加密）算法的典型应用。

2）数字签名基本原理及过程

在网络系统虚拟环境中，数字签名可以代替现实中的亲笔签字。

整个数字签名的基本原理采用双加密方式，先将原文件用对称密钥加密后进行传输，并将其密钥用接收方公钥加密发送给对方。一套完整的数字签名通常定义签名和验证两种互补的运算。单独的数字签名只是一个加密过程，数字签名验证则是一个解密的过程。数字签名的基本原理及过程如图 6-3 所示。

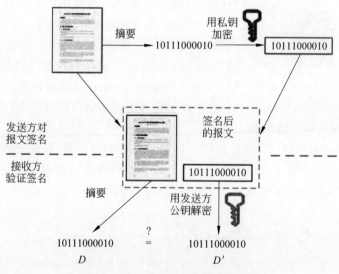

图 6-3　数字签名的基本原理及过程

☺讨论思考

（1）数字签名和现实中的签名有哪些区别和联系？

（2）简述数字签名的基本原理及过程。

6.4　任务3　访问控制主要技术

6.4.1　目标要求

本任务主要学习目标的具体要求如下。

（1）理解访问控制的概念及主要目的。

（2）掌握访问控制功能及原理、要素。

（3）理解访问控制模式与分类。

（4）掌握访问控制的安全策略。

（5）理解认证服务与访问控制系统。

（6）掌握准入控制与身份认证管理。

6.4.2　知识要点

1. 访问控制的概念及原理

1）访问控制的概念及要素

访问控制（access control）指系统对用户身份及其所属的预先定义的策略组限制其使用数据资源能力的手段。通常用于系统管理员控制用户对服务器、目录、文件等网络资源的访问。📖

访问控制包括 3 个要素。

（1）主体 S（subject）。是指提出访问资源具体请求。

（2）客体 O（object）。是指被访问资源的实体。

（3）控制策略 A（attribution）。是主体对客体的相关访问规则的集合，即属性集合。

2）访问控制的功能及原理

访问控制的主要功能：保证合法用户访问受保护的网络资源，防止非法的主体进入受保护的网络资源，或防止合法用户对受保护的网络资源进行非授权的访问。访问控制的内容包括认证、控制策略实现和安全审计，如图 6-4 所示。

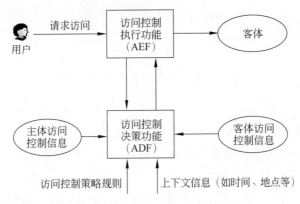

图 6-4　访问控制功能及原理

2. 访问控制的类型及机制

访问控制可以分为两个层次：物理访问控制和逻辑访问控制。

1) 访问控制的类型

主要的访问控制类型有 3 种模式：

（1）自主访问控制。自主访问控制（discretionary access control，DAC）是一种接入控制服务，通过执行基于系统实体身份及其到系统资源的接入授权，包括在文件、文件夹和共享资源中设置许可。

> 【案例 6-3】　在 Linux 系统中，访问控制采用了 DAC 模式，如图 6-5 所示。高优先级主体可将客体的访问权限授予其他主体。

```
/bin/ls
[root@acl tmp]# chown root ls
[root@acl tmp]# ls -l
-rw-r--r--        1 nobody  nobody    770    Oct 18 15:16 4011.tmp
-rw-------        1 root    users      48    Oct 28 11:41 ls
srwxrwxrwx        1 root    root        0    Aug 29 09:04 mysql.sock
drwxrwxr-x        2 duan    uan      4096    Oct 23 23:41 ssl
[root@acl tmp]# chmod  o+rw  ls
[root@acl tmp]# ls -l
-rw-r--r--        1 nobody  nobody    770    Oct 18 15:16 4011.tmp
-rw----rw-        1 root    users      48    Oct 28 11:41 ls
srwxrwxrwx        1 root    root        0    Aug 29 09:04 mysql.sock
drwxrwxr-x        2 duan    duan     4096    Oct 23 23:41 ssl
[root@acl tmp]#
```

图 6-5　Linux 系统中的自主访问控制

（2）强制访问控制。强制访问控制（mandatory access control，MAC）是系统强制主体服从访问控制策略。如网银，是由系统对用户所创建的对象按照规则控制用户权限及操作对象的访问。主要特征是对所有主体及其所控制的进程、文件、段、设备等客体实施强制访问控制。

知识拓展　MAC 的安全级别

（3）基于角色的访问控制。基于角色的访问控制（role-based access control，RBAC）是通过对角色的访问所进行的控制，使权限与角色相关联。用户通过成为适当角色的成员而得到其角色的权限，可极大地简化权限管理。

知识拓展　角色的基本概念

RBAC 模型的授权管理方法主要有 3 种。

① 根据任务需要定义具体不同的角色。

② 为不同角色分配资源和操作权限。

③ 给一个用户组（group，权限分配的单位与载体）指定一个角色。

RBAC 支持 3 个著名的安全原则：最小权限原则、责任分离原则和数据抽象原则。

2）访问控制机制

访问控制机制是检测和防止对系统的未授权访问，为保护资源所采取的各种措施。这是在文件系统中广泛应用的安全防护方法，一般是在操作系统的控制下，按照事先确定的规则决定是否允许主体访问客体，贯穿于系统全过程。

3）单点登录的访问管理

根据登录的应用类型不同,可将单点登录(single sign-on,SSO)分为 3 种类型。

（1）对桌面资源的统一访问管理。对桌面资源的访问管理包括两方面:①登录后统一访问任一应用资源,如 Microsoft。②登录后访问其他应用资源。

（2）Web 单点登录。由于 Web 技术体系架构便捷,对 Web 资源的统一访问管理易于实现,如图 6-6 所示。

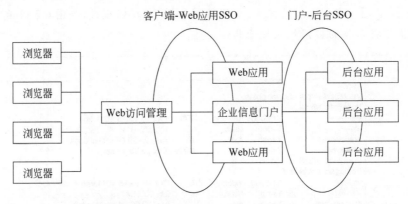

图 6-6　Web 单点登录访问管理系统

（3）传统 C/S 结构应用的统一访问管理。在传统 C/S 结构应用上,实现管理前台的统一或统一入口是关键。采用 Web 客户端作为前台是企业最为常见的一种解决方案。

3. 访问控制的安全策略

访问控制的安全策略是指在某个自治区域内(属于某个组织的一系列处理和通信资源范畴)用于所有与安全相关活动的一套访问控制规则。其安全策略有 3 种类型:基于身份的安全策略、基于规则的安全策略和综合访问控制策略。

1）访问控制安全策略实施原则

访问控制安全策略实施原则主要集中在主体、客体和安全控制规则集三者之间的关系。

（1）最小特权原则。

（2）最小泄露原则。

（3）多级安全策略。

2）基于身份和规则的安全策略

> **□特别理解**
> 授权行为的
> 基本概念

授权行为是建立身份安全策略和规则安全策略的基础,两种安全策略为基于身份的安全策略(包括基于个人的安全策略和基于组的安全策略)、基于规则的安全策略。

在基于规则的安全策略系统中,所有数据和资源都标注了安全标记,用户的活动进程与其原发者具有相同的安全标记。□

3）综合访问控制策略

综合访问控制策略（hybrid access control，HAC）继承和吸取了多种主流访问控制技术的优点，有效地解决了访问控制问题，保护数据的保密性和完整性，保证授权主体能访问客体和拒绝非授权访问。HAC 具有良好的灵活性、可维护性、可管理性、更细粒度的访问控制和更高的安全性。

HAC 主要包括入网访问控制、网络的权限控制、目录级安全控制、属性安全控制、网络服务器安全控制、网络监控和锁定控制、网络端口和结点的安全控制。

4．认证服务与访问控制系统

1）AAA 技术概述

AAA 认证系统的功能包括 3 部分：认证、鉴权和审计。

AAA 一般运行于网络接入服务器，提供一种有力的认证、鉴权、审计信息采集和配置系统。网络管理者可根据需要选用适合的具体网络协议及认证系统。

2）远程身份认证拨号用户服务

远程身份认证拨号用户服务（remote authentication dial-in user service，RADIUS）主要用于管理远程用户的网络登录。它主要基于 C/S 架构，其客户端最初是 NAS 服务器，现在任何运行 RADIUS 客户端软件的计算机都可成为其客户端。RADIUS 协议认证机制灵活，可采用 PAP、CHAP 或 UNIX 登录认证等多种方式。RADIUS 模型如图 6-7 所示。

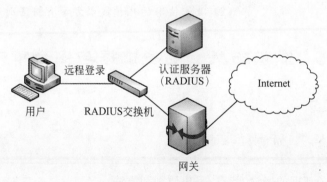

图 6-7 RADIUS 模型

3）终端访问控制器接入控制系统

终端访问控制器接入控制系统（terminal access controller access control system，TACACS）的功能是通过一个或几个中心服务器为网络设备提供访问控制服务。与上述 RADIUS 的区别是，TACACS 是思科公司专用的协议，具有独立身份认证、鉴权和审计等功能。

5．准入控制与身份认证管理

1）准入控制技术

思科公司和微软公司的网络准入控制（NAC）其原理和本质一致，不仅对用户身份进行认证，还对用户的接入设备安全状态进行评估（包括防病毒软件、系统补丁等），使各接入点都具有较高可信度和健壮性，从而保护网络基础设施。华为公司于2005年推出了端点准入防御（EAD）产品。

2）准入控制技术方案比较

不同厂商准入控制方案虽然在原理上类似，但具体实现方式各不相同。主要区别体现在以下4方面：选取协议、身份认证管理方式、策略管理、准入控制。

3）准入控制技术中的身份认证

身份认证技术的发展过程经历了从软件到软硬件结合，从单一因子认证到双因素认证，从静态认证到动态认证。目前常用的身份认证方式包括用户名/密码方式、公钥证书方式、动态口令方式等。无论采用哪种方式都有其优劣。

身份认证技术的安全性关键在于组织采取的安全策略。身份认证是网络准入控制的基础。

4）准入控制技术的现状与发展

📂 特别理解
准入控制的
基本概念

准入控制技术发展很快，并出现了各种方案整合的趋势。TNC促进了准入控制标准化的快速发展，希望通过构建框架和规范保证互操作性。准入控制正在向标准化、软硬件相结合的方向发展。📂

☺讨论思考

（1）访问控制的模式有哪些？各模式的区别和联系如何？

（2）准入技术的几种技术方案有何区别和联系？

6.5 知识拓展 电子证据与安全审计

6.5.1 目标要求

本任务主要学习目标的具体要求如下。

（1）理解电子证据的概念、特点、采集原则和方法。

（2）掌握电子证据的检验及检验鉴定要求。

（3）理解电子证据与安全审计、系统日记审计。

（4）掌握审计跟踪与实施概念及过程。

6.5.2 知识要点

1. 电子证据与安全审计概述

1）电子证据的概念及特性

电子证据是通过计算机存储的材料和证据证明案件事实的一种手段，它最大的功能是存储数据,能综合、连续地反映与案件有关的资料数据,是一种介于物证与书证之间的独立证据。

电子证据有**无形性**、**多样性**、**客观真实性**、**易破坏性**等特征。首先,电子证据具有内在实质上的无形性,即电子证据实质上只是一堆按编码规则处理成的 0 和 1,看不见,摸不着;其次,电子证据具有外在表现形式的多样性,它不仅可体现为文本形式,还可以图形、图像、动画、音频及视频等多媒体形式出现,由于其借助具有集成性、交互性、实时性的计算机及其网络系统,极大地改变了证据的运作方式;再次,电子证据具有客观真实性,排除人为篡改、差错和故障等因素,电子证据是所有证据中最具证明力的一种,它存储方便,表现丰富,可长期无损保存及随时反复重现。

2) 电子证据的分类

具体来说,司法实践中常见的电子证据可**分为 3 类**。

(1) 与现代通信技术有关的电子证据,如电传资料、传真资料、手机录音等证据。

(2) 与计算机技术或网络技术有关的电子证据,如电子邮件、电子数据交换等。

(3) 与广播技术、电视技术、电影技术等其他现代信息技术有关的电子证据。

3) 安全审计的概念及目的

计算机网络安全审计(audit)是指按照一定的安全策略,利用记录系统活动和用户活动的历史操作事件,按照顺序检查、审查和检验操作事件的环境及活动,从而发现系统漏洞、入侵行为或改善系统性能的过程。也是审查评估系统安全风险并采取相应措施的一个过程。**主要作用和目的**包括 5 方面。

(1) 对可能存在的潜在攻击者起到威慑和警示作用。

(2) 测试系统的控制情况,及时进行调整。

(3) 对已出现的破坏事件做出评估,并提供依据。

(4) 对系统控制、安全策略与规程中的变更进行评价和反馈,以便修订决策和部署。

(5) 协助系统管理员及时发现入侵或潜在的系统漏洞及隐患。

4) 安全审计的类型

安全审计从审计级别上可分为以下 **3 种类型**。

(1) 系统级审计。主要针对系统的登录情况、用户识别号、登录尝试的日期和具体时间、退出的日期和时间、所使用的设备、登录后运行程序等事件信息进行审查。

(2) 应用级审计。主要针对的是应用程序的活动信息。

(3) 用户级审计。主要是审计用户的操作活动信息。

2. 系统日记安全审计

(1) 系统日志的内容。系统日志主要根据网络安全级别及强度要求,选择记录部分或全部的系统操作。

对于单个事件行为,通常系统日志主要包括事件发生的日期及时间、引发事件的用户 IP 地址、事件源及目的地位置、事件类型等。

(2) 安全审计的记录机制。对于各种网络系统应采用不同记录日志机制。日志记录可以由操作系统完成,也可以由应用系统或其他专用记录系统完成。

（3）日志分析。日志分析的主要目的是在大量的记录日志信息中找到与系统安全相关的数据，并分析系统运行情况。日志分析的主要任务包括潜在威胁分析、异常行为检测、简单攻击探测、复杂攻击探测。

（4）审计事件查阅与存储。审计系统可以成为追踪入侵、恢复系统的直接证据，所以其自身的安全性更为重要。审计系统的安全主要包括审计事件查阅安全和存储安全。保护查阅安全的措施有审计查阅、有限审计查阅、可选审计查阅。审计事件的存储安全的具体要求：保护审计记录的存储、保证审计数据的可用性、防止审计数据丢失。

3. 审计跟踪

1）审计跟踪的概念及意义

审计跟踪（audit trail）指按事件顺序检查、审查、检验其运行环境及相关事件活动的过程。审计跟踪主要用于实现重现事件、评估损失、检测系统产生的问题区域、提供有效的应急灾难恢复、防止系统故障或使用不当等方面。

审计跟踪是提高系统安全性的重要工具。安全审计跟踪的意义如下。

（1）利用系统的保护机制和策略，及时发现并解决系统问题，审计客户行为。

（2）审计信息可以确定事件和攻击源，用于检查计算机犯罪。

（3）通过对安全事件的收集、积累和分析，可对其中的某些站点或用户进行审计跟踪，以提供发现可能产生破坏性行为的有力证据。

（4）既能识别访问系统的来源，又能指出系统状态转移过程。

2）审计跟踪的主要问题

📖知识拓展
审计的主要
目标

审计跟踪应重点考虑以下两方面的问题：选择记录信息，确定审计跟踪信息。

审计是系统安全策略的一个重要组成部分，贯穿整个系统运行过程，覆盖不同的安全机制，为其他安全策略的改进和完善提供了必要的信息。📖

4. 安全审计的实施

为了确保审计实施的可用性和正确性，需要在保护和审查审计数据的同时做好计划，分步实施。具体实施主要包括保护审查审计数据及安全审计实施的主要步骤。

1）保护审查审计数据

（1）保护审计数据的安全。应当严格限制在线访问审计日志。审计数据安全保护的常用方法是使用数据签名和只读设备存储数据。审计跟踪信息的保密性也应进行严格保护。

（2）审查审计数据。审计跟踪的审查与分析可分为定期检查、实时检查和事后检查3种。

2）安全审计实施主要步骤

审计是一个连续不断地改进和提高的过程。审计的重点是评估企业现行的安全政策、策略、机制和系统监控情况。审计实施主要步骤如下。

（1）确定安全审计事项。

（2）做好审计计划。

（3）查阅审计历史。

（4）实施安全风险评估。

（5）划定审计范畴。

（6）确定审计重点和步骤。

（7）提出改进意见。

☺讨论思考

（1）安全审计的类型有哪些？

（2）审计跟踪的概念及意义是什么？

6.6 项 目 小 结

身份认证和访问控制是网络安全的重要技术，是网络安全登录的首要保障。本章概述了身份认证的概念、技术方法，简要介绍了双因素安全令牌及认证系统、用户登录认证、认证授权管理案例，并简要介绍了数字签名的概念、功能、种类、原理、应用、技术实现方法和过程。另外，介绍了访问控制的概念、模式、管理、安全策略、认证服务与访问控制系统、准入控制与身份认证管理案例等。最后，介绍了安全审计概念、系统日志安全审计、审计跟踪、安全审计的实施等。

6.7 项目实施 实验 6 数字签名与访问控制

6.7.1 选做 1 数字签名应用

1. 实验目的

数字签名是针对数字文档的一种签名确认方法，目的是对数字对象的合法性、真实性进行标记，并提供签名者的承诺。本节实验的主要目的是进一步深入了解数字签名的以下 3 方面。

（1）数字签名应具有与数字对象一一对应的关系，即签名的精确性。

（2）数字签名应基于签名者的唯一特征，从而确定签名的不可伪造性和不可否认性，即签名的唯一性。

（3）数字签名应具有时间特征，从而防止签名的重复使用，即签名的时效性。数字签名的执行方式分为直接方式和可仲裁方式。

2. 实验要求及方法

1）实验环境

ISES 客户端、Microsoft CLR Debugger 2005 或其他调试器。

2）注意事项

（1）预习准备。由于本实验涉及一些产品相关的技术概念，应当提前进行学习了解，以加深对实验内容的深刻理解。

（2）理解实验原理及各步骤的含义。对于操作的每一步要着重理解其原理，对于数字签名的精确性、准确性、时效性等要充分理解其作用和含义。

实验用时：2学时（90～100分钟）。

3. 实验内容及步骤

通过运算器工具完成RSA-PKCS签名算法、DSA签名算法和ECC签名算法的签名和验证；对RSA签名算法、ElGamal签名算法、DSA签名算法和ECC签名算法进行扩展实验；对RSA签名生成、RSA签名验证、DSA参数生成、DSA密钥生成、DSA签名生成、DSA签名验证、ECC密钥生成、ECC签名生成、ECC签名验证等进行算法跟踪。

1）RSA-PKCS签名算法

（1）签名及验证计算。

① 进入实验实施，默认选择即为RSA-PKCS标签，显示RSA-PKCS签名实验界面。

② 选择明文格式，输入明文信息。

③ 单击"计算SHA1值"按钮，生成明文信息的Hash值。

④ 选择密钥长度，此处以512b为例，单击"生成密钥对"按钮，生成密钥对和参数。

⑤ 选择"标准方法"标签，在标签下查看生成的密钥对和参数。

⑥ 标准方法签名及验证，单击"标准方法"标签下的"获得签名值"按钮，获取明文摘要的签名值，签名结果以十六进制显示于相应的文本框内；单击"验证签名"按钮，对签名结果进行验证，并显示验证结果。

⑦ 选择"中国剩余定理方法"标签，在标签下查看生成的密钥对和参数。

⑧ 中国剩余定理方法签名及验证。单击"中国剩余定理方法"标签下的"获得签名值"按钮，获取明文摘要的签名值，签名结果以十六进制显示于相应的文本框内；单击"验证签名"按钮，对签名结果进行验证，并显示验证结果。

（2）算法跟踪。在"算法跟踪"框下单击"获得RSA签名"→"验证RSA签名"按钮，进入调试器，选择对应的算法函数对RSA签名生成和RSA签名验证进行算法跟踪；跟踪完成后会自动返回实验界面显示计算结果；切换回调试器，停止调试，关闭调试器，不保存工程。

2）DSA签名算法

（1）签名及验证计算。

① 选择DSA标签，进入DSA签名实验界面。

② 选择明文格式，输入明文信息。

③ 单击"计算SHA1值"按钮，生成明文信息的Hash值。

④ 生成参数及密钥，选择密钥长度，此处以512b为例，单击"生成G、P、Q"按钮，生成DSA参数；单击"生成密钥"按钮，生成密钥对Y和X。

⑤ 签名及验证。单击"获得签名值"按钮，获取明文摘要的签名值r和s，签名结果以

十六进制显示于相应的文本框内;单击"验证签名"按钮,对签名结果 r 和 s 进行验证,并显示验证结果。

(2) 算法跟踪。在"算法跟踪"框下单击"生成 DSA 参数"→"生成 DSA 密钥"→"获取 DSA 签名"→"验证 DSA 签名"按钮,进入调试器,选择对应的算法函数对 DSA 参数生成、DSA 密钥生成、DSA 签名生成和 DSA 签名验证进行算法跟踪;跟踪完成后会自动返回实验界面显示计算结果;切换回调试器,停止调试,关闭调试器,不保存工程。

3) ECC 签名算法

椭圆曲线具有在有限域 GF(p) 和 GF(2^m) 上的两种类型,因此 ECC 签名算法有两种具体形式,此处以 GF(p) 为例,GF(2^m) 可参照完成。

(1) 签名及验证计算。

① 选择 ECC 标签,进入 ECC 签名实验界面。

② 选择明文格式,输入明文信息。

③ 单击"计算 SHA1 值"按钮,生成明文信息的 Hash 值。

④ 生成参数及密钥,选择 GF(p) 标签,在标签下选择椭圆曲线参数和密钥生成的参数,此处以 $m=112$(seed) 为例,单击"取得密钥对"按钮,生成椭圆曲线参数和密钥对。

⑤ 签名及验证。单击"获得签名值"按钮,获取明文摘要的签名值 r 和 s,签名结果以十六进制显示于相应的文本框内;单击"验证签名"按钮,对签名结果 r 和 s 进行验证,并显示验证结果。

(2) 算法跟踪。在"算法跟踪"框下单击"取得 ECC 密钥"→"获得 ECC 签名"→"验证 ECC 签名"按钮,进入调试器,选择对应的算法函数对 ECC 密钥生成、ECC 签名生成、ECC 签名验证进行算法跟踪;跟踪完成后会自动返回实验界面显示计算结果;切换回调试器,停止调试,关闭调试器,不保存工程。

6.7.2　选做 2　访问控制应用

1. 实验目的

(1) 通过大型作业,使学生进一步熟悉访问控制的概念和基本原理。

(2) 培养学生将访问控制的各种技术和方法应用于实际的能力。

(3) 要求学生运用访问控制基本原理和方法,结合实际,充分发挥自主创新能力进行各有特色的设计。

2. 实验要求及方法

1) 实验环境

准备一台安装有 Windows 操作系统的台式计算机、两台 Cisco 的路由器和若干网线。

2) 注意事项

(1) 预习准备。由于本实验涉及一些产品相关的技术概念,尤其是 Cisco 的 IOS 操作系统,应当提前进行学习了解,以加深对实验内容的深刻理解。

(2) 理解实验原理及各步骤的含义。对于操作的每一步要着重理解其原理,对于访问控制列表配置过程中的各个命令、反馈及验证方法等要充分理解其作用和含义。

实验用时：2 学时（90～100 分钟）。

3. 实验内容及步骤

本实验主要分 3 个步骤完成：连通物理设备、配置路由器的访问控制列表、通过实验结果验证结论。

1）连通物理设备

将两台路由器按照如图 6-8 所示进行连通，其中 S0 与 S1 之间用串口线连通，只允许 R1 的 loop 1 能通过 ping 命令连接 R2 的 loop 0；并且在 R2 上设置 TELNET 访问控制，只允许 R1 的 loop 0 能远程登录，不能使用 deny 语句。

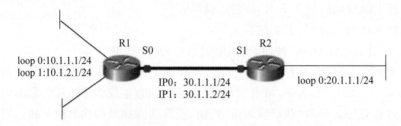

图 6-8   访问列表与 TELNET 访问实验拓扑图

其中，对 R1 与 R2 的配置如下。

R1 的配置：

```
R1(config)#interface loopback 0
R1(config-if)#ip address 10.1.1.1 255.255.255.0
R1(config-if)#interface loopback 1
R1(config-if)#ip address 10.1.2.1 255.255.255.0
R1(config-if)#interface s0
R1(config-if)#ip address 30.1.1.1 255.255.255.0
R1(config-if)#no shutdown
R1(config)#ip route0.0.0.0.0.0.0.0 30.1.1.2              //配置默认路由
```

R2 的配置：

```
R2(config)#interface loopback 0
R2(config-if)#ip address 20.1.1.1 255.255.255.0
R2(config-if)#interface s1
R2(config-if)#ip address 30.1.1.2 255.255.255.0
R2(config-if)#clock rate 64000
R2(config-if)#no shutdown
R2(config)#ip route0.0.0.0.0.0.0.0 30.1.1.1              //配置默认路由
```

测试网络连通性：

```
R1#ping
```

```
Protocol[ip]:
Target IP address:20.1.1.1
Extended commands [n]:y
Source address or interface:10.1.1.1
!!!!!
```

2）配置路由器的访问控制列表

创建扩展访问列表 102：

```
R2(config)#access-list 102 permit tcp any any eq telnet
```

进入端口 S1，并将访问控制列表 102 绑定到这个端口：

```
R2(config)#interface S1
R2(config-if)#ip access-group102 in                     //将列表加载到端口
```

创建标准访问控制列表 10，并将其绑定到远程的访问端口：

```
R2(config)#access-list 10 permit host10.1.1.1
R2(config)#line vty 0 4
R2(config-line)#access-class 10 in
```

3）通过实验结果验证结论

显示访问列表配置：

```
R2#show access-lists
Standard IP access list 10
Permit10.1.1.1(2 matches)
Extended IP access list 102
Permit icmp host 10.1.2.1 host 20.1.1.1(163 matches)
Permit tcp any any eq telnet (162 matches)
```

显示路由器 R1 当前配置表：

```
R1#show running-config
```

结果显示如下：

```
hostname R1
no ip domain-lookup
!
interface Loopback()
ip address10.1.1.1 255.255.255.0
!
interface Loopback1
ip address10.1.2.1 255.255.255.0
!
interface Serial0
ip address 30.1.1.1 255.255.255.0
```

```
clockrate 64000
!
ip route0.0.0.0.0.0.0.0 30.1.1.2
!
end
```

显示路由器 R2 当前配置表：

```
R2# show running-config
```

结果显示如下：

```
hostname R2
no ip domain-lookup
!
interface Loopback()
ip address20.1.1.1 255.255.255.0
!
interface Serial1
ip address 30.1.1.2 255.255.255.0
ip address-group102 in
!
ip route0.0.0.0.0.0.0.0 30.1.1.1
!
access-list 10 permit10.1.1.1
access-list 102permit icmp host 10.1.2.1 host 20.1.1.1
access-list 102 permit tcp any any eq telnet
end
```

可以看见，在路由器 R2 的串口 S1 上绑定了访问控制列表 10 和扩展访问控制列表 102，并成功地阻止了非法访问接入。

说明：项目实施方式方法。同步实验和课程设计的综合实践练习，采取理论教学以演示为主、实践教学先演示后实际操作练习的方式，"边讲边练，演练结合"，更好地提高教学效果和学生的素质能力。

6.8　练习与实践 6

1. 选择题

（1）在常用的身份认证方式中，（　　）是采用软硬件相结合、一次一密的强双因子认证模式，具有安全、可移动和使用方便等特点。

  A. 智能卡认证　　　　　　　　　　B. 动态令牌认证

  C. USB Key 认证　　　　　　　　　D. 用户名及密码方式认证

（2）以下（　　）属于生物识别中的次级生物识别技术。

A. 网膜识别　　　　B. DNA　　　　　C. 语音识别　　　　D. 指纹识别

(3) 数据签名的(　　)功能是指签名可以证明是签名者而不是其他人在文件上签字。

A. 签名不可伪造　　　　　　　　B. 签名不可变更

C. 签名不可抵赖　　　　　　　　D. 签名是可信的

(4) 在综合访问控制策略中,系统管理员权限、读写权限、修改权限属于(　　)。

A. 网络的权限控制　　　　　　　B. 属性安全控制

C. 网络服务安全控制　　　　　　D. 目录级安全控制

(5) 以下(　　)不属于 AAA 系统提供的服务类型。

A. 认证　　　　　B. 鉴权　　　　　C. 访问　　　　　D. 审计

2. 填空题

(1) 身份认证是计算机网络系统的用户在进入系统或访问不同_____的系统资源时,系统确认该用户的身份是否_____、_____和_____的过程。

(2) 数字签名是指用户用自己的_____对原始数据进行_____所得到_____,专门用于保证信息来源的_____、数据传输的_____和_____。

(3) 访问控制包括 3 个要素,即_____、_____和_____。访问控制的主要内容包括_____、_____和_____ 3 方面。

(4) 访问控制有 3 种模式,即_____、_____和_____。

(5) 计算机网络安全审计指按照一定的_____,利用_____系统活动和用户活动的历史操作事件,按照顺序_____、_____和_____操作事件的环境及活动。

3. 简答题

(1) 简述数字签名技术的实现过程。

(2) 简述访问控制的安全策略以及实施原则。

(3) 简述安全审计的目的和类型。

(4) 简述用户认证与认证授权的目标。

(5) 简述身份认证的技术方法和特点。

4. 实践题

(1) 通过一个银行网站深入了解数字证书的获得、使用方法和步骤。

(2) 查阅一个计算机系统日志的主要内容,并进行日志的安全性分析。

(3) 查看个人数字凭证的申请、颁发和使用过程,用软件和上网练习演示个人数字签名和认证过程。

计算机及手机病毒的防范

随着计算机技术的不断发展和网络应用的普及,计算机系统广泛地应用于生活、管理和办公中,成为人类社会不可或缺的一部分。但是,计算机给人类带来巨大便利的同时,也带来了各种各样的威胁。其中,计算机及手机病毒在网络安全中最为常见,也是当今社会信息安全的最大威胁,对网络安全的威胁和影响最广泛。服务器、计算机或手机等系统被感染病毒后,很容易受到干扰、攻击或破坏,甚至导致重大损失和系统瘫痪。掌握计算机及手机病毒防范技术,有利于更有效地采取防范措施做好安全防范并消除安全威胁和隐患。

重点:计算机及手机病毒的危害、发展态势、概念、特点、分类、构成、传播、防范及其新型病毒。

难点:计算机及手机病毒的概念与特点,计算机病毒的防范意识及检测清除方法。

关键:计算机及手机病毒的概念、特点、构成、传播、防范及其新型病毒。

目标:理解计算机及手机病毒的概念、分类及特点,熟知计算机及手机病毒造成的危害,掌握计算机病毒的防范方法。

教学视频
课程视频 7.1

7.1 项目分析 计算机及手机病毒的危害

【引导案例】 2017 年网络病毒问题严重。随着我国 4G 用户平均下载速度的提高、手机流量资费的大幅下降,以及银行服务、生活缴费服务、购物支付业务等与网民日常生活紧密相关的服务逐步向移动互联网应用迁移,移动应用程序越来越丰富,给日常生活带来极大便利,但随之而来的移动互联网网络病毒大量出现,严重危害网民的个人信息安全和财产安全。2017 年,CNCERT/CC 通过自主捕获和厂商交换获得的移动互联网网络病毒数量 253 万余个,同比增长 23.4%,增长率近年来最低,但仍保持高速增长趋势。通过对网络病毒的恶意行为统计发现,排名前三的分别为流氓行为类、恶意扣费类和资费消耗类,占比分别为 35.9%、34.3% 和 10.4%。

7.1.1 计算机及手机病毒的危害与后果

计算机及手机病毒的主要危害如下。

（1）破坏计算机数据信息。大部分病毒在发作时直接破坏计算机的重要数据信息，所利用的手段有格式化磁盘、改写文件分配表和目录区、删除重要文件或者无意义的垃圾数据改写文件、破坏 CMOS 设置等。病毒可以用篡改系统设置或对系统进行加密等方式，使系统发生混乱，甚至破坏硬件系统、文件和数据。如 CIH 病毒，可识别部分计算机主板上的 BIOS（基本输入输出系统）并修改或损坏硬件；引导区病毒可破坏硬盘引导区信息，使计算机无法启动或硬盘分区丢失；磁盘杀手（disk killer）可寻找连续未用的扇区并标示为坏磁道，若发现原正常使用的磁盘突然出现异常，则可能是病毒问题。

（2）窃取机密文件和信息。据统计，具有远程控制及窃取机密文件和信息功能的各种木马病毒约占所有病毒的 70%。基本都是以窃取用户文件和信息获取经济利益为目的，如窃取用户资料、网银账号密码、网游账号密码等，给用户带来重大经济损失。

（3）造成网络堵塞或瘫痪。利用蠕虫病毒等向外发送大量毒垃圾邮件或发送大量数据信息，严重的导致网络堵塞或瘫痪等现象。利用即时通信软件大量发送信息，已经成为蠕虫病毒的另一种传播新途径，以便于实施拒绝服务（DoS）攻击或进行干扰破坏。

（4）消耗内存、磁盘空间和系统资源。很多病毒在活动状态下常驻内存，如果发现没有运行多少程序而发现系统已经被占用了不少内存，这有可能就是病毒在作怪。一些文件型病毒传染速度很快，在短时间内感染大量文件，每个文件都不同程度地加长了，造成磁盘空间的严重浪费。

（5）影响计算机的运行速度。病毒运行时不仅要占用内存，还会抢占中断，干扰系统运行，导致系统运行缓慢。有些病毒控制系统的启动程序，当系统刚开始启动或是一个应用程序被载入时，被病毒程序抢先执行，导致花更多时间进行载入。对一个简单操作花费比预期更长的时间，如存储几页文字正常时最多一秒，但病毒可能花更长时间寻找未感染文件。

（6）造成用户心理和社会的危害。病毒造成的最大破坏不是技术方面的，而是社会方面的。发现病毒会造成潜在的恐惧心理，极大地影响现代计算机的使用效率，在泛滥时容易促使用户提心吊胆，担心遭受病毒的感染，一旦出现死机、软件运行异常等现象，经常就会怀疑可能是病毒造成的。感染病毒可能造成很多时间、精力和经济上的损失，使人们对病毒产生恐惧感，造成巨大的心理压力，还会影响一些网络银行等应用的普及，由此产生的无形损失难以估量。

7.1.2 病毒的产生发展及态势分析

1. 病毒的产生根源

【案例 7-1】 计算机病毒概念的起源：1949 年，首次关于计算机病毒理论的学术工作由计算机先驱约翰·冯·诺依曼（John von Neumann）完成，先是在伊利诺伊大学的一场演讲，后是图书 *Theory of Self-Reproducing Automata* 出版，描述计算机程序复制其自身的过程，初步概述了病毒程序的概念。后来在美国著名的 AT&T（贝尔）实验室中，3个年轻人休闲时玩的一种磁芯大战（core war）的游戏得到验证：编出能吃掉别人编码的程序进行互相攻击，这种游戏呈现出病毒程序的感染和破坏性。

计算机及手机病毒的产生起因和来源情况各异，主要是出于某种目的和需求，分为个人行为和集团行为两种。一些计算机及手机病毒还曾是为用于研究或实验而设计的"有用"程序，后来出现私自扩散或被利用。

计算机及手机病毒的产生及因由主要有5方面。

（1）恶作剧型。某些爱好计算机并对计算机技术精通的人士为了炫耀自己的高超技术和智慧，凭借对软硬件的深入了解，编制这些特殊的程序。他们的本意并不是想让这些计算机病毒来对社会产生危害，但不幸的是，这些程序通过某些渠道传播出去后，对社会造成了很大的危害。

（2）报复心理型。在所有的计算机病毒中，危害最大的就是那些别有用心的人出于报复等心理故意制造的计算机病毒。例如，美国一家计算机公司的一名程序员被辞退时，决定对公司进行报复，离开前向公司计算机系统中输入了一个病毒程序，"埋伏"在公司计算机系统里。结果这个病毒潜伏了5年多才发作，造成整个计算机系统的紊乱，给公司造成了巨大损失。

（3）版权保护型。很多商业软件被非法复制，软件开发商为了保护自己的利益，就在自己发布的产品中加入了一些特别设计的程序，其目的就是为了防止用户进行非法复制或传播。但是随着信息产业的法制化，用于这种目的的病毒目前已不多见。

（4）获取利益型。如今已是木马大行其道的时代，据统计木马在病毒中已占70%左右，其中大部分都是以窃取用户信息、获取经济利益为目的，如窃取用户资料、网银账号密码、网游账号密码、QQ账号密码等。一旦这些信息失窃，将给用户带来非常严重的经济损失。如熊猫烧香、网游大盗、网银窃贼等。

（5）特殊目的型。此类计算机病毒通常都是某些组织（如用于军事、政府、秘密研究项目等）或个人为达到特殊目的，对政府机构、单位的特殊系统进行暗中破坏、窃取机密文件或数据。

2. 病毒的发展阶段

随着IT技术的快速发展和广泛应用，计算机病毒日趋繁杂多变，其破坏性和传播能力不断增强。计算机病毒发展主要经历5个阶段。

（1）原始病毒阶段。1986—1989年，可以将这一时期出现的病毒称为传统病毒，该时期是计算机病毒的萌芽和滋生时期。当时计算机应用软件较少，而且大部分为单机运行，其病毒种类也少，因此病毒没有广泛传播，清除也相对容易。此阶段主要特点：攻击目标较单一，主要通过截获系统中断向量的方式监视系统的运行状态，并在一定条件下对目标进行传染,病毒程序不具有自我保护功能,较容易被人们分析、识别和清除。

(2)混合型病毒阶段。1990—1991 年,计算机病毒由简到繁,由不成熟到成熟的阶段。随着计算机局域网的应用与普及,单机软件转向网络环境,应用软件更加成熟,网络环境没有安全防护意识,给其带来第一次流行高峰。此阶段病毒的主要特点:病毒攻击目标趋于混合型,以更为隐蔽的方式驻留在内存和传染目标,系统感染病毒后无明显特征,病毒程序具有自我保护功能,且出现较多病毒变异。

(3)多态性病毒阶段。从 1992 年到 20 世纪 90 年代中期,此类病毒称为"变形"病毒或者"幽灵"病毒。此阶段病毒的主要特点是在传染后大部分都可变异且向多维化方向发展,致使对病毒查杀极为困难,如 1994 年出现的"幽灵"病毒。

(4)网络病毒阶段。从 20 世纪 90 年代中后期开始,随着国际互联网的广泛发展,依赖互联网络传播的邮件病毒和宏病毒等大肆泛滥,呈现出病毒传播快、隐蔽性强、破坏性大等特点。从此防病毒产业开始产生并逐步形成了规模较大的新兴产业。

(5)主动攻击型病毒阶段。跨入 21 世纪,随着计算机软硬件技术的发展和在生活、学习、工作中的普及以及 Internet 的不断成熟,病毒在技术、传播和表现形式上都发生了很大变化。新病毒的出现经常会形成一个重大的社会事件。对于从事反病毒工作的专家和企业,提高反应速度、完善反应机制成为阻止病毒传播和企业生存的关键。

3. 病毒的发展趋势

在计算机病毒的发展史上,病毒的出现是有规律的。21 世纪是计算机病毒和反病毒激烈角逐的时代,计算机病毒的技术不断提高,研究病毒的发展趋势,能够更好地开发反病毒技术,防止计算机和手机病毒的危害,保障计算机信息产业的健康发展,而计算机病毒发展趋势逐渐偏向于网络化、功利化、专业化、黑客化、自动化,越来越善于运用社会工程学。

(1)计算机网络(互联网、局域网)是计算机病毒的主要传播途径,使用计算机网络逐渐成为计算机病毒发作条件的共同点。

【案例 7-2】 病毒网络化的趋势。冲击波是利用 RPC DCOM 缓冲溢出漏洞进行传播的互联网蠕虫。它能够使遭受攻击的系统崩溃,并通过互联网迅速向容易受到攻击的系统蔓延。它会持续扫描具有漏洞的系统,并向具有漏洞的系统的 135 端口发送数据,然后会从已经被感染的计算机上下载能够进行自我复制的代码 msblast.exe,并检查当前计算机是否有可用的网络连接。如果没有连接,蠕虫每隔 10 秒对 Internet 连接进行检查,直到 Internet 连接被建立。一旦 Internet 连接建立,蠕虫会打开被感染的系统上的 4444 端口,并在 69 端口进行监听,扫描互联网,尝试连接至其他目标系统的 135 端口并对它们进行攻击。

计算机病毒最早只通过文件复制传播,当时最常见的传播媒介是软盘和盗版光盘。随着计算机网络的发展,目前计算机病毒可通过计算机网络利用多种方式(电子邮件、网页、即时通信软件等)进行传播。计算机网络的发展有助于计算机病毒的传播速度大大提高,感染的范围也越来越广。网络化带来了计算机病毒传染的高效率。

（2）计算机病毒变形（变种）的速度极快并向混合型、多样化发展。"振荡波"大规模爆发不久，它的变形病毒就出现了，并且不断更新，从变种 A 到变种 F 的出现，时间不到一个月。在忙于扑杀"振荡波"的同时，一个新的计算机病毒应运而生——"振荡波杀手"，它会关闭"振荡波"等计算机病毒的进程，但它带来的危害与"振荡波"类似：堵塞网络、耗尽计算机资源、随机倒计时关机和定时对某些服务器进行攻击。

（3）运行方式和传播方式的隐蔽性。微软安全中心发布了漏洞安全公告。其中MS04-028 所提及的 GDI＋漏洞，危害等级被定为"严重"。该漏洞涉及 GDI＋组件，在用户浏览特定 JPG 图片的时候，会导致缓冲区溢出，进而执行病毒攻击代码。该漏洞可能发生在所有的 Windows 操作系统上，针对所有基于 IE 浏览器内核的软件、Office 系列软件、微软.NET 开发工具，以及微软其他的图形相关软件等，这将是有史以来威胁用户数量最广的高危漏洞。

（4）利用操作系统漏洞传播。操作系统是联系计算机用户和计算机系统的桥梁，也是计算机系统的核心。开发操作系统是个复杂的工程，出现漏洞及错误是难免的，任何操作系统都是在修补漏洞和改正错误的过程中逐步趋向成熟和完善。但这些漏洞和错误给了计算机病毒和黑客一个很好的表演舞台。

【案例 7-3】 **利用操作系统漏洞传播**：2003 年的"蠕虫王""冲击波"和 2004 年的"振荡波"、前面所提到的"图片病毒"都是利用 Windows 操作系统的漏洞，在短短的几天内就对整个互联网造成了巨大的危害。随着 DOS 使用率的减少，感染 DOS 的计算机病毒也将退出历史舞台；随着 Windows 操作系统使用率的增加，针对 Windows 操作系统的计算机病毒将成为主流。

（5）计算机病毒技术与黑客技术将日益融合。因为它们的最终目的都是破坏。严格来说，木马和后门程序并不是计算机病毒，因为它们不能自我复制和扩散。但随着计算机病毒技术与黑客技术的发展，病毒编写者最终将会把这两种技术进行融合。

【案例 7-4】 **计算机病毒技术与黑客技术将日益融合**。反病毒监测网率先截获一个可利用 QQ 控制的木马，并将其命名为"QQ 叛徒"（Trojan. QQbot. a）病毒。这是全球首个可以通过 QQ 控制系统的木马病毒，还会造成强制系统重启、被迫下载病毒文件、抓取当前系统屏幕等危害。2003 年 11 月中旬爆发的"爱情后门"最新变种 T 病毒，就具有蠕虫、黑客、后门等多种病毒特性，杀伤力和危害性都非常大。MyDoom 蠕虫病毒是通过电子邮件附件进行传播的，当用户打开并运行附件内的蠕虫程序后，蠕虫就会立即以用户信箱内的电子邮件地址为目标向外发送大量带有蠕虫附件的欺骗性邮件，同时在用户主机上留下可以上载并执行任意代码的后门。这些计算机病毒或许就是计算机病毒技术与黑客技术融合的雏形。

(6) 物质利益将成为推动计算机病毒发展的最大动力。从计算机病毒的发展史来看,对技术的兴趣和爱好是计算机病毒发展的源动力。但越来越多的迹象表明,物质利益将成为推动计算机病毒发展的最大动力。2004 年 6 月初,我国和其他国家都成功截获了针对银行网上用户账号和密码的计算机病毒。金山毒霸成功截获网银大盗最新变种B,该变种会盗取更多银行的网上账号和密码,可能造成巨大的经济损失;德国信息安全联邦委员会(BSI)发现一种新的互联网病毒 Korgo。Korgo 病毒与疯狂肆虐的"振荡波"病毒颇为相似,但它的主要攻击目标是银行账户和信用卡信息。其实不仅网上银行,网上的股票账号、信用卡账号、房屋交易乃至游戏账号等都可能被病毒攻击,甚至网上的虚拟货币也在病毒目标范围之内。比较著名的有快乐耳朵、股票窃密者等,还有很多不知名,因此是更可怕的病毒。针对网络游戏的计算机病毒在这一点表现更为明显,网络游戏账号和数以千元甚至万元的虚拟装备莫名其妙地转到了他人手中。

☺讨论思考

(1) 计算机及手机病毒的危害是什么?

(2) 计算机和手机病毒的起源有哪些?

(3) 简述计算机和手机病毒的发展趋势。

7.2 任务 1 病毒的概念、特点和种类

教学视频

课程视频 7.2

7.2.1 目标要求

本任务主要学习目标的具体要求如下。

(1) 熟悉计算机病毒等相关基本概念。

(2) 掌握计算机病毒的主要特点。

(3) 理解计算机病毒的分类。

7.2.2 知识要点

计算机病毒是影响计算机安全的主要因素之一,各种计算机病毒的产生和全球性蔓延已经给计算机系统的安全造成了巨大的威胁和损害。随着计算机网络的发展,计算机病毒对信息安全的威胁越来越严重。

1. 计算机病毒的概念

计算机病毒(computer virus)在《中华人民共和国计算机信息系统安全保护条例》中被明确定义:"计算机病毒,是指编制或者在计算机程序中插入的破坏计算机功能或者毁坏数据,影响计算机使用,并且能够自我复制的一组计算机指令或者程序代码。"也就是

说，计算机病毒本质上就是一组计算机指令或者程序代码，它像生物界的病毒一样具有自我复制的能力，而它存在的目的就是要影响计算机的正常运作，甚至破坏计算机的数据以及硬件设备。

计算机病毒因同生物学"病毒"有很相似的特性而得名。现在，计算机病毒也可以通过网络系统或其他媒介进行传播、感染、攻击和破坏，所以，也称为计算机网络病毒，简称网络病毒或病毒。

手机病毒是一种具有传染性、破坏性等特征的手机程序，其实质上同计算机病毒基本一致，以后统称为病毒（实际上统称为"数码病毒"更合适，但是国家机关和权威机构还是只有"计算机病毒"的定义）。随着智能手机的不断普及，手机病毒成为病毒发展的新目标。其病毒可利用发送短信、彩信、电子邮件、浏览网站、下载、蓝牙等方式进行传播，可能导致用户手机死机、关机、个人资料被删或被窃、向外发送垃圾邮件、泄露个人信息与绑定银行卡资金被盗、自动拨打电话、发短（彩）信等恶意扣费，甚至损毁 SIM 卡及芯片等，导致无法正常使用。

【案例 7-5】　病毒的概念。1983 年美国加州大学的计算机科学家 Frederick Cohen 博士提出，存在某些特殊的程序，可以将本身的副本复制到其他正常程序中，以实现不断复制和扩散传播。1989 年进一步对计算机病毒进行定义："病毒程序通过修改其他程序的方法将自己的精确副本或可能演化的形式放入其他程序中，从而感染它们。"

2. 计算机病毒的特点

病毒是一段特殊的程序，一般都隐蔽在合法的程序中，当计算机运行时，它与合法程序争夺系统的控制权，从而对计算机系统实时干扰和破坏作用。

进行病毒的有效防范，必须掌握好其特点和行为特征。根据对病毒的产生、传播和破坏行为进行分析，可将其概括为以下主要特征。

1）非授权可执行性

用户通常调用执行一个程序时，把系统控制交给这个程序，并分配给他相应的系统资源，从而使之能够运行，完成用户需求。因此，程序的执行是透明的，而计算机病毒是非法程序，正常用户不会明知是病毒而故意执行。

2）传染性

传染性是计算机病毒最重要的特征，是判别一个程序是否为病毒的依据。病毒可以通过多种途径传播扩散，造成被感染的系统工作异常或瘫痪。计算机病毒一旦进入系统并运行，就会搜寻其他适合其传播条件的程序或存储介质，确定目标后再将自身代码嵌入，进行自我繁殖。对于感染病毒的系统，如果发现处理不及时，就会迅速扩散，大量文件被感染，致使被感染的文件又成了新的传播源，当再与其他机器进行数据交换或通过网络连接时，病毒就会继续进行传播。

3）隐蔽性

计算机病毒不仅具有正常程序的一切特性,而且还具有其自身特点,它隐藏在正常程序中便于潜伏,只有通过代码特征分析才可以同正常程序区别。中毒的系统通常仍能运行,用户难于发现异常。其隐蔽性还体现在病毒代码本身设计较短,通常只有几百到几千字节,很容易隐藏到其他程序中或磁盘某一特定区域。由于病毒编写技巧的提高,病毒代码本身加密或变异,使对其查找和分析更难,且易造成漏查或错杀。

4）潜伏性

通常大部分的计算机病毒感染系统之后不会立即发作,可以长期隐藏等待时机,只有当满足特定条件时才启动其破坏功能,显示发作信息或破坏系统。这样,病毒的潜伏性越好,它在系统中存在的时间越长,病毒传染的范围越广,危害性越大。其触发条件主要有早期的时间、单击运行、利用系统漏洞、重启系统、访问磁盘次数、调用中断或者针对某些 CPU 的触发。

5）触发及控制性

通常各种正常系统及应用程序对用户的功能和目的性很明确。当用户调用正常程序并达到触发条件时,窃取运行系统的控制权,并抢先于正常程序执行,病毒的动作、目的对用户是未知的,未经用户允许。病毒程序取得系统控制权后,可在很短的时间内传播扩散或进行发作。

6）影响破坏性

侵入系统的所有病毒都会对系统及应用程序产生影响:占用系统资源,降低机器工作效率,甚至可导致系统崩溃。其影响破坏性多种多样,除了极少数病毒占用系统资源、只窥视信息、显示些画面或出点音乐等之外,绝大部分病毒都含有影响破坏系统的代码,其目的非常明确,如破坏数据、删除文件、加密磁盘、格式化磁盘或破坏主板等。

【案例 7-6】　计算机病毒随热映电影《2012》兴风作浪。随着灾难大片《2012》的热映,很多电影下载网站均推出在线收看或下载服务。一种潜伏在被挂马的电影网站中的"中华吸血鬼"变种病毒,能感染多种常用软件和压缩文件,利用不同方式关闭杀毒软件,不断变形破坏功能与加密下载木马病毒。该病毒具有一个生成器,可随意定制下载地址和功能。一些政府网站被黑客挂马,黑客还可利用微软最新视窗漏洞和服务器不安全设置进行入侵,通过访问网页感染木马等病毒。

7）多态及不可预见性

不同种类的病毒代码相差很大,但有些操作具有共性,如驻内存、改中断等。利用这些共性已研发出查病毒程序,但由于软件种类繁多、病毒变异多态难以预料,且有些正常程序也具有某些病毒类似技术或使用了类似病毒的操作,导致对病毒进行检测的程序容易造成较多误报,同时病毒为了躲避查杀相对于防病毒软件经常是超前的且具有一定反侦察(查杀)的功能。

3. 计算机病毒的分类

自第一例计算机病毒面世以来,计算机病毒的数量在不断增加,而且种类不一,感染目标和破坏行为也不尽相同。由于计算机病毒及所处环境的复杂性,以某种方式或者遵循单一标准为病毒分类已经无法达到对病毒的准确认识,也不利于对病毒的分析和防治,因此,要从多个角度对病毒进行分类,以便更好地描述、分析、理解计算机病毒的特性、危害、原理和防治技术。

1) 按照计算机病毒攻击的系统分类

(1) 攻击 DOS 的病毒。这类病毒出现最早,数量最多,变种也最多,目前我国出现的计算机病毒基本上都是这类病毒,此类病毒占病毒总数的 99%。

(2) 攻击 Windows 操作系统的病毒。由于 Windows 操作系统的图形用户界面(GUI)和多任务操作系统深受用户的欢迎,Windows 操作系统正逐渐取代 DOS,从而成为病毒攻击的主要对象。目前发现的首例破坏计算机硬件的 CIH 病毒就是一个Windows 95/98 病毒。

(3) 攻击 UNIX 操作系统的病毒。当前,UNIX 操作系统应用非常广泛,并且许多大型的操作系统均采用 UNIX 操作系统作为其主要的操作系统,所以 UNIX 病毒的出现,对人类的信息处理也是一个严重的威胁。

(4) 攻击 OS/2 的病毒。世界上已经发现第一个攻击 OS/2 的病毒,它虽然简单,但也是一个不祥之兆。

2) 按照计算机病毒攻击的机型分类

(1)攻击微型计算机的病毒。这是世界上传染最为广泛的一种病毒。

(2) 攻击小型计算机的病毒。小型计算机的应用范围极为广泛,它既可以作为网络的一个结点机,也可以作为小的计算机网络的主机。

(3) 攻击工作站的病毒。近几年,工作站有了较大的进展,并且应用范围也有了较大的发展,所以攻击工作站的病毒的出现也是对信息系统的一大威胁。

3) 按照计算机病毒的连接方式分类

由于计算机病毒本身必须有一个攻击对象以实现对计算机系统的攻击,因此,计算机病毒所攻击的对象是计算机系统可执行的部分。

(1) 源码型病毒。该病毒攻击高级语言编写的程序,它在高级语言所编写的程序编译前插入到源程序中,经编译成为合法程序的一部分。

(2) 嵌入型病毒。这种病毒是将自身嵌入到现有程序中,把计算机病毒的主体程序与其攻击的对象以插入的方式连接。这种计算机病毒是难以编写的,一旦侵入程序体后也较难消除。如果同时采用多态性病毒技术、超级病毒技术和隐蔽性病毒技术,将给当前的反病毒技术带来严峻的挑战。

(3) 外壳型病毒。外壳型病毒将其自身包围在主程序的四周,对原来的程序不做修改。这种病毒最为常见,易于编写,也易于发现,一般测试文件的大小即可知。

(4) 操作系统型病毒。这种病毒用自己的程序意图加入或取代部分操作系统进行工作,具有很强的破坏力,可以导致整个系统的瘫痪。圆点病毒和大麻病毒就是典型的操作系统型病毒。

4）按照计算机病毒的破坏情况分类

（1）良性病毒。良性病毒是指其不包含立即对计算机系统产生直接破坏作用的代码。这类病毒为了表现其存在，只是不停地进行扩散，从一台计算机传染到另一台计算机，并不破坏计算机内的数据。良性病毒、恶性病毒是相对而言的。良性病毒取得系统控制权后，会导致整个系统和应用程序争抢 CPU 的控制权，时时导致整个系统死锁，给正常操作带来麻烦。有时系统内还会出现几种病毒交叉感染的现象，一个文件不停地反复被几种病毒所感染。

（2）恶性病毒。恶性病毒就是指在其代码中包含损伤和破坏计算机系统的操作，在其传染或发作时会对系统产生直接的破坏作用。这类恶性病毒是很危险的，应当注意防范。所幸防病毒系统可以通过监控系统内的这类异常动作识别出计算机病毒存在与否，或至少发出警报提醒用户注意。

5）按照计算机病毒的寄生部位或传染对象分类

传染性是计算机病毒的本质属性，根据寄生部位或传染对象分类，即根据计算机病毒传染方式进行分类，有以下 3 种。

（1）磁盘引导区传染的病毒。磁盘引导区传染的病毒主要是用病毒的全部或部分逻辑取代正常的引导记录，而将正常的引导记录隐藏在磁盘的其他地方。由于引导区是磁盘能正常使用的先决条件，因此，这种病毒在运行的一开始（如系统启动）就能获得控制权，其传染性较大。由于在磁盘的引导区内存储着需要使用的重要信息，如果对磁盘上被移走的正常引导记录不进行保护，则在运行过程中就会导致引导记录的破坏。引导区传染的计算机病毒较多，如大麻病毒和小球病毒。

（2）操作系统传染的病毒。操作系统是一个计算机系统得以运行的支持环境，它包括 com、exe 等许多可执行程序及程序模块。操作系统传染的病毒就是利用操作系统中所提供的一些程序及程序模块寄生并传染的。通常，这类病毒作为操作系统的一部分，只要计算机开始工作，病毒就处在随时被触发的状态。而操作系统的开放性和不绝对完善性给这类病毒出现的可能性与传染性提供了方便。操作系统传染的病毒目前已广泛存在，如"黑色星期五"病毒。

（3）可执行程序传染的病毒。可执行程序传染的病毒通常寄生在可执行程序中，一旦程序被执行，病毒也就被激活，病毒程序首先被执行，并将自身驻留在内存，然后设置触发条件进行传染。

6）按照计算机病毒激活的时间分类

按照计算机病毒激活的时间可分为定时病毒和随机病毒。定时病毒仅在某一特定时间才发作，而随机病毒一般不是由时钟来激活的。

7）按照计算机病毒的传播媒介分类

（1）引导型病毒。引导型病毒主要是感染磁盘的引导区，在用受感染的磁盘（包括 U 盘）启动系统时就先取得控制权，驻留内存后再引导系统，并传播到其他硬盘引导区，一般不感染磁盘文件。按其寄生对象的不同，这种病毒又可分为两类，主引导区（MBR）病毒及引导区（BR）病毒。MBR 病毒也称为分区病毒，将病毒寄生在硬盘分区主引导程序所占据的硬盘。典型的病毒有大麻病毒、Brain 病毒、小球病毒等。

（2）文件型病毒。文件型病毒以传播 com 和 exe 等可执行文件为主，在调用传染病毒的可执行文件时，病毒首先被运行，然后病毒驻留在内存再传播其他文件，其特点是附着于正常程序文件。已感染病毒的文件执行速度会减缓，甚至无法执行或一执行就会被删除。

（3）混合型病毒。混合型病毒兼有以上两种病毒的特点，既感染引导区又感染文件，因而扩大了这种病毒的传播途径，使其传播范围更加广泛，危害性也更大。

☺讨论思考

（1）什么是计算机病毒？什么是手机病毒？

（2）计算机病毒有哪些特点？

7.3 任务 2 病毒的构成、症状与传播

7.3.1 目标要求

本任务主要学习目标的具体要求如下。

（1）熟悉计算机病毒的构成。

（2）掌握计算机病毒的症状。

（3）理解计算机病毒的传播方式。

7.3.2 知识要点

1. 计算机病毒的构成

计算机病毒的种类虽然很多，但它们的主要结构是类似的，有其共同特点。计算机病毒的逻辑程序架构一般包含 3 部分：引导单元、传染单元、触发单元。计算机病毒的主要构成如图 7-1 所示。

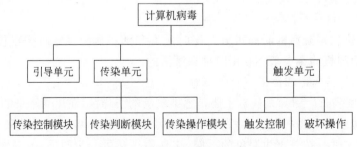

图 7-1　计算机病毒的主要构成

1) 引导单元

通常,计算机病毒程序在感染计算机之前,首先需要先将病毒的主体以文件的方式引导安装在具体的各种计算机(服务器、平板计算机等)存储设备中,为其以后的传染程序和触发影响等做好基本的准备工作。不同类型的病毒程序使用不同的安装方法,多数使用隐蔽方式,在用户单击冒充的应用网站、应用软件或邮件附件时被引导自动下载安装。

2) 传染单元

传染单元主要包括 3 部分内容,由 3 个模块构成。

(1) 传染控制模块。病毒在安装至内存后获得控制权并监视系统的运行。

(2) 传染判断模块。监视系统,当发现被传染的目标时,开始判断是否满足传染条件。

(3) 传染操作模块。设定满足传播条件和方式,在触发控制的配合下,便于将计算机病毒传播到计算机系统的指定位置。

3) 触发单元

触发单元包括两部分:一是触发控制,当病毒满足一个触发条件,病毒就发作;二是破坏操作,满足破坏条件病毒立刻破坏。各种不同的计算机病毒都具有不同的操作控制方法,如果不满足设定的触发条件或破坏条件则继续携带病毒进行潜伏,寻找时机发作。

2. 计算机病毒的症状

计算机及手机感染病毒之后,如果没有发作很难觉察到,一旦病毒发作便很容易察觉,通常有一些症状出现。

(1) 文件或文件夹无故消失。当发现计算机中的部分文件或文件夹无故消失,就可以确定计算机已经中了病毒。部分计算机病毒通过将文件或文件夹隐藏,然后伪造已隐藏的文件或文件夹并生成可执行文件,当用户单击这类带有病毒程序的伪装文件时,将直接造成病毒的运行,从而造成用户信息的泄露。

(2) 运行应用程序无反应。部分计算机病毒采用映像劫持技术,将常用的应用程序运行路径更改为病毒运行目录,从而当人们试图运行正常的程序时,其实是运行了病毒程序,导致计算机病毒的启动。

(3) 计算机启动项含有可疑的启动项。检查"系统配置实现程序"窗口,如果发现有不明的可执行目录,则可以确定自己的计算机已中病毒。当然,更多时候病毒程序是利用修改注册表项来添加自启动项。

(4) 计算机运行极度缓慢。当计算机运行速度明显变得缓慢时,就极有可能是计算机中病毒所致。中病毒的计算机通过病毒程序会在后台持续运行,并且绝大多数病毒会占有过多的 CPU 及内存,而且木马病毒大都会借助网络来传播用户隐私信息。

(5) 杀毒软件失效。通过杀毒软件对系统进行防护,因此当杀毒软件无法正常进行杀毒操作时,就可以确信计算机已中病毒,此时需要借助网络来实行在线杀毒操作。大部分安全防护软件(如 360、金山卫士、QQ 管家这 3 款比较主流的国产安全防护软件)都有自主防御模块,而病毒或木马最先攻击的就是安全防护软件的自主防御模块。如果发现自主防御模块被关闭、安全防护软件直接无法启动或内存错误,很有可能是安全防护软件也瘫痪了。

(6) 计算机运行异常。病毒会占用过多的系统性能以及造成文件的破坏,甚至严重影响系统的稳定性。当计算机出现无故蓝屏、运行程序异常、运行速度太慢以及出现大量可疑后台运行程序时,就要引起注意,可能计算机已中病毒。

(7) 系统语言更改为其他语言。计算机系统语言默认是简体中文,如果开机后发现计算机操作系统语言被修改为其他语言,很有可能是中了恶意病毒,可以试用安全防护软件扫描清除病毒。

(8) 蓝屏或黑屏。黑屏较为少见,蓝屏却较为多见。中了莫名的恶意病毒可能在运行某个游戏或某个软件时突然计算机蓝屏,蓝屏代码可能是某条常见代码,可能表示计算机为了保护系统自动强行重启。

(9) 主页篡改、强行刷新、跳转网页或频繁弹出广告。主页篡改是早期病毒的主要攻击方式,计算机操作系统中毒后一般都会发生浏览器主页被篡改的现象,所以当年 IE 伴侣这款修复主页篡改的小软件非常受欢迎。如果同时伴有浏览器页面不停反复载入、刷新或无缘无故弹出广告,那么很有可能计算机已中毒。

(10) 应用程序图标被篡改或为空白。计算机桌面的程序快捷方式图标或程序目录的主 exe 文件的图标被篡改或为空白,很有可能这个软件的 exe 程序被病毒或木马感染。例如,蠕虫病毒会进行此类感染修改。

3. 计算机病毒的传播

传播性是计算机病毒具有最大危险的特点之一。计算机病毒潜伏在系统内,用户在不知情的情况下进行相应的操作激活触发条件,使病毒得以由一个载体传播至另一个载体,完成传播过程。从计算机的传播机理分析可知,只要能够进行数据交换的介质,都可能成为计算机病毒的传播途径。

1) 移动式存储介质

计算机和手机等数码产品常用的移动式存储介质主要包括软盘、光盘、DVD、硬盘、闪存、U 盘、CF 卡、SD 卡、记忆棒(memory stick)、移动硬盘等。移动式存储介质以其便携性和大容量存储性为病毒的传播带来了极大的便利,这也是它成为目前主流病毒传播途径的重要原因。例如,"U 盘杀手"(Worm_Autorun)病毒,该病毒是一个利用 U 盘等移动设备进行传播的蠕虫。autorun.inf 文件一般存在于 U 盘、MP3、移动硬盘和硬盘各个分区的根目录下,当用户双击 U 盘等设备的时候,该文件就会利用 Windows 操作系统的自动播放功能优先运行 autorun.inf 文件,并立即执行所要加载的病毒程序,从而破坏用户计算机,使用户计算机遭受损失。

2) 网络传播

现代通信技术的巨大进步已使空间距离不再遥远,数据、文件、电子邮件可以方便地在各个网络工作站之间通过电缆、光纤或电话线路进行传送。网络感染计算机病毒的途径主要有以下几种。

（1）电子邮件。电子邮件是病毒通过互联网进行传播的主要媒介。病毒主要依附在邮件的附件中，而电子邮件本身并不产生病毒。由于人们可以发送任意类型的文件，而大部分计算机病毒防护软件在这方面的功能还不是很完善。当用户下载附件时，计算机就会感染病毒，使其入侵至系统中，伺机发作。由于电子邮件一对一、一对多的这种特性，使其在被广泛应用的同时，也为计算机病毒的传播提供一个良好的渠道。

（2）下载文件。病毒被捆绑或隐藏在互联网上共享的程序或文档中，用户一旦下载了该类程序或文件而不进行查杀病毒，感染计算机病毒的概率将大大增加。病毒可以伪装成其他程序或隐藏在不同类型的文件中，通过下载操作感染计算机。

（3）浏览网页。Java Applets 和 Active Control 等程序及脚本本来是用于增强网页功能与页面效果的，当别有用心的人利用 Java Applets 和 Active Control 来编写计算机病毒和恶意攻击程序，用户浏览网页时就有可能感染病毒。

（4）聊天通信工具。QQ、微信等即时通信聊天工具，无疑是当前人们进行信息通信与数据交换的重要手段之一，成为网上生活必备软件，由于通信工具本身安全性的缺陷，加之聊天工具中的联系列表信息量丰富，给病毒的大范围传播提供了极为便利的条件。目前，仅通过 QQ 这一种通信聊天工具进行传播的病毒就达百种。

（5）移动通信终端。无线网络已经越来越普及，但无线设备拥有防毒的程序却不多。由于未来有更多手机通过无线通信系统和互联网连接，手机作为最典型的移动通信终端，它已经成为病毒的新的攻击目标。具有传染性和破坏性的病毒会利用发送的手机短信、彩信，无线网络下载歌曲、图片、文件等方式传播，由于手机用户往往在不经意的情况下接收读取短信、彩信，通过直接单击网址链接等方式获取信息，让病毒毫不费力地入侵手机进行破坏，使手机无法正常使用。

☺讨论思考

（1）计算机病毒的逻辑程序架构主要由几部分构成？

（2）计算机病毒发作的症状有哪些？

（3）计算机病毒的传播途径有哪些？

7.4　任务3　计算机病毒的检测、清除及防范

7.4.1　目标要求

本任务主要学习目标的具体要求如下。

（1）熟悉计算机病毒的检测方法。

（2）掌握计算机病毒的清除。

（3）理解计算机病毒的防范。

7.4.2　知识要点

1. 病毒的检测方法

一台计算机染上病毒之后，会有许多明显或不明显的特征，如文件的长度和日期忽然改变、系统执行速度下降、出现一些奇怪的信息或无故死机，甚至还可能出现更为严重的特征，如硬盘已经被格式化等。对系统进行检测，可以及时掌握系统是否感染病毒，便于及时处理。计算机病毒的检测的常见方法主要有特征代码法、校验和法、行为监测法、软件模拟法、启发式扫描法。

1) 特征代码法

特征代码法是检测已知病毒的最简单、开销最小的方法。它的实现是采集已知病毒样本。病毒如果既感染 com 文件，又感染 exe 文件，对这种病毒要同时采集 com 型病毒样本和 exe 型病毒样本。打开被检测文件，在文件中搜索，检查文件中是否含有病毒数据库中的病毒特征代码。如果发现病毒特征代码，由于特征代码与病毒一一对应，便可以断定，被查文件中患有何种病毒。

采用病毒特征代码法的检测工具，面对不断出现的新病毒，必须不断更新版本，否则检测工具便会老化，逐渐失去实用价值。病毒特征代码法对从未见过的新病毒，自然无法知道其特征代码，因而无法去检测这些新病毒。

2) 校验和法

计算正常文件内容的校验和，将该校验和写入文件中或写入别的文件中保存。在文件使用过程中，定期或每次使用文件前，检查文件现在内容算出的校验和与原来保存的校验和是否一致，因而可以发现文件是否被感染，这种方法称为校验和法，它既可发现已知病毒又可发现未知病毒。在 SCAN 和 CPAV 工具的后期版本中除了病毒特征代码法之外，还纳入校验和法，以提高其检测能力。

虽然这种方法既能发现已知病毒，又能发现未知病毒，但是它不能识别病毒类，也不能报出病毒名称。由于病毒感染并非文件内容改变的唯一的排他性原因，文件内容的改变有可能是正常程序引起的，所以校验和法常常误报警，而且此种方法也会影响文件的运行速度。

3) 行为监测法

利用病毒的行为特性来监测病毒的方法，称为行为监测法。通过对病毒多年的观察、研究，有一些行为是病毒的共同行为，而且比较特殊。在正常程序中，这些行为比较罕见。当程序运行时，监视其行为，如果发现了病毒行为立即报警。

4) 软件模拟法

多态性病毒每次感染都变化其病毒密码，对付这种病毒，特征代码法失效。因为多态性病毒代码实施密码化，而且每次所用密钥不同，把染毒的病毒代码相互比较，也无法找出相同的可能作为特征的稳定代码。虽然行为监测法可以检测多态性病毒，但是在检测出病毒后，因为不知病毒的种类，所以难以做杀毒处理。

5）启发式扫描法

病毒和正常程序的区别可以体现在许多方面，如通常一个应用程序在最初的指令是检查命令行输入有无参数项、清屏和保存原来屏幕显示等，而病毒程序则从来不会这样做，它通常最初的指令是直接写盘操作、解码指令，或搜索某路径下的可执行程序等相关操作指令序列。这些显著的不同之处，一个熟练的程序员在调试状态下只需一瞥便可一目了然。

启发式扫描法实际上就是把这种经验和知识移植到查病毒软件中的具体体现。因此，在这里，启发式是指"自我发现的能力"或"运用某种方式或方法去判定事物的知识和技能"。一个运用启发式扫描技术的病毒检测软件，实际上就是以特定方式实现的动态高度器或反编译器，通过对有关指令序列的反编译，逐步理解和确定其蕴藏的真正动机。

2. 病毒的清除

将染病毒文件的病毒代码摘除，使之恢复为可正常运行的健康文件，这个过程称为病毒的清除，有时也称为对象恢复。

清除可分为手工清除和自动清除两种方法。手工清除方法使用 Debug、PCTools 等简单工具，借助于对某种病毒的具体认识，从感染病毒的文件中摘除病毒代码，使文件康复。手工清除复杂、速度慢且风险大，需要熟练的技能和丰富的知识。自动清除方法使用自动清除软件自动清除文件中的病毒代码，使文件康复。自动清除方法操作简单、效率高、风险小。当遇到被病毒感染的文件急需恢复而又找不到杀毒软件或杀毒软件无效时，才要用到手工清除方法。从与病毒对抗的全局看，总是从手工清除开始，获取清除成功后，再研制相应的软件产品，使计算机自动地完成全部清除的动作。

虽然有多种杀毒软件和防火墙的保护，但计算机中毒的情况还是很普遍的，如果计算机意外中毒，一定要及时清除病毒。根据病毒对系统的破坏程度，采取病毒清除的措施如下。

（1）一般常见流行病毒。此种情况对计算机危害较小，一般运行杀毒软件进行查杀即可。若可执行文件的病毒无法根除，可将其删除后重新安装。

（2）系统文件破坏。多数系统文件被破坏将导致系统无法正常运行，破坏程序较大。若删除文件重新安装后仍未解决问题，则需请专业计算机人员进行清除和数据恢复。在数据恢复前，要将重要的数据文件进行备份，当出现误杀时方便进行恢复。有些病毒（如"新时光脚本病毒"）运行时在内存中不可见，而系统则会认为其为合法程序而加以保护，保证其继续运行，这就造成了病毒不能清除。而在 DOS 下查杀，Windows 操作系统无法运行，所以病毒也就不可能运行，在这种环境下可以将病毒彻底清除干净。

3. 病毒的防范

杀毒不如做好防毒，如果能够采取全面的防护措施，则会更有效地避免病毒的危害。因此，计算机病毒的防范应该采取预防为主的策略。

首先，要在思想上有反病毒的警惕性，依靠使用反病毒技术和管理措施，这些病毒就无法逾越计算机的安全保护屏障，从而不能广泛传播。个人用户要及时升级可靠的反病毒产品，因为新病毒以每日 4～6 个的速度产生，所以反病毒产品必须适应病毒的发展，不断升级，才能识别和杀灭新病毒，为系统提供真正安全的环境。每一位计算机使用者都要遵守病毒防治的法律和制度，做到不制造病毒，不传播病毒。养成良好的上机习惯，如定期备份系统数据文件，外部存储设备连接前先杀毒再使用，不访问违法或不明网站，不下载传播不良文件等。

其次，防范计算机病毒的最有效方法是切断病毒的传播途径，主要应注意以下 7 点：①不用非原始启动软盘或其他介质引导机器，对原始启动盘实行写保护；②不随便使用外来软盘或其他介质，对外来软盘或其他介质必须先检查、后使用；③做好系统软件、应用软件的备份，并定期进行数据文件备份，供系统恢复用；④计算机系统要专机专用，避免使用其他软件（如游戏软件），减少病毒感染机会；⑤接收网上传送的数据要先检查、后使用，接收邮件的计算机要与系统用计算机分开；⑥定期对计算机进行病毒检查，对于连网的计算机应安装实时检测病毒软件，以防止病毒传入；⑦如发现有计算机感染病毒，应立即将该台计算机从网上撤下，以防止病毒蔓延。

☺讨论思考

（1）计算机病毒的检测方法主要有哪些？

（2）防范计算机病毒最有效的方法有哪些？

*7.5　知识拓展　特种及新型病毒实例

7.5.1　目标要求

本任务主要学习目标的具体要求如下。

（1）熟悉常见的特种及新型病毒。

（2）掌握特种及新型病毒的特点。

7.5.2　知识要点

1. 木马病毒

【案例 7-7】木马病毒。2017 年，境内木马或僵尸程序控制服务器 IP 地址数量为 49 957 个，境外木马或僵尸程序控制服务器 IP 地址数量为 47 343 个。2017 年，在发现的因感染木马或僵尸程序而形成的僵尸网络中，僵尸网络数量规模在 100～1000 个的占 72.7%以上。2017 年，境内共有 12 558 412 个 IP 地址的主机被植入木马或僵尸程序，境外共有 6 458 870 个 IP 地址的主机被植入木马或僵尸程序。

1）木马病毒的起源和危害

特洛伊木马（Trojan horse）简称木马（Trojan），木马病毒是指通过特定的程序（木马程序)来控制另一台计算机。木马病毒通常有两个可执行程序:一个是控制端,另一个是被控制端。木马这个名字来源于古希腊传说。木马程序是目前比较流行的病毒文件,与一般的病毒不同,它不会自我繁殖,也并不刻意地去感染其他文件,它通过将自身伪装,吸引用户下载执行,向施种木马病毒者提供打开被种主机的门户,使施种者可以任意毁坏、窃取被种文件,甚至远程操控被种主机。木马病毒的产生严重危害着现代网络的安全运行。

木马病毒是以盗取用户个人信息,甚至是以远程控制用户计算机为主要目的的恶意程序。由于它像间谍一样潜入用户的计算机,与战争中的"木马"战术十分相似,因而得名木马。按照功能分类,木马程序可进一步分为盗号木马、网银木马、窃密木马、远程控制木马、流量劫持木马、下载者木马和其他木马等,但随着木马程序编写技术的发展,一个木马程序往往同时包含上述多种功能。

僵尸网络是被黑客集中控制的计算机群,其核心特点是黑客能够通过一对多的命令控制信道操纵感染木马或僵尸程序的主机执行相同的恶意行为,如可同时对某目标网站进行分布式拒绝服务攻击,或同时发送大量的垃圾邮件等。

2) 木马病毒的特征

木马程序是病毒的一种,木马程序也有不同的类型,但它们之间又有一些共同的特性。

(1) 隐蔽性。当用户执行正常程序时,在难以察觉的情况下完成危害用户的操作,具有隐蔽性。它的隐蔽性主要体现在以下 6 方面:①不产生图标,不在系统任务栏中产生有提示标志的图标;②文件隐藏,将自身文件隐藏于系统的文件夹中;③在专用文件夹中隐藏;④自动在任务管理器中隐藏,并以"系统服务"的方式欺骗操作系统;⑤无声息启动;⑥伪装成驱动程序及动态链接库。

(2) 自行运行。木马病毒为了控制服务端,必须在系统启动时跟随启动。所以它潜入在启动的配置文件中,如 Win.ini,System.ini,Winstart.bat 以及启动组等文件之中。

(3) 欺骗性。用包含具有未公开并且可能产生危险后果的功能程序与正常程序捆绑合并成一个文件,即捆绑欺骗。

(4) 自动恢复。采用多重备份功能模块,以便相互恢复。

(5) 自动打开端口。用服务器客户端的通信手段,利用 TCP/IP 不常用端口自动进行连接,开方便之"门"。

(6) 功能特殊性。木马病毒通常都有特殊功能,具有搜索 cache 中的口令、设置口令、扫描目标 IP 地址、进行键盘记录、远程注册表操作及锁定鼠标等功能。

典型实例:冰河木马

冰河木马诞生伊始是作为一款正当的网络远程控制软件被国人认可的,但随着其升级版本的发布,其强大的隐蔽性和使用简单的特点越来越受国内黑客的青睐,最终使其演变为黑客进行破坏活动所使用的工具。

(1) 冰河木马的主要功能。

① 连接功能。木马程序可以理解为一个网络客户机/服务器程序。由一台服务器提供服务,一台主机(客户机)接受服务。服务器一般会打开一个默认的端口并进行监听,

一旦服务器端口接到客户端的连接请求，服务器上的相应程序就会自动运行，接受连接请求。

② 控制功能。可以通过网络远程控制对方终端设备的鼠标、键盘或存储设备等，并监视对方的屏幕，远程关机，远程重启机器等。

③ 口令的获取。查看远程计算机口令信息，浏览远程计算机上历史口令记录。

④ 屏幕抓取。监视对方屏幕的同时进行截图。

⑤ 远程文件操作。包括打开、创建、上传、下载、复制、删除、压缩文件等。

⑥ 冰河信使。冰河木马提供的一个简易点对点聊天室，客户端与被监控端可以通过信使进行对话。

（2）冰河木马的原理。

冰河木马激活的服务端程序 G-Server.exe 后，可将在目标计算机的 C:\Windows\system 目录下自动生成两个可执行文件，分别是 Kernel32.exe 和 Syselr.exe。如果用户只找到 Kernel32.exe，并将其删除，那么冰河木马并未完全根除，只要打开任何一个文本文件或可执行程序，Syselr.exe 就会被激活而再次生成一个 Kernel32.exe，这就是导致冰河木马屡删无效、死灰复燃的原因。

2. 蠕虫病毒

蠕虫病毒具有计算机病毒的共性，同时还具有一些个性特征，如它并不依赖宿主寄生，而是通过复制自身在网络环境下进行传播。同时，蠕虫病毒较普通病毒的破坏性更强，借助共享文件夹、电子邮件、恶意网页、存在漏洞的服务器等伺机传染整个网络内的所有计算机，破坏系统，并使系统瘫痪。

【案例7-8】 蠕虫病毒。2017 年，全球互联网月均 281 万余个主机 IP 地址感染"飞客"蠕虫，其中，我国境内感染的主机 IP 地址数量月均近 45 万个。2017 年，全球感染"飞客"蠕虫的主机 IP 地址数量排名前三的国家或地区分别是中国（15.5%）、印度（8.3%）和巴西（5.2%）。2017 年，境内主机 IP 地址感染"飞客"蠕虫数量的月度统计，月均数量近 44.5 万个，总体上稳步下降，较 2016 年下降 33.1%。

典型实例："飞客"蠕虫病毒

"飞客"蠕虫（conficker、downup、downandup、conflicker 或 kido）是一种针对 Windows 操作系统的蠕虫病毒，最早出现在 2008 年 11 月 21 日。"飞客"蠕虫利用 Windows RPC 远程连接调用服务存在的高危漏洞（MS08-067）入侵互联网上未进行有效防护的主机，通过局域网、U 盘等方式快速传播，并且会停用感染主机的一系列 Windows 服务。自 2008 年以来，"飞客"蠕虫衍生多个变种，这些变种感染上亿个主机，构建一个庞大的攻击平台，不仅能够被用于大范围的网络欺诈和信息窃取，而且能够被利用发动大规模拒绝服务攻击，甚至可能成为有力的网络战工具。CNCERT/CC 自 2009 年起对"飞客"蠕虫感染情况进行持续监测和通报处置。抽样监测数据显示，2011—2017 年全球互联网月均感染"飞客"蠕虫的主机 IP 地址数量呈减少趋势。

【**案例 7-9**】 "飞客"蠕虫。2017 年 5 月 12 日下午,一款名为 WannaCry 的勒索软件蠕虫在互联网上开始大范围传播,我国大量行业企业内部网感染,包括医疗、电力、能源、银行、交通等多个行业均遭受不同程度的影响。WannaCry 由不法分子利用美国国家安全局(National Security Agency,NSA)泄露的危险漏洞 EternalBlue (永恒之蓝)进行传播,超过 100 个国家的设备感染了 WannaCry 勒索软件。

典型实例:勒索蠕虫病毒

2017 年 4 月 16 日,国家互联网应急中心(CNCERT)主办的 CNVD 发布《关于加强防范 Windows 操作系统和相关软件漏洞攻击风险的情况公告》,对影子经纪人(Shadow Brokers)披露的多款涉及 Windows 操作系统 SMB 服务的漏洞攻击工具进行了通报,并对有可能产生的大规模攻击进行了预警。相关工具列表如表 7-1 所示。

表 7-1　涉及 Windows 操作系统 SMB 服务的漏洞攻击工具列表

工具名称	主要用途
ETERNALROMANCE	SMB 漏洞和 NBT 漏洞,对应 MS17-010 漏洞,针对 139 端口和 445 端口发起攻击,影响范围:Windows XP、Windows Server 2003、Windows Vista、Windows 7、Windows 8、Windows Server 2008、Windows Server 2008 R2
EMERALDTHREAD	SMB 漏洞和 NETBIOS 漏洞,对应 MS10-061 漏洞,针对 139 端口和 445 端口,影响范围:Windows XP、Windows Server 2003
EDUCATEDSCHOLAR	SMB 服务漏洞,对应 MS09-050 漏洞,针对 445 端口
ERRATICGOPHER	SMBv1 服务漏洞,针对 445 端口,影响范围:Windows XP、Windows Server 2003,不影响 Windows Vista 及之后的操作系统
ETERNALBLUE	SMBv1 漏洞、SMBv2 漏洞,对应 MS17-010 漏洞,针对 445 端口,影响范围较广,从 Windows XP 到 Windows Server 2012
ETERNALSYNERGY	SMBv3 漏洞,对应 MS17-010 漏洞,针对 445 端口,影响范围:Windows Server 8、Windows Server 2012
ETERNALCHAMPION	SMBv2 漏洞,针对 445 端口

当用户主机系统被该勒索软件入侵后,弹出如图 7-2 所示的勒索蠕虫发作界面,提示勒索目的并向用户索要比特币。而对于用户主机上的重要文件,如照片、图片、文档、压缩包、音频、视频、可执行程序等几乎所有类型的文件,都被统一修改为 .WNCRY 加密的文件名后缀。目前,业界暂未能有效破除该勒索软件的恶意加密行为,用户主机一旦被勒索软件渗透,只能通过重装操作系统的方式来解除勒索行为,但用户的重要数据文件不能直接恢复。

WannaCry 主要利用了微软"视窗"系统的漏洞,以获得自动传播的能力,能够在数小时内感染一个系统内的全部计算机。勒索病毒被漏洞远程执行后,会从资源文件夹释放一个压缩包,此压缩包会在内存中通过密码 WNcry@2ol7 解密并释放文件。这些文件包含后续弹出勒索框的 exe,桌面背景图片的 bmp,各国语言的勒索字体,还有辅助攻击的两个 exe 文件。这些文件会释放到本地目录，并设置为隐藏。

图 7-2   勒索蠕虫病毒发作界面

☺讨论思考

（1）什么是木马病毒？木马病毒有哪些特点？

（2）什么是蠕虫病毒？

7.6   项 目 小 结

计算机及手机病毒的防范，应以预防为主，在各方面的共同配合下来解决计算机及手机病毒的问题。本章首先进行了计算机及手机病毒的概述，包括计算机及手机病毒的概念及产生，计算机及手机病毒的特点，计算机病毒的种类、危害，计算机中毒的异常现象及出现的后果；介绍了病毒的构成、传播方式、触发和生存条件、特种及新型病毒实例分析等；同时还具体地介绍了病毒的检测、清除与防范技术，木马的检测清除与防范技术。

7.7   项目实施   实验 7   最新杀毒软件应用

7.7.1   选做 1   手机杀毒软件操作

扫描并检测手机中已安装软件的安全性，通过全盘扫描检测手机中存储的安装包文件，能够防止病毒、木马和恶意软件侵害个人隐私和话费财产安全。为了实时保护手机安全，在确认并许可之后，会提供病毒库自动升级，并及时通知最新可用的产品升级。

1. 实验目的

(1) 熟练使用 360 手机杀毒软件。
(2) 理解病毒查杀的扫描范围和功夫木马的专杀。
(3) 掌握 360 手机杀毒软件的特点。

2. 预备知识

智能手机相关的硬件和软件知识。

3. 实验要求及配置

一个智能手机、网络。

4. 实验步骤

(1) 进入 360 手机卫士,选择"手机杀毒",如图 7-3 所示。

图 7-3 360 手机卫士界面

(2) 在手机杀毒功能中,可对手机进行快速扫描,如图 7-4 所示。
(3) 在手机杀毒功能中,可对手机进行全盘扫描,全面扫描手机,杀毒更彻底,如图 7-5 所示。
(4) 在手机杀毒功能中,使用主动防御功能,如图 7-6 所示。
(5) 在手机杀毒功能中,可以使用功夫木马专杀功能,如图 7-7 所示。
(6) 在手机杀毒功能中,可以查看安全日志,其中记录了杀毒扫描的操作结果,如

图 7-4　快速扫描界面

图 7-5　全面扫描界面

图 7-6 主动防御界面

图 7-7 功夫木马专杀界面

图 7-8 所示。

图 7-8 安全日志界面

（7）设置手机杀毒。在手机杀毒功能中，选择右上角"设置"按钮，可以进行杀毒设置：自动更新病毒库、自动联网云查杀、安装监控。杀毒设置界面如图 7-9 所示。

图 7-9 杀毒设置界面

7.7.2 选做 2 计算机查杀病毒应用

1. 实验目的

（1）理解 360 安全卫士杀毒软件的主要功能及特点。

（2）掌握 360 安全卫士杀毒软件主要技术和应用。

（3）熟悉 360 安全卫士杀毒软件主要操作界面和方法。

2. 实验内容

1）主要实验内容

（1）360 安全卫士杀毒软件的主要功能及特点。

（2）360 安全卫士杀毒软件主要技术和应用。

（3）360 安全卫士杀毒软件主要操作界面和方法。

实验用时：2 学时（90～120 分钟）。

2）360 安全卫士主要功能及特点

360 安全卫士是由奇虎公司推出的功能强、效果好且受用户欢迎的安全杀毒软件。拥有计算机体检、查杀木马、修复漏洞、系统修复体检等多种功能，并独创了"木马防火墙""360 密盘"等功能，依靠抢先侦测和云端鉴别，可全面、智能地拦截各类木马，保护用户的账号、隐私等重要信息。目前木马威胁之大已远超病毒，360 安全卫士运用云安全技术，在拦截和查杀木马的效果、速度以及专业性上表现出色，能有效防止个人数据和隐私被木马窃取，被誉为"防范木马的第一选择"。360 安全卫士自身非常轻巧，同时还具备开机加速、垃圾清理等多种系统优化功能，可大大加快计算机运行速度，内含的 360 软件管家还可帮助用户轻松下载、升级和强力卸载各种应用软件。360 安全卫士的主要功能如下。

（1）计算机体检。可对用户计算机进行安全方面的全面细致检测。

（2）查杀木马。使用 360 云引擎、启发式引擎、本地引擎、360 奇虎支持向量机（Qihoo support vector machine，QVM）4 个引擎查杀木马。

（3）修复漏洞。为系统修复高危漏洞，对系统进行加固和功能性更新。

（4）系统修复。修复常见的上网设置和系统设置。

（5）计算机清理。清理插件、垃圾、痕迹和注册表。

（6）优化加速。通过系统优化，加快开机和运行速度。

（7）计算机门诊。解决计算机使用过程中遇到的有关问题帮助。

（8）软件管家。安全下载常用软件，提供便利的小工具。

（9）功能大全。提供各式各样的与安全防御有关的功能。

360 安全卫士将木马防火墙、网盾及安全保镖合三为一，安全防护体系功能大幅增强。利用提前侦测和云端鉴别，可全面、智能地拦截各类木马，保护用户的账号、隐私等重要信息。运用云安全技术，在拦截和查杀木马的效果、速度以及专业性上表现出色，可有效防止个人数据和隐私被木马窃取。还具有广告拦截功能，并新增了网购安全环境修复功能。

3）360 杀毒软件主要功能特点

360 杀毒软件和 360 安全卫士配合使用，是安全上网的黄金组合，可提供全时、全面的病毒防护。360 杀毒软件主要功能特点如下。

（1）360 杀毒无缝整合国际知名的 BitDefender 病毒查杀引擎和安全中心领先云查杀引擎。

（2）双引擎智能调度，为计算机提供完善的病毒防护体系，不但查杀能力出色，而且能第一时间防御新出现的木马病毒。

（3）杀毒快，误杀率低。以独有的技术体系实现了对系统资源占用少，杀毒快，误杀率低。

（4）快速升级和响应，病毒特征库及时更新，确保对爆发性病毒的快速响应。

（5）对感染型木马强力的查杀功能。具有强大的反病毒引擎以及实时保护技术，采用虚拟环境启发式分析技术发现和阻止未知病毒。

（6）超低系统资源占用，人性化免打扰设置，在用户打开全屏程序或运行应用程序时自动进入"免打扰模式"。

新版 360 杀毒软件整合了四大领先防杀引擎，包括国际知名的 BitDefender 病毒查杀、云查杀、主动防御、QVM 人工智能 4 个引擎，不但查杀能力出色，而且能第一时间防御新出现或变异的新病毒。数据向云杀毒转变，自身体积变得更小，刀片式智能 5 引擎架构可根据用户需求和计算机实际情况自动组合协调杀毒配置。

360 杀毒软件具备 360 安全中心的云查杀引擎，双引擎智能调度不但查杀能力出色，而且能第一时间防御新出现的木马病毒，提供全面保护。

3. 操作界面和步骤

1）360 安全卫士操作界面

限于篇幅，在此只做概要介绍。

360 安全卫士最新 11.2 版主要操作界面如图 7-10～图 7-15 所示。

2）360 杀毒软件功能操作界面

360 杀毒软件功能操作界面如图 7-16～图 7-19 所示。

4. 实验总结

360 杀毒软件通常集成监控识别，病毒扫描、清除、自动升级等功能，有的杀毒软件还带有数据恢复等功能，是计算机防御系统（包含杀毒软件、防火墙、特洛伊木马、其他恶意软件的查杀程序及入侵预防系统等）的重要组成部分。可以有效地防止病毒入侵，保护计算机的安全。

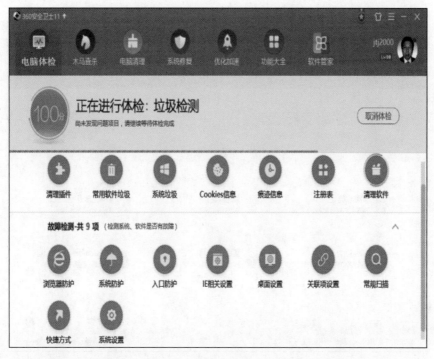

图 7-10 360 安全卫士的主界面及"电脑体检"界面

图 7-11 360 安全卫士的"木马查杀"界面

图 7-12　360 安全卫士的"电脑清理"界面

图 7-13　360 安全卫士的"系统修复"界面

图 7-14 360 安全卫士的"优化加速"界面

图 7-15 360 安全卫生的"功能大全"界面

图 7-16　"电脑安全"操作界面

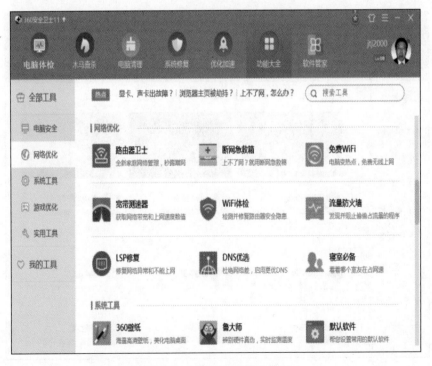

图 7-17　"网络优化"操作界面

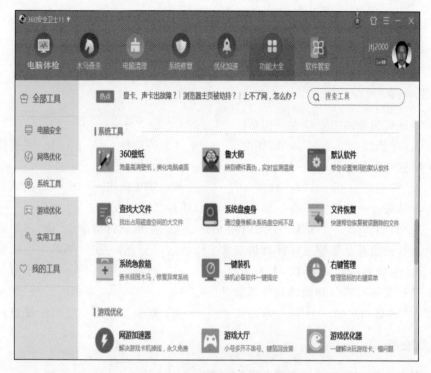

图 7-18 "系统工具"操作界面

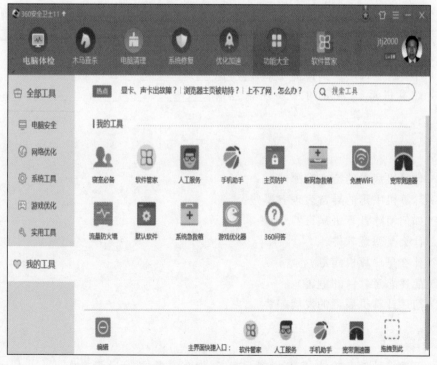

图 7-19 "我的工具"操作界面

7.8 练习与实践 7

1. 选择题

(1) 计算机病毒的主要特点不包括(　　)。

　　A. 潜伏性　　　　　B. 破坏性　　　　　C. 传染性　　　　　D. 完整性

(2) 熊猫烧香是一种(　　)。

　　A. 游戏　　　　　B. 软件　　　　　C. 蠕虫病毒　　　　　D. 网站

(3) 木马病毒的清除方式有(　　)和(　　)两种。

　　A. 自动清除　　　B. 手动清除　　　C. 杀毒软件清除　　　D. 不用清除

(4) 计算机病毒是能够破坏计算机正常工作的、(　　)的一组计算机指令或程序。

　　A. 系统自带　　　B. 人为编制　　　C. 机器编制　　　　　D. 不清楚

(5) 强制安装和难以卸载的软件都属于(　　)。

　　A. 病毒　　　　　B. 木马　　　　　C. 蠕虫　　　　　D. 恶意软件

2. 填空题

(1) 根据计算机病毒的破坏程度可将病毒分为_____、_____、_____。

(2) 计算机病毒一般由_____、_____、_____ 3个单元构成。

(3) 计算机病毒的传染单元主要包括_____、_____、_____ 3个模块。

(4) 计算机病毒根据病毒依附载体可划分为_____、_____、_____、
_____、_____。

(5) 计算机病毒的主要传播途径有_____、_____。

(6) 计算机运行异常的主要现象包括_____、_____、_____、_____、
_____、_____等。

3. 简答题

(1) 计算机病毒的特点有哪些？

(2) 计算机中毒的异常表现有哪些？

(3) 如何清除计算机病毒？

(4) 什么是恶意软件？

(5) 什么是计算机病毒？

(6) 简述恶意软件的危害。

(7) 简述计算机病毒的发展趋势。

4. 实践题

(1) 下载一种杀毒软件，安装设置后查毒，如有病毒，进行杀毒操作。

(2) 搜索至少两种木马病毒，了解其发作表现以及清除办法。

项目 8

防火墙常用技术

防火墙技术是较早出现的保护计算机网络安全的较为成熟的产品化技术。防火墙属于网络访问的控制设备,位于两个(或多个)内外网络之间,通过执行访问策略来到达隔离和过滤的目的,是常用的网络安全技术和方法,对于网络系统的安全非常重要。

重点:防火墙的概念,防火墙的功能,防火墙的缺陷及需求。

难点:防火墙的不同分类,防火墙的主要应用。

关键:防火墙的概念,防火墙的功能。

目标:掌握防火墙的概念和功能,了解防火墙的不同分类。

8.1 项目分析 防火墙的缺陷及发展

教学视频
课程视频 8.1

【引导案例】 防火墙技术是计算机网络安全维护的主要途径,发挥高效的保护作用。随着计算机的应用与普及,网络安全成为社会比较关注的问题。社会针对计算机网络安全提出诸多保护措施,其中,防火墙技术的应用较为明显,不仅体现高水平的安全保护,同时营造安全、可靠的运行环境。因此,以下将对计算机网络安全进行研究,分析防火墙技术的应用。

8.1.1 防火墙的缺陷及需求

1. 防火墙的缺陷

在当前情况下,防火墙存在下面一些问题,人们通常认为防火墙可以保护处于它身后的网络不受外界的侵袭和干扰。但随着网络技术的发展,网络结构日趋复杂,传统防火墙在使用的过程中暴露出以下的不足。

(1) 传统的防火墙在工作时,入侵者可以伪造数据绕过防火墙或者找到防火墙中可能开启的后门。

（2）防火墙不能防止来自网络内部的袭击，通过调查发现，有一半以上的攻击都来自网络内部，对于那些将要泄露企业机密的员工，防火墙形同虚设。

（3）由于防火墙性能上的限制，通常它不具备实时监控入侵的能力。

（4）防火墙对病毒的侵袭也是束手无策。

（5）防火墙通常工作在网络层，仅以防火墙则无法检测和防御最新的拒绝服务（DoS）攻击及蠕虫病毒的攻击。正因为如此，人们认为在 Internet 入口处设置防火墙系统就足以保护企业网络安全的想法就力不从心了。也正是这些因素引起了人们对入侵检测技术的研究及开发。入侵防御系统（IPS）可以弥补防火墙的不足，为网络提供实时的监控，并且在发现入侵的初期采取相应的防护手段。IPS 作为必要附加手段，已经为大多数组织机构的安全构架所接受。

🗀 特别理解
计算机病毒
的基本概念

2. 防火墙需求分析

1）网络体系结构

（1）开放系统互连（open system interconnection，OSI）参考模型。为了使不同体系结构的计算机网络能够互连，国际标准化组织（ISO）于 1977 年成立了专门的机构研究该问题。不久，他们提出了一个试图使各种计算机在世界范围内互连成网络的标准框架，即著名的 OSI 参考模型。

（2）TCP/IP 结构。TCP/IP 模型应用广泛，得到了全世界承认，成为因特网使用的参考模型。

计算机网络系统可以看成是一个扩大了的计算机系统，在网络操作系统和 TCP/IP 的支持下，位于不同主机内的操作系统进程可以像单机系统中一样互相通信。

TCP/IP 协议族可以看作是一组不同层的集合，每一层负责一个具体任务，各层联合工作以实现整个网络通信。每一层与其上层或下层都有一个明确定义的接口来具体说明希望处理的数据。TCP/IP 协议族的 4 个功能层：网络接口层、网络层、传输层和应用层。其概括了相对于 OSI 参考模型中的 7 个功能层：物理层、数据链路层、网络层、传输层、会话层、表示层、应用层。

（3）网络中数据包的传输。数据传输过程中，必须被分解成一个一个的小碎片。因为不同的网络实体层技术，其每次所能承载的数据量不同。因此，数据传输的过程中，必须先被分解成一个一个的数据包才能被传输，然后一层一层地传送。

2）网络安全防护中的防火墙

防火墙可以工作在 TCP/IP 模型中的各层，它在不同的层次上的功能有不同的区别。防火墙作为边界防护的一种重要工具和技术得到了广泛的应用，它与其他安全产品有着一定关系。

（1）防火墙与网络层次的关系。防火墙可以工作在 TCP/IP 模型中的各层。防火墙的主要工作在于实现访问控制策略，且所有防火墙均依赖于对 TCP/IP 各层协议所产生的信息流进行检查。一般来说，防火墙越是工作在协议的上层，其能够检查的信息就越多，也就能够获得更多的信息用于安全决策，因而检查的网络行为就越细致深入，提供的安全防护等级就越高。

（2）攻击分层防护中的防火墙。包括攻击发生前的防范、攻击发生过程中的防范、攻击发生后的应对。

8.1.2 防火墙的发展和趋势

防火墙是信息安全领域较成熟的产品之一，但是成熟并不意味着发展的停滞，恰恰相反，日益提高的安全需求对信息安全产品提出了越来越高的要求，防火墙也不例外，下面根据防火墙一些基本层面的问题介绍防火墙产品的主要发展趋势。

1. 模式转变

传统的防火墙。通常都设置在网络的边界位置，不论是内部网与外部网的边界，还是内部网中的不同子网的边界，以数据流进行分隔，形成安全管理区域。但这种设计的最大问题是恶意攻击的发起不仅仅来自外部网，内部网环境同样存在着很多安全隐患，而对于这种问题，边界式防火墙处理起来是比较困难的，所以现在越来越多的防火墙产品也开始体现出一种分布式结构，以分布式为体系进行设计的防火墙产品以网络结点为保护对象，可以最大限度地覆盖需要保护的对象，大大提升安全防护强度，这不仅仅是单纯的产品形式的变化，而是象征着防火墙产品防御理念的升华。

防火墙的几种基本类型各有优点，所以很多厂商将这些方式结合起来，以弥补单纯一种方式带来的漏洞和不足，例如，比较简单的方式就是既针对传输层的数据包特性进行过滤，同时也针对应用层的规则进行过滤，这种综合性的过滤设计可以充分挖掘防火墙核心功能的能力，是在自身基础上进行再发展的最有效的途径之一。目前较为先进的一种过滤方式是带有状态检测功能的数据包过滤，其实这已经成为现有防火墙产品的一种主流检测模式，可以预见未来的防火墙检测模式将继续整合更多的范畴，而这些范畴的配合也同时获得大幅的提高。

目前，防火墙的信息记录功能日益完善，通过防火墙的日志系统，可以方便地追踪过去网络中发生的事件，还可以完成与审计系统的联动，具备足够的验证能力，以保证在调查取证过程中采集的证据符合法律要求。相信这一方面的功能在未来会有很大幅度的提升，同时这也是众多安全系统中一个需要共同面对的问题。

2. 功能扩展

现在的防火墙产品已经呈现出一种集成多种功能的设计趋势，包括 VPN、AAA、PKI、IPSec 等附加功能，甚至防病毒、入侵检测这样的主流功能，都已被集成到防火墙产品中，很多时候已经无法分辨这样的产品是以防火墙为主，还是以某个功能为主，即其已经逐渐向普遍称为 IPS 的产品转化了。有些防火墙集成了防病毒功能，这样的设计会对管理性能带来很大提升，但同时也对防火墙产品的另外两个重要因素产生影响，即性能和自身的安全问题，所以应该根据具体的应用环境做综合的权衡，毕竟目前还不存在完美的解决方案。

3. 性能提高

未来的防火墙产品由于在功能性上的扩展，以及应用日益丰富、流量日益复杂所提出的更多性能要求，会呈现出更强的处理性能要求，而寄希望于硬件性能的水涨船高肯定会出现瓶颈，所以诸如并行处理技术等经济实用且经过足够验证的性能提升手段将越来越多地应用在防火墙产品平台上。相对来说，单纯的流量过滤性能是比较容易处理的问题，而与应用层涉及越密，性能提高所需要面对的情况就越复杂。在大型应用环境中，防火墙的规则库至少有上万条记录，而随着过滤的应用种类的增加，规则数往往会以趋进几级数的程度上升，这对防火墙的负荷是很大的考验。使用不同的处理器完成不同的功能可能是一种解决办法，例如，利用集成专有算法的协处理器来专门处理规则判断，在防火墙的某方面性能出现较大瓶颈时，可以单纯地升级某部分的硬件来解决，这种设计有些已经应用到现有的产品中了。也许未来的防火墙产品会呈现出非常复杂的结构，当然从某种角度来说，祈祷这种状况最好还是不要发生。

另外，根据经验，除了硬件因素之外，规则处理的方式及算法也会对防火墙性能造成很明显的影响，所以在防火墙的软件部分也应该融入更多先进的设计技术，并衍生出更多的专用平台技术，以期缓解防火墙的性能要求。

综上所述，不论从功能还是从性能来讲，防火墙产品的发展并不会放慢速度，反而产品的丰富程度和推出速度会不断加快，这也反映了安全需求不断上升的一种趋势，而相对于产品本身某方面的发展，更值得关注的还是平台体系结构的发展以及安全产品标准的发布，这些变化不仅仅关系到某个环境的某个产品的应用情况，更关系到信息安全领域的未来。

☺讨论思考

（1）我国信息安全管理的现状如何？

（2）我国信息安全管理目前存在哪些问题？

（3）为什么要使用防火墙？

教学视频
课程视频8.2

8.2　任务1　防火墙概述

【案例8-1】　某中型企业购买了适合其网络特点的防火墙，投入使用后，发现以前局域网肆虐横行的蠕虫病毒不见了，企业网站遭受拒绝服务攻击的次数也大大减少，为此，公司领导特意表扬了负责防火墙安装实施的信息部。

8.2.1　目标要求

本任务主要学习目标的具体要求如下。

（1）理解防火墙的概念及其局限性。

（2）掌握防火墙的功能及特性。

8.2.2 知识要点

1. 防火墙的概念

1）防火墙的基本概念

防火墙是指一个由软件和硬件设备组合而成，在内部网络和外部网络之间、专用网络与公共网络之间的界面上构造的保护屏障。

防火墙是一种保护计算机网络安全的技术性措施，它通过在网络边界上建立相应的网络通信监控系统来隔离内部网络和外部网络，以阻挡来自外部的网络入侵。

防火墙有网络防火墙和计算机防火墙。网络防火墙是指在外部网络和内部网络之间设置防火墙，这种防火墙又称为筛选路由器。网络防火墙检测进入信息的协议、目的地址、端口（网络层）及被传输的信息形式（应用层）等，滤除不符合规定的外来信息。网络防火墙示意图如图 8-1(a)所示，网络防火墙也对用户网络向外部网络发出的信息进行检测。📖

📖知识拓展
使用防火墙
的好处

计算机防火墙是指在外部网络和用户计算机之间设置防火墙。计算机防火墙也可以是用户计算机的一部分。计算机防火墙检测接口规程、传输协议、目的地址及（或）被传输的信息结构等，将不符合规定的进入信息剔除。计算机防火墙对用户计算机输出的信息进行检查，并加上相应协议层的标志，用于将信息传送到接收用户计算机（或网络）中。计算机防火墙如图 8-1(b)所示。📖

📖知识拓展
标准防火墙和
双穴网关

(a) 网络防火墙   (b) 计算机防火墙

图 8-1 防火墙示意图

2）防火墙的基本原理

生活中的防火墙是汽车中一个部件的名称。在汽车中，利用防火墙把乘客和引擎隔开，一旦汽车引擎着火，防火墙不但能保护乘客安全，同时还能让司机继续控制引擎。在计算机术语中，防火墙当然不是这个意思，可以类比来理解，在网络中，防火墙是指一种将内部网络和公众访问网（如 Internet）分开的方法，它实际上是一种隔离技术。防火墙

的基本原理如图 8-2 所示。防火墙是在两个网络通信时执行的一种访问控制尺度，它能

允许用户"同意"的人和数据进入网络，同时将用户"不同意"的人和数据拒之门外，最大限度地阻止黑客访问网络。即如果不通过防火墙，公司内部的人就无法访问 Internet，Internet 上的人也无法和公司内部的人进行通信。📖

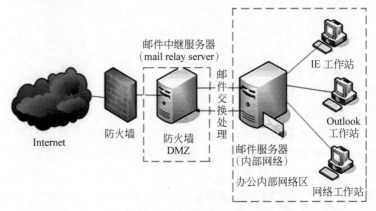

图 8-2　防火墙的基本原理

2. 防火墙的功能

防火墙对流经它的网络通信进行扫描，这样能够过滤掉一些攻击，以免其在目标计算机上被执行。防火墙还可以关闭不使用的端口，禁止特定端口的流出通信，封锁特洛伊木马。最后，它还可以禁止来自特殊站点的访问，从而防止来自不明入侵者的所有通信。防火墙的功能如图 8-3 所示。

图 8-3　防火墙的功能

1）网络安全的屏障

一个防火墙（作为阻塞点、控制点）能极大地提高一个内部网络的安全性，并通过过滤不安全的服务而降低风险。由于只有经过精心选择的应用协议才能通过防火墙，所以

网络环境变得更安全。如防火墙可以禁止不安全的 NFS 协议进出受保护网络,这样外部的攻击者就不可能利用这些脆弱的协议来攻击内部网络。同时防火墙可以保护网络免受基于路由的攻击,如 IP 选项中的源路由攻击和 ICMP 重定向中的重定向路径。防火墙可以拒绝所有以上类型攻击的报文并通知防火墙管理员。

特别理解 NFS 的基本概念

2) 强化网络安全策略

通过以防火墙为中心的安全方案配置,能将所有安全软件(如口令、加密、身份认证、审计等)配置在防火墙上。与将网络安全问题分散到各个主机上相比,防火墙的集中安全管理更经济。例如,在网络访问时,一次一密口令系统和其他的身份认证系统完全可以不必分散在各个主机上,而集中在防火墙上。

3) 监控审计

如果所有的访问都经过防火墙,防火墙就能记录下这些访问并做出日志记录,同时也能提供网络使用情况的统计数据。当发生可疑动作时,防火墙能进行适当的报警,并提供网络是否受到监测和攻击的详细信息。另外,收集一个网络的使用和误用情况也是非常重要的。首先,可以清楚防火墙是否能够抵挡攻击者的探测和攻击,并且清楚防火墙的控制是否充足。同时,网络使用统计对网络需求分析和威胁分析等也是非常重要的。

4) 防止内部信息的外泄

通过利用防火墙对内部网络的划分,可实现内部网络重点网段的隔离,从而限制了局部重点或敏感网络安全问题对全局网络造成的影响。同时,隐私是内部网络非常关心的问题,一个内部网络中不引人注意的细节可能包含了有关安全的线索而引起外部攻击者的兴趣,甚至因此而暴露了内部网络的某些安全漏洞。使用防火墙就可以隐蔽那些透漏内部细节,如 Finger、DNS 等服务。Finger 显示主机所有用户的注册名、真名,最后登录时间和使用 shell 类型等。但是 Finger 显示的信息非常容易被攻击者所获悉。攻击者可以知道一个系统使用的频繁程度,如这个系统是否有用户正在连线上网,这个系统是否在被攻击时引起注意等。防火墙可以同样阻塞有关内部网络中的 DNS 信息,这样一台主机的域名和 IP 地址就不会被外界所了解。除了安全作用,防火墙还支持具有 Internet 服务特性的企业内部网络技术体系——虚拟专用网(VPN)。

特别理解 网段的基本概念

5) 数据包过滤

网络上的数据都是以包为单位进行传输的,每一个数据包中都包含一些特定的信息,如数据的源地址、目标地址、源端口号和目标端口号等。防火墙通过读取数据包中的地址信息来判断这些包是否来自可信任的网络,并与预先设定的访问控制规则进行比较,进而确定是否需要对数据包进行处理和操作。数据包过滤可以防止外部不合法用户对内部网络的访问,但由于不能检测数据包的具体内容,所以不能识别具有非法内容的数据包,无法实施对应用层协议的安全处理。

6）网络 IP 地址转换

网络 IP 地址转换是一种将私有 IP 地址转化为公网 IP 地址的技术，它被广泛应用于各种类型的网络和互联网的接入中。网络 IP 地址转换一方面可以隐藏内部网络的真实 IP 地址，使内部网络免受黑客的直接攻击，另一方面由于内部网络使用了私有 IP 地址，从而有效地解决了公网 IP 地址不足的问题。

7）虚拟专用网

虚拟专用网将分布在不同地域上的局域网或计算机通过加密通信，虚拟出专用的传输通道，从而将它们从逻辑上连成一个整体，不仅省去了建设专用通信线路的费用，还有效地保证了网络通信的安全。

8）日志记录与事件通知

进出网络的数据都必须经过防火墙，防火墙通过日志对其进行记录，能提供网络使用的详细统计信息。当发生可疑事件时，防火墙更能根据机制进行报警和通知，提供网络是否受到威胁的信息。

3. 防火墙的基本特性

（1）内部网络和外部网络之间的所有网络数据流都必须经过防火墙。这是防火墙所处网络位置的特性，同时也是一个前提。因为只有当防火墙是内部网络和外部网络之间通信的唯一通道，才可以全面、有效地保护企业内部网络不受侵害。

📖知识拓展
防火墙产品

典型的防火墙体系网络结构如图 8-4 所示。可以看出，防火墙的一端连接企事业单位内部的局域网，而另一端则连接着因特网。所有的内部网络和外部网络之间的通信都要经过防火墙。📖

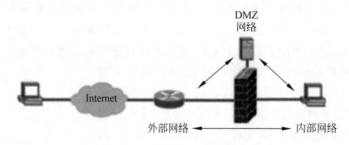

图 8-4　典型的防火墙体系结构

（2）只有符合安全策略的数据流才能通过防火墙。防火墙最基本的功能是确保网络流量的合法性，并在此前提下将网络的流量快速地从一条链路转发到另外一条链路上去。原始的防火墙是一台"双穴主机"，即具备两个网络接口，同时拥有两个网络层地址。防火墙将网络上的流量通过相应的网络接口接收上来，按照 OSI 协议栈的 7 层结构顺序上传，在适当的协议层进行访问规则和安全审查，然后将符合通过条件的报文从相应的网络接口送出，而对于那些不符合通过条件的报文则予以阻断。因此，从这个角度上来说，防火墙是一个类似于桥接或路由器的、多端口的（网络接口不小于 2）转发设备，它跨接于多个分离的物理网段之间,并在报文转发过程中完成对报文的审查工作。

(3) 防火墙自身应具有非常强的抗攻击免疫力。这是防火墙能担当企业内部网络安全防护重任的先决条件。防火墙处于网络边缘,它就像一个边界卫士一样,每时每刻都要面对黑客的入侵,因此防火墙自身要具有非常强的抗击入侵的本领。它之所以具有这么强的本领,首先,防火墙操作系统本身是关键,只有自身是具有完整信任关系的操作系统才可以谈论系统的安全性。其次,防火墙自身具有非常低的服务功能,除了专门的防火墙嵌入系统外,再没有其他应用程序在防火墙上运行。当然这些安全性也只能说是相对的。

📖知识拓展
安全控制点

(4) 应用层防火墙具备更细致的防护能力。自从 Gartner 提出下一代防火墙概念以来,信息安全行业越来越认识到应用层攻击成为当下取代传统攻击,最大程度危害用户的信息安全,而传统防火墙由于不具备区分端口和应用的能力,以至于传统防火墙只能防御传统攻击,基于应用层的攻击则毫无办法。

📖知识拓展
下一代防火墙

(5) 数据库防火墙针对数据库恶意攻击的阻断能力。

① 虚拟补丁技术。针对 CVE 公布的数据库漏洞,提供漏洞特征检测技术。

② 高危访问控制技术。提供对数据库用户的登录、操作行为,提供根据地点、时间、用户、操作类型、对象等特征定义高危访问行为。

③ SQL 注入禁止技术。提供 SQL 注入特征库。

④ 返回行超标禁止技术。提供对敏感表的返回行数控制。

⑤ SQL 黑名单技术。提供对非法 SQL 的语法抽象描述。

4. 代理服务

代理服务设备(可能是一台专属的硬件,或只是普通机器上的一套软件)也能像应用程序一样回应输入封包(例如,连接要求),同时封锁其他的封包,达到类似于防火墙的效果。

代理使得外部网络篡改一个内部系统更加困难,并且一个内部系统误用不一定会导致一个安全漏洞从防火墙外面(只要应用代理剩下的原封和适当地被配置)被入侵。相反地,入侵者可以劫持一个公开系统,并将其作为攻击的代理人,以伪装成系统的其他内部机器进行攻击。当加强内部地址空间安全时,不法者也可以使用 IP 欺骗等方法,通过数据包攻击网络目标。

📖知识拓展
网络地址转换

5. 防火墙的主要优点

(1) 防火墙能强化安全策略。

(2) 防火墙能有效地记录 Internet 上的活动。

(3) 防火墙限制暴露用户点。防火墙能够用来隔开网络中一个网段与另一个网段。这样,能够防止影响一个网段的问题通过整个网络进行传播。

（4）防火墙是一个安全策略的检查站。所有进出的信息都必须通过防火墙，防火墙成为安全问题的检查点，使可疑的访问被拒之门外。

☺讨论思考

（1）防火墙有哪些使用技巧？

（2）防火墙有哪些基本特性？

教学视频
课程视频8.3

8.3 任务2 防火墙的类型

8.3.1 目标要求

本任务主要学习目标的具体要求如下。

（1）理解防火墙的主要类型。

（2）理解防火墙的分类方式。

8.3.2 知识要点

1. 按软硬件形式分类

从防火墙的软硬件形式划分，防火墙可以分为软件防火墙、硬件防火墙和芯片级防火墙。

1）软件防火墙

软件防火墙运行于特定的计算机上，它需要有客户预先安装好的计算机操作系统的支持，一般来说这台计算机就是整个网络的网关，俗称"个人防火墙"。软件防火墙就像其他的软件产品一样需要先在计算机上安装并做好配置才可以使用。例如，SygateFireware、天网防火墙等。

2）硬件防火墙

硬件防火墙是基于硬件平台的网络防御系统，与芯片级防火墙相比并不需要专门的硬件。目前市场上大多数防火墙都是这种的。

3）芯片级防火墙

芯片级防火墙是基于专门的硬件平台，没有操作系统。专有的 ASIC 芯片促使它们比其他种类的防火墙速度更快，处理能力更强，性能更高。例如，NetScreen、FortiNet、Cisco 等。这类防火墙由于是专用操作系统（OS），防火墙本身的漏洞比较少，但价格相对比较高昂。

2. 按实现技术分类

按照防火墙实现技术的不同可以将防火墙分为以下 3 种主要的类型。

1）包过滤防火墙

数据包过滤是指在网络层对数据包进行分析、选择和过滤。选择的数据是系统内设置的访问控制列表（又称为规则表），规则表制定允许哪些类型的数据包可以流入或流出内部网络。通过检查数据流中每一个 IP 数据包的源地址、目的地址、所用端口号、协议状态等因素或它们的组合来确定是否允许该数据包通过。包过滤防火墙一般可以直接集成在路由器上，在进行路由选择的同时完成数据包的选择与过滤，也可以由一台单独的计算机来完成数据包的过滤。

2）应用代理防火墙

应用代理防火墙能够将所有跨越防火墙的网络通信链路分为两段，使得网络内部的客户不直接与外部的服务器通信。防火墙内外计算机系统间应用层的连接由两个代理服务器之间的连接来实现。优点是外部计算机的网络链路只能到达代理服务器，从而起到隔离防火墙内外计算机系统的作用；缺点是执行速度慢，操作系统容易遭到攻击。📖

3）状态检测防火墙

状态检测防火墙又称为动态包过滤防火墙。状态检测防火墙在网络层由一个检查引擎截获数据包并抽取出与应用状态有关的信息。以此作为数据来决定该数据包是接受还是拒绝。检查引擎维护一个动态的状态信息表并对后续的数据包进行检查，一旦发现任何连接的参数有意外变化，该连接就被终止。

状态检测防火墙克服了包过滤防火墙和应用代理防火墙的局限性，能够根据协议、端口及 IP 数据包的源地址、目的地址的具体情况来决定数据包是否可以通过。

在实际使用中，一般综合采用以上几种技术，使防火墙产品能够满足对安全性、高效性、适应性和易管性的要求，再集成防毒软件的功能来提高系统的防毒能力和抗攻击能力。例如，瑞星企业级防火墙 RFW-100 就是一个功能强大、安全性高的混合型防火墙，它集网络层状态包过滤、应用层专用代理、敏感信息的加密传输和详尽灵活的日志审计等多种安全技术于一身，可根据用户的不同需求，提供强大的访问控制、信息过滤、代理服务和流量统计等功能。

3．按体系结构分类

1）包过滤防火墙

包过滤防火墙可以用一台过滤路由器（screened router）来实现，对所接收的每个数据包做允许/拒绝的决定。包过滤防火墙一般作用在网络层，故也称为网络层防火墙或 IP 过滤器，如图 8-5 所示。

图 8-5　包过滤防火墙

路由器审查每个数据包,确定其是否与某一条包过滤规则匹配,如图 8-6 所示。过滤规则基于提供给 IP 转发过程的包头信息,包头信息包括源 IP 地址、目的 IP 地址,封装协议(TCP、UDP 或 ip tunnel)、TCP/UDP 源端口、ICMP 包类型、包输入接口和包输出接口。规则允许该数据包通过,该数据包就会按照路由表中的信息被转发;规则拒绝该数据包,该数据包就会被丢弃;如果没有匹配规则,根据系统的设计策略(默认禁止/默认允许)决定是转发还是丢弃数据包。例如,阻塞所有进入的 TELNET 连接路由器只需简单地丢弃所有 TCP 端口号等于 23 的数据包,将进入的 TELNET 连接限制到内部的数台机器上 TCP 端口号等于 23 并且目标 IP 地址不等于允许主机的 IP 地址的数据包。

> 📖 知识拓展
> 包过滤防火墙
> 的优缺点

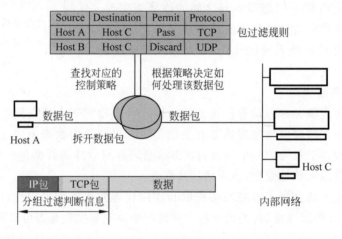

图 8-6 包过滤规则

2）双宿/多宿主机防火墙

> 📖 知识拓展
> 双宿/多宿主机
> 防火墙的优缺点

双穴主机网关是用一台装有两块网卡的双宿/多宿主机作为防火墙的,双宿/多宿主机防火墙是有两个或多个网络接口的计算机系统,可以连接多个网络,实现多个网络之间的访问控制,如图 8-7 和图 8-8 所示。

图 8-8 中网络层路由功能未被禁止,数据包绕过防火墙。

图 8-7 双宿主机防火墙

3）屏蔽主机防火墙

屏蔽主机防火墙专门设置一个过滤路由器,把所有外部到内部的连接都路由到堡垒主机上,强迫所有的外部主机与一个堡垒主机相连,而不让它们直接与内部主机相连,如

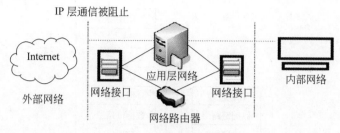

图 8-8 多宿主机防火墙

图 8-9 所示。📖

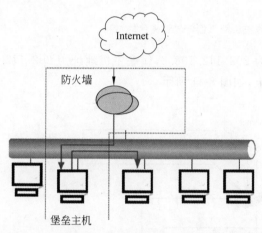

图 8-9 屏蔽主机防火墙

对于入站连接,过滤路由器根据安全策略进行以下操作。

(1) 允许某种服务的数据包先到达堡垒主机,然后与内部主机连接。

(2) 直接禁止某种服务的数据包入站连接。

对于出站连接,过滤路由器根据安全策略进行以下操作。

(1) 对于一些服务(TELNET),可以允许它直接通过过滤路由器连接到外部网络,而不通过堡垒主机。

(2) 其他服务(WWW 和 SMTP 等),必须经过堡垒主机才能连接到 Internet,并在堡垒主机上运行该服务的代理服务器。📁

屏蔽主机防火墙转发数据包的过程如图 8-10 所示。

屏蔽主机防火墙与包过滤防火墙比较有以下特点。

(1) 其提供的安全等级比包过滤防火墙系统要高,实现了网络层安全(包过滤)和应用层安全(代理服务)。

(2) 入侵者在破坏内部网络的安全性之前,必须首先渗透两种不同的安全系统。

(3) 即使入侵者进入了内部网络,也必须和堡垒主机竞争,堡垒主机是一台安全性很高的主机。

路由器不被正常路由的例子。

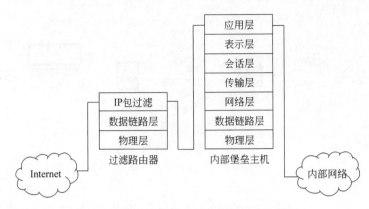

图 8-10　屏蔽主机防火墙转发数据包的过程

正常路由情况：内部网络地址为 202.112.108.0,堡垒主机地址为 202.112.108.8,
路由表内容所有流量发到堡垒主机上,如图 8-11 所示。

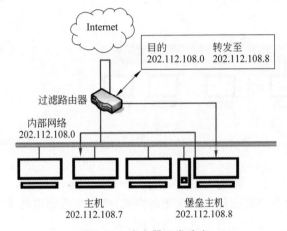

图 8-11　路由器正常路由

路由表被破坏(见图 8-12)的情况如下。

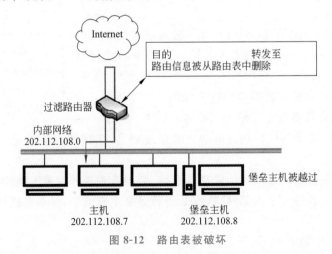

图 8-12　路由表被破坏

（1）堡垒主机的路由信息被从路由表中删除。

（2）进入过滤路由器的流量不会被转发到堡垒主机上，可能被转发到另一台主机上，外部主机直接访问了内部主机，绕过了防火墙。

（3）过滤路由器成为唯一一道防线，入侵者很容易突破过滤路由器，内部网络不再安全。

4）屏蔽子网防火墙

本质上同屏蔽主机防火墙一样，但增加了一层保护体系——周边网络（DMZ），如图 8-13 所示。堡垒主机位于周边网络上，周边网络和内部网络被内部过滤路由器分开。

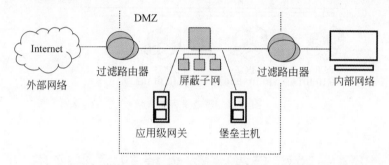

图 8-13 周边网络

屏蔽子网是在内部网络和外部网络之间建立一个被隔离的子网，用两台分组过滤路由器将这个子网分别与内部网络和外部网络分开。在很多实现中，两个分组过滤路由器放在子网的两端，在子网内构成一个 DNS，内部网络和外部网络均可访问屏蔽子网，但禁止它们穿过屏蔽子网通信。有的屏蔽子网中还设有一个堡垒主机作为唯一可访问点，支持终端交互或作为应用网关代理。这种配置的危险仅包括堡垒主机、子网主机，以及所有连接内部网络、外部网络和屏蔽子网的过滤路由器。如果攻击者试图完全破坏防火墙，他必须重新配置连接 3 个网络的路由器，既不切断连接又不要把自己锁在外面，同时又使自己不被发现。但若禁止网络访问路由器或只允许内部网络中的某些主机访问它，则攻击会变得很困难。在这种情况下，攻击者需先侵入堡垒主机，然后进入内部网主机，再返回来破坏过滤路由器，并且整个过程中不能引发警报，如图 8-14 所示。

4. 按性能等级分类

如果按防火墙的性能等级来分，可分为百兆级防火墙和千兆级防火墙两类。

因为防火墙通常位于网络边界，所以不可能只是十兆级的。这主要是指防火墙的通道带宽（bandwidth）或吞吐率。当然通道带宽越宽，性能就越高，这样的防火墙因包过滤或应用代理所产生的延时也越小，对整个网络通信性能的影响也就越小。

☺讨论思考

防火墙主要有哪几类？

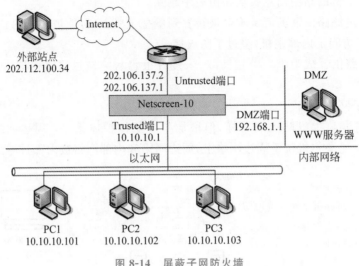

图 8-14　屏蔽子网防火墙

8.4　知识拓展　防火墙的主要应用

8.4.1　目标要求

本任务主要学习目标的具体要求如下。

（1）理解企业网络体系结构。
（2）掌握内部防火墙系统应用。
（3）掌握外围防火墙系统应用。
（4）掌握用智能防火墙阻止攻击。

8.4.2　知识要点

1. 企业网络体系结构

来自外部用户和内部用户的网络入侵日益频繁，必须建立保护网络不会受到这些入侵破坏的机制。虽然防火墙可以为网络提供保护，但是它同时也会消耗资金，并且还会对通信产生障碍，因此应该尽可能最经济、效率最高地使用防火墙。

企业网络体系结构通常由边界网络、外围网络和内部网络 3 个区域组成，如图 8-15 所示。

（1）边界网络。边界网络通过路由器直接面向 Internet，应该以基本的网络通信筛选的形式提供初始层面的保护。路由器通过外围防火墙将数据一直提供到外围网络。

（2）外围网络。外围网络通常称为无戒备区网络（demilitarized zone network，DZN）

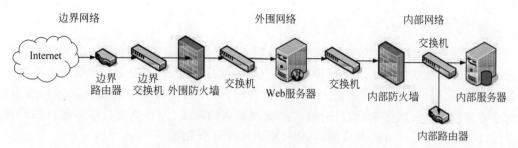

图 8-15 企业网络体系结构

或者边缘网络,它将外来用户与 Web 服务器或其他服务器连接起来。然后,Web 服务器将通过内部防火墙连接到内部网络。

(3) 内部网络。内部网络连接各个内部服务器和内部用户。内部网络无须从头建立,而是完全建立在现有公司内部网络硬件基础上。企业需要管理的信息包括结构化信息(如人事档案)和非结构化信息(如大量的文字资料、图片、声音、影像等),据统计,结构化信息只占信息总量的 20%,而非结构化信息占信息总量的 80%之多。📖

📖知识拓展
管理信息系统

2. 内部防火墙系统应用

内部防火墙用于控制对内部网络的访问以及从内部网络进行访问。用户类型包括如下 3 种。

(1) 完全信任用户。例如,组织的雇员,可以是要到外围区域或 Internet 的内部用户、外部用户(如分支办事处工作人员)、远程用户或在家中办公的用户。

(2) 部分信任用户。例如,组织的业务合作伙伴,这类用户的信任级别比不受信任用户高,但其信任级别经常比组织的雇员要低。

(3) 不受信任用户。例如,组织的公共网络的用户。

理论上,来自 Internet 的不受信任用户应该仅访问外围网络中的 Web 服务器。如果他们需要对内部服务器进行访问(例如,检查股票级别),受信任的 Web 服务器将代替他们进行查询并返回相应结果,不允许不受信任用户通过内部防火墙。

3. 外围防火墙系统应用

设置外围防火墙是为了满足组织边界之外用户的需要,其用户类型同内部防火墙的用户类型。

要重要考虑的一点是外围防火墙特别容易受到外部攻击,因为入侵者必须破坏该防火墙才能进一步进入内部网络。因此,它将成为明显的攻击目标。

边界位置中使用防火墙是通向外部世界的通道。在很多大型组织中,此处实现的防火墙类别通常是高端硬件防火墙或者服务器防火墙,但是某些组织使用的是路由器防火墙。选择防火墙类别用作外围防火墙时,应该考虑这些问题。

4. 用智能防火墙阻止攻击

智能防火墙是相对传统防火墙而言的，顾名思义，它更聪明、更智能。80％的用户非常接受智能防火墙的概念，在他们的眼里，不聪明就是不可靠、不安全。传统防火墙存在的很多问题，用户往往难以理解。用户经常会问，为什么防火墙不能防止黑客的攻击？安全专家用记录的数据来分析，一眼就能发现黑客的攻击，为什么防火墙不能？原因就是传统的防火墙是一个简单机制，只能机械地执行安全策略。

从技术特征上，智能防火墙是利用统计、记忆、概率和决策的智能方法对数据进行识别，并达到访问控制的目的。新的数学方法消除了匹配检查所需要的海量计算，高效发现网络行为的特征值，直接进行访问控制。由于这些方法多是人工智能学科采用的方法，因此被称为智能防火墙。📖

☺讨论思考

防火墙选购中要注意哪些问题？

8.5　项　目　小　结

本章简要介绍了防火墙的相关知识，通过深入了解防火墙的分类以及各种防火墙类型的优缺点，有助于更好地分析配置各种防火墙策略。重点阐述了企业防火墙的体系结构及配置策略。

8.6　项目实施　实验8　防火墙安全应用

防火墙安全应用实验可以通过具体操作，进一步加深对防火墙的基本工作原理和基本概念的理解，更好地掌握防火墙的下载、安装、设置和使用。

8.6.1　实验目的

（1）理解防火墙的基本工作原理和基本概念。
（2）掌握天网防火墙的下载、安装。
（3）掌握天网防火墙的设置和使用。

8.6.2　实验内容

天网防火墙的工作原理：监视并过滤网络上流入流出的 IP 包，拒绝发送可疑的包。基于协议特定的标准，路由器在其端口能够区分包和限制包的能力称为包过滤。由于 Internet 与 intranet 的连接多数都要使用路由器，所以路由器成为内外通信的必经端口，路由器的厂商在路由器上加入 IP 过滤功能，过滤路由器也可以称为包过滤路由器或筛选路由器。防火墙常常就是这样一个具备包过滤功能的简单路由器，这种防火墙应该是足够安全的,但前提是配置合理。然而一个包过滤规则是否完全严密及必要是很难判定的,因而在安全要求较高的场合,通常还配合使用其他的技术来加强安全性。路由器逐一审查数据包以判定它是否与其他包过滤规则相匹配。每个包有两部分:数据部分和包头。过滤规则以用于 IP 顺行处理的包头信息为基础,不理会包内的正文信息内容。包头信息包括源 IP 地址、目的 IP 地址、封装协议(TCP、UDP 或 ip tunnel)、TCP/UDP 源端口、ICMP 包类型、包输入接口和包输出接口。如果找到一个匹配且规则允许此包,该包则根据路由表中的信息前行;如果找到一个匹配且规则拒绝此包,该包则被舍弃;如果无匹配规则,一个用户配置的默认参数将决定此包是前行还是被舍弃。

8.6.3　实验步骤

(1) 运行天网防火墙设置向导,根据向导进行基本设置。

(2) 启动天网防火墙,运用它拦截一些程序的网络连接请求,如启动 Microsoft Baseline Security Analyzer,则天网防火墙会弹出报警窗口。此时选中"该程序以后都按照这次的操作运行",允许 Microsoft 基准安全分析器(MBSA)对网络的访问。

(3) 打开应用程序规则窗口,可设置 MBSA 的安全规则,如使其只可以通过 TCP 发送信息,并指定协议只可以使用端口 21 和 8080 等。了解应用程序规则设置方法。

(4) 使用 IP 规则配置,可对主机中每一个发送和传输的数据包进行控制;ping 局域网内机器,观察能否收到回复;修改 IP 规则配置,将"允许自己用 ping 命令探测其他机器"改为禁止并保存,再次 ping 局域网内同一台机器,观察能否收到回复。

改变不同 IP 规则引起的结果:规则是一系列的比较条件和一个对数据包的动作,即根据数据包的每部分与设置的条件进行比较,当符合条件时,就可以确定对该包放行或者阻挡。通过合理设置规则就可以把有害的数据包阻挡在机器之外。

(5) 将"允许自己用 ping 命令探测其他机器"改回为允许,但将此规则下移到"防御 ICMP 攻击"规则之后,再次 ping 局域网内的同一台机器,观察能否收到回复。

(6) 添加一条禁止邻居同学主机连接本地计算机 FTP 服务器的安全规则;邻居同学发起 FTP 请求连接,观察结果。

(7) 观察应用程序使用网络的状态,是否有特殊进程在访问网络,如果有,则可用"结束进程"按钮来禁止特殊进程。

(8) 查看防火墙日志,了解记录的格式和含义。

日志的格式和含义:天网防火墙将会把所有不符合规则的数据包拦截并且记录下来。每条记录从左到右分别是发送/接收时间、发送 IP 地址、数据传输封包类型、本机通信端口、标志位和防火墙的操作。

说明:项目实施方式方法。同步实验和课程设计的综合实践练习,采取理论教学以演示为主、实践教学先演示后实际操作练习的方式,"边讲边练,演练结合",更好地提高教学效果和学生的素质能力。

8.7　练习与实践 8

1. 选择题

（1）为控制企业内部对外的访问以及抵御外部对内部网络的攻击，最好的选择是（　　）。

　　A. IDS　　　　　　　　　　　　B. 杀毒软件

　　C. 防火墙　　　　　　　　　　　D. 路由器

（2）以下关于防火墙的设计原则说法正确的是（　　）。

　　A. 不单单要提供防火墙的功能，还要尽量使用较大的组件

　　B. 保持设计的简单性

　　C. 保留尽可能多的服务和守护进程，从而能提供更多的网络服务

　　D. 一套防火墙就可以保护全部的网络

（3）防火墙能够（　　）。

　　A. 防范恶意的知情者

　　B. 防范通过它的恶意连接

　　C. 防备新的网络安全问题

　　D. 完全防止传送已被病毒感染的软件和文件

（4）防火墙中地址翻译的主要作用是（　　）。

　　A. 提供代理服务　　　　　　　　B. 进行入侵检测

　　C. 隐藏内部网络地址　　　　　　D. 防止病毒入侵

（5）防火墙是隔离内部网络和外部网络的一类安全系统。通常防火墙中使用的技术有过滤和代理两种。路由器可以根据（　　）进行过滤，以阻挡某些非法访问。

　　A. 网卡地址　　　　　　　　　　B. IP 地址

　　C. 用户标识　　　　　　　　　　D. 加密方法

2. 填空题

（1）包过滤类型的防火墙要遵循的一条基本原则是_____。

（2）常见防火墙按照实现技术分类主要有包过滤防火墙、应用代理防火墙和_____。

（3）_____是防火墙体系的基本形态。

（4）应用层网关防火墙也就是传统的代理型防火墙。应用层网关防火墙工作在 OSI 参考模型的应用层，它的核心技术是_____。

（5）防火墙的工作模式有_____、透明桥模式和混合模式三大类。

3. 简答题

（1）简述包过滤防火墙的工作原理。

（2）简述包过滤防火墙的优点和缺点。

（3）简述应用代理防火墙的工作原理。

（4）简述双宿/多宿主机防火墙的体系结构。

（5）防火墙通常至少具有 3 个接口，当使用具有 3 个接口的防火墙时就至少产生了 3 个网络，简述这 3 个网络的特性。

4. 实践题

某公司通过 PIX 防火墙接入 Internet，网络拓扑如图 8-16 所示。

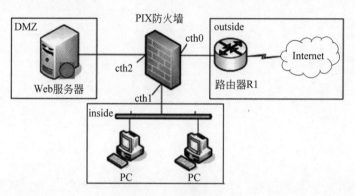

图 8-16 网络拓扑

在防火墙上利用 show 命令查询当前配置信息如下：

```
PIX# show config …
nameif eth0 outside security 0 nameif eth1 inside security 100 nameif eth2 dmz
security 40 …
fixup protocol ftp 21 (1)
fixup protocol http 80 …
ip address outside 61.144.51.42 255.255.255.248 ip address inside 192.168.0.1 255.
255.255.0 ip address dmz 10.10.0.1 255.255.255.0
    ⋮
global(outside) 1 61.144.51.46 nat(inside) 1 0.0.0.0 0.0.0.0 …
route outside 0.0.0.0 0.0.0.0 61.144.51.45 1 (2)   …
```

（1）解析（1）、（2）处语句的含义。

（2）根据配置信息填充表 8-1。

表 8-1 配置信息

域 名	接口名称	IP 地址	IP 地址掩码
inside	eth1	（3）	255.255.255.0
outside	eth0	61.144.51.42	（4）
DMZ	（5）	（6）	255.255.255.0

（3）根据所显示的配置信息，由 inside 域发往 Internet 的 IP 分组，在到达路由器 R1

时的源 IP 地址是___(7)___。

（4）如果需要在 DMZ 的服务器（IP 地址为 10.10.0.100）对 Internet 用户提供 Web 服务（对外公开 IP 地址为 61.144.51.43），补充完成下列配置命令。

```
PIX(config)#static(dmz, outside) __(8)__ __(9)__
PIX(config)#conduit permit tcp host __(10)__ eq www any
```

项目 9

project 9

操作系统安全

操作系统安全是信息安全的基础,没有操作系统安全,就不可能真正解决数据库安全、网络安全和其他应用软件的安全问题。操作系统支持的程序动态链接与数据动态交换是现代系统集成和系统扩展的必备功能,而动态链接、I/O 程序与系统服务、打补丁升级等过程都会产生安全威胁。

重点:网络操作系统安全分析、常用操作系统的安全配置。

难点:常用操作系统的安全配置和常用技术。

关键:网络操作系统安全分析、常用操作系统的安全配置和常用技术。

目标:掌握网络操作系统安全问题、常用操作系统的安全配置和常用技术,了解网络操作系统安全加固与恢复。

9.1 项目分析 操作系统的安全问题

教学视频
课程视频 9.1

【引导案例】 2018 年 5 月 10 日国家信息安全漏洞库发布漏洞通报。Windows 远程代码执行漏洞及 Excel 远程代码执行漏洞的公告。利用此漏洞,可以在目标系统上执行任意代码。Windows Server 2008 以上及 Windows 7 以上版本均受漏洞影响。目前,微软官方已经发布修复补丁。

9.1.1 操作系统的漏洞威胁

1. 操作系统的漏洞及隐患

【案例 9-1】 2018 年 1—6 月,全球加密币行业主机系统大部分被黑客入侵,损失惨重。2018 年 2 月,意大利 BitGrail 价值 1.95 亿美元的加密货币在 Nano 被盗;2018 年 6 月,韩国最大的交易所 Bithumb 超过 350 亿韩元的加密货币被窃取。

系统漏洞（system vulnerabilities）是指应用软件或操作系统软件在逻辑设计上的缺陷或错误，被不法者利用，通过网络植入木马、病毒等方式来攻击或控制整个计算机，窃取计算机中的重要资料和信息，甚至破坏系统。系统漏洞主要包括以下9种。📖

（1）系统输入验证漏洞。是指软件没有对用户提供的输入数据的合法性做适当的检查，使得攻击者能够非法进入软件系统。例如，没有正确识别输入错误、接收了无关的输入数据、无法处理空输入域、域值关联错误等都会导致系统输入验证漏洞。

（2）缓冲区溢出系统漏洞。是指当计算机向缓冲区内填充时，由于向缓冲区中录入的数据超过其规定的长度造成缓冲区溢出，破坏程序正常的堆栈，使程序执行其他命令。利用缓冲区溢出系统漏洞进行攻击，可以导致程序运行失败、系统宕机、重新启动等后果。更为严重的是，可以利用它执行非授权指令，甚至可以取得系统特权。

（3）边界条件系统漏洞。没有进行边界条件的有效性校验，致使系统产生缓冲区溢出系统漏洞。在进行读写操作时，输入的数据超出边界条件、系统资源耗尽等情况都会产生边界条件系统漏洞。

（4）访问校验系统漏洞。是由于程序的校验访问位置本身存在某些逻辑错误，导致攻击者可以不进行访问检验而直接进入系统。

（5）意外逻辑设计漏洞。是由于在系统的逻辑设计过程中对某些意外情形没有考虑周全，使系统缺少对由功能模块、设备或用户输入等造成的异常情况的正确处理功能，而导致运行出错。

（6）竞争条件漏洞。是多个进程访问同一资源时产生的时间或者序列的冲突，并利用这个冲突来对系统进行攻击，产生内存泄漏、系统崩溃、数据破坏。一个看起来无害的程序如果被恶意攻击者利用，将发生竞争条件漏洞。

（7）系统顺序化操作漏洞。是由于不正确的序列化操作而造成的错误。

（8）系统环境漏洞。是环境变量的错误或恶意设置而导致，使有问题的特权程序可以执行攻击代码。例如，在特定的环境中模块之间的交互造成错误，一个程序在特定的机器或特定的配置下出现错误，操作环境与软件设计时的假设不同造成错误等。

（9）系统配置漏洞。是由于系统和应用的配置有误而产生的。例如，访问权限配置错误、参数配置错误、系统被安装在不正确的地方或位置等。

2. 操作系统安全设置的风险

【案例9-2】 全球组织内部威胁近况。根据《2018年全球组织内部威胁成本》显示，在3269起事件中，有2081起（64%）都是由员工或承包商的疏忽导致的；而犯罪分子和内鬼造成的泄露事件则为748起（23%）。2018年6月，特斯拉指控了一名前员工Martin Tripp，称其编写了侵入特斯拉制造操作系统的软件，并将几吉字节的特斯拉数据传输给了外部实体。

对操作系统进行安全设置会避免一定的风险与威胁,但是如果设置不当,也会产生相应的威胁。包括远程管理员权限、本地管理员权限、普通用户访问权限、权限提升、远程拒绝服务、本地拒绝服务、远程非授权文件存取、服务器信息、读取受限文件权限、口令、密码管理策略设置不当所产生的威胁。

(1)远程管理员权限设置不当。可以导致无须登录到本地,而直接获得系统的管理远程权限。一般情况下,由于具有超级权限的用户,其执行的系统守护进程具有一定的可以被利用的缺陷。此类情形绝大部分来源于缓冲区溢出系统漏洞,少部分来自守护进程本身的逻辑缺陷。

(2)本地管理员权限设置不当。可以导致已有本地普通用户账号,且能够登录到系统的情况下,通过攻击本地某些有缺陷的特殊程序等手段,得到系统的管理员权限。

(3)普通用户访问权限设置不当。致使攻击者利用系统漏洞,取得系统的普通用户存取权限,对 UNIX 操作系统通常是 shell 访问权限,对 Windows 操作系统通常是 cmd. exe 的访问权限,能够以一般用户的身份执行程序,存取文件。

(4)权限提升设置不当。致使攻击者在本地通过攻击某些有缺陷的特殊程序,把自己的权限提升到某个非超级用户的水平。📖

📖知识拓展

权限提升

(5)远程拒绝服务设置不当。无须登录即可进行拒绝服务攻击,使系统或应用程序无法响应,进而死机或崩溃。

(6)本地拒绝服务设置不当。致使攻击者登录到系统后,可使系统本身或应用程序崩溃。

(7)远程非授权文件读取设置不当。致使攻击可不经授权从远程读取系统某些文件。

(8)服务器信息设置不当。导致系统的部分或全部基本信息被泄露,这些泄露的信息可以被攻击者用于进一步攻击。

(9)读取受限文件权限设置不当。导致攻击者可以利用某些漏洞,进行读取其本无权限读取的、与安全相关的文件。

(10)口令设置不当。由于采用了弱口令加密方式,导致口令的加密算法很容易被分析出来,从而使攻击者通过某种方法得到密码后还原出明文。

(11)密码管理策略设置不当。对用户密码未及时更新,长期使用的密码很容易泄露,使攻击者轻松拿到系统资源。

这些威胁和前面的漏洞类型之间有着必然的联系,一般情况下可以得到如图 9-1 所示的对应关系(只列出主要漏洞)。从图 9-1 中可以看出,安全设置的威胁与系统漏洞之间的关系并不是一对一的,而是多对多的。即一个不正确的安全设置,会导致多个系统漏洞;反过来,一个正确的安全设置,可以避免很多的系统漏洞。

9.1.2 操作系统安全的发展

1. 操作系统安全技术的发展情况

自信息安全问题出现伊始,操作系统安全技术便开始产生。发展到今天,操作系统的

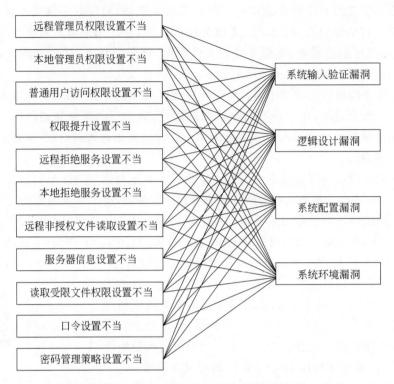

图 9-1　威胁和主要系统漏洞之间的关系图

主流安全技术包括系统自身的安全技术（物理安全技术和运行安全技术）、系统所管理信息的安全技术（数据安全技术与内容安全技术）以及系统安全对抗技术等。这里主要介绍系统自身的安全技术。

（1）物理安全技术。主要包括防范电磁泄漏系统信息的加扰处理、电磁屏蔽技术，防范随机性过程的容错、容灾、冗余备份、生存性技术和防范信号掺入的信息认证等技术。

（2）运行安全技术。主要包括支持系统评估的风险评估体系、安全测评体系，支持访问控制的漏洞扫描、安全协议、防火墙、物理隔离系统、访问控制技术、防恶意代码技术，支持入侵检测的入侵检测及预警系统、安全审计技术，支持应急相应的反制系统、容侵技术、审计与追踪技术、取证技术、动态隔离技术，用于网络攻击的 Phishing、Botnet、DDoS、木马等技术。

2. 系统安全所面临的新威胁

（1）移动互联网操作系统面临巨大的安全风险。据统计，2008 年 3 月至 2018 年 8 月，威胁安卓系统的漏洞共发现 4170 余条，而 iOS 在 2017 年就发现了 115 条漏洞。

（2）物联网终端设备的操作系统成为攻击者新的主要目标。2015 年开始，在各类世界顶级的黑帽大会和黑客大会上，智能家电、智能门锁、智能监控、智能网联汽车、机器人等物联网智能终端频繁被曝出安全漏洞。

(3) 大数据所使用的操作系统存在的安全问题与风险。大数据系统安全已成为关注焦点,内部威胁导致数据泄露形势严重,大数据系统成为新的勒索目标,安全形势日趋严峻。

3. 操作系统安全管理的主要目标

(1) 依据系统安全策略对用户的操作进行访问控制,防止用户对信息资源的非法访问(窃取、篡改和破坏)。

(2) 标识系统中的用户和进行身份鉴别。

(3) 监督系统运行时的安全性。

(4) 保证系统自身的安全性和完整性。

(5) 建立访问控制机制。包括自主访问控制、安全标记与强制访问控制、客体重用等。

(6) 建立可追究机制。包括标识与鉴别、可信路径、安全审计等。

(7) 建立连续保护机制。包括系统完整性、隐蔽通道分析、最小特权管理、可信恢复等。

☺讨论思考

(1) 网络操作系统面临的威胁有哪些?

(2) 操作系统安全管理的主要目标是什么?

9.2 任务 1 Windows 操作系统的安全

📱教学视频
课程视频 9.2

9.2.1 目标要求

本任务主要学习目标的具体要求如下。

(1) 熟悉 Windows Server 操作系统安全的相关配置。

(2) 掌握常用的 Windows Server 操作系统安全的配置。

【案例 9-3】 全球范围内爆发"蠕虫式"的勒索病毒。2017 年 5 月 12 日起,至少 150 个国家、30 万名用户中招,损失达 80 亿美元,造成严重的危机管理问题。中国部分 Windows 操作系统用户遭受感染,校园网用户首当其冲,大量实验室数据和毕业设计被锁定加密。其传播利用的是 Windows 网络共享协议的漏洞,恶意代码会扫描开放 445 端口的主机,无须用户任何操作,攻击者就能在计算机和服务器中植入勒索软件等恶意程序,并会获取系统用户名与密码进行内部网传播。

9.2.2　知识要点

Windows Server 2016 是微软公司于 2016 年 10 月正式发布的 Windows 类的服务器操作系统。该系统增强了安全控制，具有强大的身份认证机制，Windows Defender 在出厂的时已经安装好而且已启用，Windows Server 2016 还有灾难恢复、网卡容错等功能，支持拒绝服务（DoS）攻击保护，并包含包头压缩、协议块大小和流量控制等基本安全特性。

Windows Server 2016 的安全性相对有很大提高，但是其默认的安全配置不一定适合用户需要，需要根据实际情况对系统进行全面安全配置，以提高服务器的安全性。

1. 账户管理和认证授权安全配置

1）账户安全配置

（1）更改默认管理员账户。将默认管理员账户 Administrator 的名称和描述更改，并设置具有最小权限的 Administrator 的陷阱账户。📖

（2）禁用 Guest 账户。若对 Guest 账户提权，就可以在用户的计算机中为所欲为，所以在 Windows 操作系统中，Guest 账户被认为是不安全的权限账户。因此常将 Guest 账户禁用，并更改其名称和描述，然后输入一个复杂密码。

（3）禁用或删除其他无用账户。将账户安全设置完成后，需要在本地用户和组管理中查看是否有无用账户，将无用账户删除或停用。一般建议先禁用账户 3 个月，待确认没有问题后再删除。

2）口令安全配置

（1）设置合适的密码复杂度，增强密码的强度。参考设置：最短密码长度要求 8 个字符。启用本机组策略中密码必须符合复杂性要求的策略，即密码至少包含英文大写字母、英文小写字母、阿拉伯数字、非字母数字字符（如标点符号、@、#、$、%、&、* 等）4 种类别的字符中的 3 种以上。

（2）设置密码最长生存期。对于采用静态口令的设备，口令的生存期不应长于 90 天。

（3）账户锁定策略。对于采用静态口令认证技术的设备，应配置当用户连续认证失败次数超过 10 次后，锁定该用户使用的账户。📖

3）授权安全配置

在 Windows 操作系统中，关于授权的各项配置，大部分都集中在本地策略中。要对授权安全进行配置，可以通过在运行中使用 gpedit.msc 命令，或是利用管理工具打开。一般情况下对以下 5 项进行配置。

（1）远程关机权限配置。在本地安全设置中，从远端系统强制关机权限只分配给 Administrators 组。

（2）本地关机权限配置。在本地安全设置中，关闭系统权限只分配给 Administrators 组。

（3）用户权限指派。在本地安全设置中，取得文件或其他对象的所有权权限只分配给 Administrators 组。

（4）授权账户登录。在本地安全设置中，配置指定授权用户允许本地登录此计算机。

（5）授权账户从网络访问。在本地安全设置中，只允许授权账号从网络访问（包括网络共享等，但不包括终端服务）此计算机。

2. 审核策略安全配置

在 Windows 操作系统中，关于审核策略的各项配置位于本地策略中。可以通过在运行中使用 gpedit. msc 命令，或是利用管理工具打开。

（1）审核登录，设备应配置日志功能，对用户登录进行记录。记录内容包括用户登录使用的账户、登录是否成功、登录时间，以及远程登录时和用户使用的 IP 地址。

（2）日志文件大小。对于 Windows Server 2016 一般设置日志文件大小至少为 4 194 240KB，可根据磁盘空间配置日志文件大小。从安全角度考虑，记录的日志越多越好，但是从系统运行效率考虑，日志文件过大会影响系统效率，因此适当的设置日志文件大小即可。当达到最大的设置日志文件大小时，按需要轮询记录日志。

管理日志文件，可以通过单击"控制面板"，选择"管理工具"→"事件查看器"→"配置应用日志"→"系统日志"，设置安全日志属性中的日志大小，以及设置达到事件日志文件最大大小时的相应策略。

（3）建议审核项目的相关设置如下。

- 审核策略更改：成功和失败。
- 审核登录事件：成功和失败。
- 审核对象访问：失败。
- 审核目录服务访问：失败。
- 审核特权使用：失败。
- 审核系统事件：成功和失败。
- 审核账户登录事件：成功和失败。

注意：在创建审核项目时，如果审核项目太多，生成的事件也就越多，那么要想发现严重的事件也越难。当然，如果审核的项目太少也会影响发现严重的事件。用户需要根据情况在审核项目数量上做出选择。

3. IP 安全配置

Windows 操作系统中 IP 安全一般进行如下配置：启用 SYN 攻击保护，指定触发 SYN 洪泛攻击保护所必须超过的 TCP 连接请求数阈值为 5，指定处于 SYN_RCVD 状态的 TCP 连接数的阈值为 500，指定处于至少已发送一次重传的 SYN_RCVD 状态的 TCP 连接数的阈值为 400。

📖知识拓展
WINS 和 SYN 攻击

4. 文件权限的安全配置

禁用默认共享配置。Windows 在默认情况下会开启一些隐藏的共享，包括根分区或卷、系统根目录、FAX$共享、IPC$共享、PRINT$共享等。这些共享可以让任何取得管理权限的用户进入任何分区，而并不需要管理员进行主动共享文件。如果网络必须进行共享，则可以为不同用户单独设置所共享文件的不同共享权限与安全权限，如读取、修改、删除、剪切、重命名等。为保障访问安全，需要将网络访问模式设置为本地账户的共享和安全模式，并将默认验证设置的仅来宾，更改为本地用户以自己的身份验证模式，输入用户名和密码来登录。

限制 IPC$默认共享，可以通过修改注册表项来进行限定。在注册表编辑器中，在"HKEY_LOCAL_MACHINE\SYSTEM\CurrentControlSet\Services\lanman server\parame ters"项中，新建名称为 restrictanonymous、类型为 REG_DWORD 的键，将其值设为1。

⚠注意：IPC 共享服务器每启动一次都会打开，需要重新停止。

5. 服务安全配置

（1）禁用 TCP/IP 上的 NetBIOS 协议，可以关闭监听的 UDP137（netbios-ns）、UDP138（netbios-dgm）及 TCP139（netbios-ssn）端口。

可以在计算机管理中选择服务和应用程序，在服务中禁用 TCP/IP NetBIOS Helper 服务。然后要在网络连接属性中，TCP/IPv4 属性的高级选项中，选择 WINS 页签进行设置。

（2）关闭不需要的服务。对于安装 Windows Server 系列操作系统的服务器，运行的服务越多，系统的稳定性与安全性越低，对于不必要的服务，均要进行关闭。可以在运行中输入 services.msc，也可以通过图形窗口找到服务进行关闭操作。建议按照如下设置规则，关闭不需要的服务。

- Computer Browser(维护网络主机更新)：禁用。
- Error Reporting Service(发送错误报告)：禁用。
- Remote Registry(远程修改注册表)：禁用。
- Remote Desktop Help Session Manager(远程协助)：禁用。
- Distributed File System(局域网管理共享文件)：不需要禁用。
- Distributed Link Tracking Client(用于局域网更新连接信息)：不需要禁用。
- NT LM Security Support Provider(用于 TELNET 和 Microsoft Search)：不需要禁用。
- Microsoft Search(提供快速的单词搜索)：根据需要设置。
- Print Spooler(管理打印队列和打印工作)：无打印机可禁用。
- DHCP Client(DHCP 客户服务)：非动态 IP 网络中禁用。
- Background Intelligent Transfer Service(备份和传输服务)：不用自动更新时禁用。

- IP Helper（针对 IPv6 提供服务）：非 IPv6 网络禁用。
- Server（文件共享服务）：不用文件共享禁用。

6. 安全选项安全配置

（1）启用安全选项。启用安全策略的一些安全选项，可以使网络访问时，具有更高的安全性。下面列举出部分常见配置。

- 交互式登录中不显示最后的用户名：启用。
- 网络访问中不允许 SAM 账户的匿名枚举：已经启用。
- 网络访问中不允许 SAM 账户和共享的匿名枚举：启用。
- 网络访问中不允许储存网络身份验证的凭据：启用。
- 网络访问中可匿名访问的共享：内容全部删除。
- 网络访问中可匿名访问的命名管道：内容全部删除。
- 网络访问中可远程访问的注册表路径：内容全部删除。
- 网络访问中可远程访问的注册表路径和子路径：内容全部删除。
- 重命名来宾账户：这里可以更改 Guest 账号。
- 重命名系统管理员账户：这里可以更改 Administrator 账号。

（2）禁用未登录系统前关机。Windows 服务器默认是禁止在未登录系统前关机的。如果启用此设置，服务器安全性将会大大降低，给远程连接的黑客造成可乘之机，建议通过本地策略中的安全选项来禁用未登录系统前关机功能。

7. 其他安全配置

（1）防病毒管理。防病毒最简单易行的方法是使用反病毒软件。如果要想检测出最新的病毒，则必须保证自己使用的反病毒软件的病毒码得到了及时的更新。防病毒时刻都要进行，一定要有防病毒的意识，建立能够在第一时间内检测到网络异常和病毒攻击的病毒检测系统和必要的紧急响应系统，建立灾难备份系统。

（2）设置屏幕保护密码和开启时间。为了防止非法用户在主机前无人时，利用本地优势偷窥或者窃取文件或其他重要信息，一定要设置屏幕保护密码，可以杜绝其他人来操作计算机。设置从屏幕保护恢复时需要输入密码，并将屏幕保护自动开启时间设定为 3 分钟。

（3）限制远程登录空闲断开时间。特殊的公司或者企事业单位的计算机有多名维护人员，每个维护人员都分别维护不同内容，如服务器应用管理、数据资料管理、数据网络管理员等。管理员在使用远程控制功能后大多数不是通过注销来退出，而是直接单击终端控制窗口右上角的"关闭"按钮。这样就造成了有部分远程访问进程没有正常退出，而 Windows Server 远程控制一般默认只容许同时两个连接对服务器操作，造成了进程死锁，使其他管理员无法登录访问，同时也产生了安全隐患。

对于远程登录的账号，要在本地安全策略中，设置不活动时间超过 15 分钟自动断开连接。

（4）操作系统补丁管理。安装最新的操作系统 Hotfix 补丁。安装补丁时，应先对服务器系统进行兼容性测试。

　　🔊注意：对于实际业务环境服务器，建议使用通知并自动下载更新，但由管理员选择是否安装更新，而不是使用自动安装更新，防止自动更新补丁对实际业务环境产生影响。

　　随着互联网技术的快速发展和广泛应用，网络操作系统安全的重要性日益突出，已成为网络安全管理的重要内容。网络操作系统是实现主机和网络各项服务的基础，是网络系统资源统一管理的核心，其安全性主要体现在操作系统及站点所提供的安全功能和安全服务上，通过对常用操作系统进行相关配置，可解决一定的安全问题，实现安全管理和防范。

　　☺讨论思考

　　（1）口令安全配置时，密码复杂度须满足哪些策略？

　　（2）Windows 服务系统中，一般应关闭哪些不需要的服务？

9.3　任务 2　UNIX 操作系统的安全🔊

9.3.1　目标要求

本任务主要学习目标的具体要求如下。

　　（1）熟悉 UNIX 操作系统安全的相关配置。

　　（2）掌握常用的 UNIX 操作系统安全的配置。

　　【案例 9-4】　Stack Clash 漏洞事件。2018 年 3 月 25 日 0 时左右，互联网上 8291 端口出现大量扫描告警信息。下午 2 点左右，蜜罐数据显示该告警和 Hajime 有关。在 atk 模块中发现了 'Chimay Red' Stack Clash Remote Code Execution 漏洞相关攻击代码。截至 2018 年 3 月 27 日 12:36，从 darknet 中共看到 72 小时内，' Chimay Red' Stack Clash Remote Code Execution 漏洞攻陷 861 131 个扫描源 IP 地址。

9.3.2　知识要点

　　一般 UNIX 操作系统都来源于 AT&T 公司的 System V UNIX 操作系统、BSD UNIX 操作系统或其他类 UNIX 操作系统。

　　目前市场上大多数主要的商业 UNIX 操作系统都是基于 AT&T 公司的 System V UNIX，现常用的 UNIX 操作系统种类包括 AIX（IBM）、Irix、Solaris（SUN）、Tru64、Unicos 和 UNIX Ware 等。

类 UNIX 操作系统和其他 UNIX 操作系统极其相似,但其没有采用 AT&T 中的任何软件。类 UNIX 操作系统主要有 Hurd、Linux、Minix、XINU。

下面以 Solaris(SUN)操作系统为例做安全配置。

【案例 9-5】 2018 年 7 月 29 日信息安全测评中心发布高危漏洞。Oracle Sun Systems Products Suite 是美国甲骨文(Oracle)公司的一款 Sun 系统产品套件。Solaris 是其中的一个类 UNIX 操作系统。Oracle Sun Systems Products Suite 中的 Solaris 11.3 版本组件的 RAD 子组件存在安全漏洞。攻击者可利用该漏洞未授权访问、创建、删除或修改数据,影响数据的完整性和保密性。

1. OpenBoot 安全级别与设置

1) OpenBoot 安全级别

OpenBoot 提供了 3 个安全级别的设置。

(1) none。不需要任何口令。所有 OpenBoot 设置都可以修改,任何人只要物理接触到主控台,就可以完全控制。

(2) command。除了 boot 命令和 go 命令之外所有命令都需要口令。

(3) full。除了 go 命令之外所有命令都需要口令。

2) OpenBoot 安全设置

使用 eeprom security-password 命令设置 OpenBoot 口令。在 root 登录状态,使用 eeprom security-mode=command 命令改变安全级别为 command;在 OK 状态,可以使用 ok setenv security-mode=command 实现密码保护。

2. 用户账号和环境的安全配置

1) 口令管理增强策略

(1) 口令管理。通过编辑/etc/default/passwd 文件,可以强制设定最小口令长度,两次口令修改之间的最短、最长时间。另外,口令的保护还涉及对/etc/passwd 和/etc/shadow 文件的保护,必须做到只有系统管理员才能访问这两个文件。可以使用 passwd 命令及其参数来增强对用户密码的管理。

(2) 密码策略。通过编辑/etc/login.defs 文件,可以修改密码策略。可以设置密码最大有效期、用户 ID 的最小值、用户 ID 的最大值、用户密码加密方式等。

UNIX 操作系统中密码策略设置一般遵循下列原则:限制知道 root 口令的人数;使用强壮的密码;一个月或者当有人离职时就更改一次密码;使用普通用户登录,用 su 取得 root 权限,而不是以 root 身份登录;设置 umask 为 077,在需要时再改回 022;使用全路径执行命令;不要允许有非 root 用户可写的目录存在 root 的路径里;修改/etc/securetty,去除终端 ttyp0-ttyp9,使 root 只能从 console 或者使用 ssh 登录。

(3) 弱口令检测。Crack 以/etc/passwd 文件为输入,扫描文件的内容并寻找薄弱的口令。Crack 可以找出/etc/shadow 中那些容易猜测的口令,也可以执行 more /etc/

login. defs,检查是否存在 PASS_MIN_LEN 5 或 PASS_MIN_LEN 8 配置行。📖

2）root 的远程登录

如果希望 root 用户只能在某一个终端（或虚屏）上登录，就要对主控台进行指定。例如,指定 root 用户只能在主机第一屏 tty01 上登录,这样可避免从网络远程攻击超级用户 root。默认在/etc/default/login 里加上"CONSOLE＝/dev/tty01"行。

如果 root 用户可以随时在本地登录进行管理,则可以使 root 只允许从控制台登录,禁止远程登录。编辑/etc/default/login 文件,添加"CONSOLE＝/dev/console 9"禁止 root 远程 FTP 登录,并在/etc/ftpusers 里加上 root。

3）配置文件权限

每个文件都有 3 种用户权限,文件所有者、组成员、其他人员,权限分为读、写、运行,分别显示为 wrx。文件所有者有读、写、运行的权限;组成员利用 umask 反码表示。可以使用 umask 命令进行权限修改。📖

4）删除不必要的用户

首先,删除用户♯userdel dave;然后,再删除 dave 用户的主目录/home/dave。如果该用户正在连接是删不掉的,可以先停止该用户,然后再进行删除操作。

5）禁用不需要的服务

（1）禁用 FTP、TELNET 服务。TELNET 和 FTP 守护进程是从 inetd 进程启动的,inetd 的配置文件是/etc/inetd. conf,还包含其他的各种服务,基于只需要 TELNET 及 FTP 的基础服务器,可以移去这个文件,新建一个只包括以下两行的文件:

```
ftp stream tcp nowait root /usr/local/bin/tcpd /usr/local/bin/wu-ftpd
telnet stream tcp nowait root /usr/local/bin/tcpd /usr/sbin/in.telnetd
```

如果不用这两个服务,就可以将它们注释掉或者删除,这样在系统启动的时候 inetd 就不需要启动了。如果服务器不用做 FTP、TELNET 服务,可以将其禁用。

（2）禁用 rlogin、dtspcd、cmsd 服务。首先,向/etc/inetd. conf 文件中,加入以下内容:

```
100068/2-5 dgram rpc/udp wait root /usr/dt/bin/rpc.cmsd rpc.cmsd
dtspc stream tcp nowait root /usr/dt/bin/dtspcd /usr/dt/bin/dtspcd
100083/1 tli rpc/tcp wait root /usr/dt/bin/rpc.ttdbserverd rpc.ttdbserverd
```

然后,执行 inetconv 命令,将其转换成受 inetadm 管理的服务。📖

最后,接着执行以下命令,就可以禁止这些服务:

```
svcadm disable rlogin
inetadm -d svc:/network/rpc-100068_2-5/rpc_udp:default
inetadm -d svc:/network/dtspc/tcp:default
```

```
inetadm - d svc:/network/rpc-100083_1/rpc_tcp:default
```

可以用 svcadm disable svc：/network/cde-spc：default 命令关闭 dtspcd(1162/tcp)。

（3）禁用 SNMP 服务。

```
svcadm disable svc:/application/management/snmpdx:default
svcadm disable svc:/application/management/sma:default
svcadm disable svc:/application/management/seaport:default
```

（4）禁用 X Font Service、finger 服务。

```
svcadm disable svc:/application/x11/xfs:default
svcadm disable svc:/network/finger:default
```

（5）禁用 rsh 服务。rsh 在指定的远程主机上启动一个 shell，并执行用户在 rsh 命令行中指定的命令；如果用户没有给出要执行的命令，rsh 就用 rlogin 命令使用户登录到远程计算机上。📖

📖 知识拓展
rsh 和
tcpd 程序

禁用 rsh 出访服务：

```
# svcadm disable svc:/network/shell:default
```

移去/etc/hosts. equiv 和/. rhosts 以及各 home 目录下的. rhosts，并且在/etc/inetd. conf 中杀掉 r 系列服务，然后找出并重启 inetd 的进程号。

（6）取消 NFS 服务。NFS 的共享输出由/etc/dfs/dfstab 文件管理，可以删除。要将 NFS 服务器的守护进程关闭则可以重命名/etc/rc3. d/S15nfs. server。要防止一台机器成为 NFS 客户机，可以重命名文件/etc/rc2. d/S73nfs. client。当重命名这些自启动文件时，要注意不要将文件的首字母设为 S。

6）限制通过网络进入系统

tcpd 的访问控制由/etc/hosts. allow 和/etc/hosts. deny 文件控制，tcpd 先查找/etc/hosts. allow，若在此允许某几台主机进行 TELNET 或 FTP 访问，则 deny 访问就是对其他所有机器。例如，hosts. allow 文件中命令为 ALL：172. 16. 3. 0/255. 255. 255. 0，其允许 172. 16. 3. 0 网络主机上任何用户访问 TELNET 及 FTP 服务。若要拒绝其余所有人的连接，将需要将"ALL：/usr/bin/mailx -s "%d：connection attempt from %c" root@mydomain. com"语句放在/etc/hosts. deny 中，这条指令不仅拒绝了其他所有的连接，而且能够让 tcpd 一旦有不允许的连接尝试发生时发送 E-mail 给 root。若还需记录下所有的访问记录，则可以使用在/etc/syslog. conf 文件中写入"auth. auth. notice；auth. info/var/log/authlog"语句。

7）开启 SUN-DES-1 鉴别机制

Sun 公司的 RPC 协议要求每个客户端的每个请求都要发送用户识别信息（例如，普通的 UNIX 16 位用户 ID 和组 ID）。NFS 服务器在公开的端口上向所有进程提供了 RPC 接口。这种存取控制机制简单，同时也带来了安全漏洞，客户端可以在未经用户允许的情况下修改 RPC 调用，包含用户的 ID 来进行非法访问。为了关闭此漏洞，可以在

RPC 协议中选择对用户识别信息进行 DES 加密。开启 SUN-DES-1 鉴别机制的过程如下。

（1）设置 SUN-DES-1 鉴别机制启用：

```
set DisplayManager * authorize: true;
set DisplayManager._0.authName: SUN-DES-1
rm ~/.Xauthority
```

（2）增加对 localhost 的许可权限：

```
xauth local/unix:0 SUN-DES-1 unix.local@nisdomain
xauth local:0 SUN-DES-1 unix.local@nisdomain
Start X via xinit → -auth ~/.Xauthority
```

（3）把需要用户加入，并移去其他所有人：

```
xhost +user@+unix.local@nisdomain -local -localhost
```

（4）赋予用户 foo 进入主机"node"的权限：

```
xhost +foo@
```

（5）建立适当的 foo 的 xauthority：

```
xauth add node:0 SUN-DES-1 unix.node@nisdomain
```

3. 系统的启动和关闭安全配置

📖 知识拓展
S 开头
的文件

（1）更改不必要的启动文件。要检查所有在/etc/rc2.d 和/etc/rc3.d 以 S 开头的文件（并非必要的设备或者服务都可以重命名，不再以 S 开头），然后可以重新启动，从/var/adm/messages 中观察自启动的情况，并且从 ps-elf 的输出中检查。📖

（2）系统里的 Strip。在 Solaris 下，可以通过/etc/rc[S0-3].d 文件修改启动时自引导的动作，移去/etc/rc2.d 中在系统中用不到的服务。另外，建议移除/etc/init.d 中，除以下内容外的所有内容：

```
K15rrcd S05RMTMPFILES K15solved S20sysetup
S72inetsvc S99audit S21perf
S99dtlogin K25snmpd S30sysid.net S99netconfig
K50pop3 S74syslog S75cron S92rtvc-config
K60nfs.server K65nfs.client S69inet
K92volmgt README S95SUNWmd.sync
S01MOUNTFSYS S71sysid.sys S88utmpd S95rrcd
```

⚠注意：不同版本的系统上述文件不尽相同。

4. cron 和 at 的安全配置

（1）cron 配置。cron 是按时段完成周期性的计划任务。可以在/etc/default/cron 里设置"CRONLOG ＝ yes"记录 corn 的动作。daemon、bin、smtp、nuucp、listen、nobody、noaccess 这些用户不应该有执行 crontab 的权限。📖

📖知识拓展
Solaris 用户

通过 cron. deny 和 cron. allow 两个文件来禁止或允许用户拥有自己的 crontab 文件。/usr/lib/cron/cron. allow 表示谁能使用 crontab 命令。如果它是一个空文件,表明没有一个用户能安排作业。若这个文件不存在,而有另外一个文件/usr/lib/cron/cron. deny,则只有不包括在这个文件中的用户才可以使用 crontab 命令。如果它是一个空文件,表明任何用户都可安排作业。两个文件同时存在,cron. allow 优先;如果都不存在,只有超级用户可以安排作业。

（2）at 配置。at 用来完成一次性定时计划任务。daemon、bin、smtp、nuucp、listen、nobody、noaccess 这些用户不应该有执行 at 的权限。与 cron 相似,/etc/cron. d/at. allow 和/etc/cron. d/at. deny 两个文件中的配置可以设定用户是否可以运行 at 命令。

☺讨论思考

（1）Solaris 系统用户账号和环境的安全可以做哪些配置?

（2）cron 和 at 的安全配置有哪些区别? 配置中 deny 和 permit 哪个优先级高?

9.4 任务 3 Linux 操作系统的安全

9.4.1 目标要求

本任务主要学习目标的具体要求如下。

（1）熟悉 Linux 操作系统安全的相关配置。
（2）掌握常用的 Linux 操作系统安全的配置。

【案例 9-6】 2018 年 3 月底,安全公司 Gemini Advisory 偶然发现了一个来自 JokerStash 黑客集团发布的公告,宣称已出售有关 500 万张被盗信用卡和借记卡的数据。追踪结果显示因于 Saks Fifth Avenue 和 Lord＆Taylor 的系统入侵。2018 年 4 月,代表 2017 年 3 月至 2018 年 3 月黑客入侵期间在 Lord＆Taylor 商店使用支付卡消费的所有客户提起了集体诉讼。诉讼中,Beekman 称,Lord＆Taylor 未能遵守安全标准,并在用于保护其客户的财务信息和其他隐私信息的安全措施上偷工减料,而原本这些安全措施本可以防止或减轻安全漏洞所带来的影响。

9.4.2　知识要点

1. 清理系统不需要的用户和用户组

Linux 是个多用户、多任务的分时操作系统，所有要使用系统资源的用户都必须先向系统管理员申请一个账号，然后以这个账号的身份进入系统。用户的账号一方面能帮助系统管理员对使用系统的用户进行跟踪，并控制他们对系统资源的访问；另一方面也能帮助用户组织文件，并为用户提供安全性保护。每个用户账号都拥有一个唯一的用户名和用户口令。用户在登录时输入正确的用户名和口令后，才能进入系统和自己的主目录。对于无用的用户和用户组，应及时进行清理。

可删除的用户包括 adm、lp、sync、shutdown、halt、news、uucp、operator、games、gopher 等。

可删除的用户组包括 adm、lp、news、uucp、games、dip、pppusers、popusers、slipusers 等。

🔔注意：可以根据服务器的用途来决定，如果服务器用于 Web 应用，系统默认的 apache 用户和用户组无须删除；如果服务器用于数据库应用，建议删除系统默认的 apache 用户和用户组。

2. 关闭系统不需要的服务

在安装完成后，Linux 操作系统绑定了很多不需要的服务，这些服务默认都是自启动的。对于服务器，运行的服务越多，系统越不安全；运行的服务越少，系统安全性越高。因此关闭一些不需要的服务，对系统安全有很大的帮助。

具体关闭哪些服务，要根据服务器的用途而定。一般除了 HTTP、SMTP、TELNET 和 FTP 之外，其他服务都应该关闭。还有一些报告系统状态的服务，如 finger、efinger、systat 和 netstat 等，虽然对系统查错和寻找用户非常有用，但也给攻击者提供了方便。例如，攻击者可以利用 finger 服务查找用户电话、使用目录以及其他重要信息。因此，将这些服务全部关闭或部分关闭，以增强系统的安全性。下面这些服务一般情况下是不需要的，可以选择关闭：anacron、auditd、autofs、avahi-daemon、avahi-dnsconfd、bluetooth、cpuspeed、firstboot、gpm、haldaemon、hidd、ip6tables、ipsec、isdn、lpd、mcstrans、messagebus、netfs、nfs、nfslock、nscd、pcscd portmap、readahead _ early、restorecond、rpcgssd、rpcidmapd、rstatd、sendmail、setroubleshoot、yppasswdd、ypserv。

关闭服务自启动的方法：Linux 操作系统中的大部分 TCP 或 UDP 服务都是在/etc/inetd.conf 文件中设定，可以在不需要的服务前加＃注释，也可以通过 chkconfig 命令实现。例如，要关闭 bluetooth 服务，执行下面命令：

```
chkconfig--level 345 bluetooth off
```

对所有需要关闭的服务都执行上面的操作后，重启服务器即可。

```
service acpid stop   chkconfig acpid off        #停止服务,取消开机启动
service autofs stop  chkconfig autofs off       #停用自动挂载档案系统与周边装置
```

```
service bluetooth stop   chkconfig  bluetooth  off  #停用 bluetooth(蓝牙)
service cpuspeed stop   chkconfig  cpuspeed  off #停用控制 CPU 速度主要用来省电
service ip6tables stop   chkconfig ip6tables off  #禁止 IPv6
```

如果要恢复某一个服务,可以执行下面操作:

```
service acpid start   chkconfig acpid on
```

3. 禁止非 root 用户执行/etc/rc.d/init.d/下的系统命令

与 UNIX 操作系统相同,在 Linux 操作系统中也要对非 root 用户的权限做相应的设定。特别是 init.d/和 rcx.d/下的系统命令,一般是不允许非 root 用户执行的。init.d/是各种服务器和程序的二进制文件存放目录。rcx.d/是各个启动级别的执行程序连接目录,内部都是指向 init.d/的一些链接。

```
chmod -R 700 /etc/rc.d/init.d/ *
chmod -R 777 /etc/rc.d/init.d/ *                    #恢复默认设置
```

4. 限制文件的权限

(1) 特定文件加上不可更改属性。在 Linux 操作系统下锁定文件的命令是通过超级用户 root 执行 chattr 命令,可以修改 ext2、ext3、ext4 文件系统下的文件属性。与 chattr 命令对应的命令是 lsattr,后者用来查询文件属性。给指定文件加上不可更改属性,从而防止非授权用户获得权限:

```
chattr +i /etc/passwd
chattr +i /etc/shadow
chattr +i /etc/group
chattr +i /etc/gshadow
chattr +i /etc/services
lsattr /etc/passwd /etc/shadow /etc/group /etc/gshadow /etc/services
                                    #显示文件的属性
```

🖂注意:执行以上权限修改之后,就无法添加、删除用户了。如果再要添加、删除用户,需要先取消上面的设置,等用户添加、删除完成之后,再执行上面的操作。

(2) 文件权限建议分配值。不正确的权限设置直接威胁系统的安全,因此运维人员应该及时发现这些不正确的权限设置,并立刻做出修正,防患于未然。Linux 操作系统的文件目录权限按建议值进行分配。📖

📖知识拓展
Linux 操作系统
的文件目录结构

```
chattr +a .bash_history              #避免删除.bash_history 或者重定向到/dev/null
chattr +i .bash_history
chmod 700 /usr/bin          恢复  chmod 555 /usr/bin
chmod 700 /bin/ping         恢复  chmod 4755 /bin/ping
chmod 700 /usr/bin/vim      恢复  chmod 755 /usr/bin/vim
```

```
chmod 700 /bin/netstat          恢复  chmod 755 /bin/netstat
chmod 700 /usr/bin/tail         恢复  chmod 755 /usr/bin/tail
chmod 700 /usr/bin/less         恢复  chmod 755 /usr/bin/less
chmod 700 /usr/bin/head         恢复  chmod 755 /usr/bin/head
chmod 700 /bin/cat              恢复  chmod 755 /bin/cat
chmod 700 /bin/uname            恢复  chmod 755 /bin/uname
chmod 500 /bin/ps               恢复  chmod 755 /bin/ps
```

5. 禁止使用 Ctrl＋Alt＋Del 键重启系统

在 Linux 操作系统的默认设置下，同时按 Ctrl＋Alt＋Del 键，系统将自动重启，这个策略很不安全，因此要禁止使用 Ctrl＋Alt＋Del 键重启系统。

6. 关于系统更新的安全配置

由于系统与硬件的兼容性问题可能导致升级内核后服务器不能正常启动，因此没有特别的需要，建议不要随意升级内核。使用 yum update 更新系统时不升级内核，只更新软件包。

将 cp/etc/yum.conf 文件做好备份后，可以利用 vi 编辑器修改 yum 的配置文件 vi/etc/yum.conf，在文件中找到［main］，在文档最后添加 exclude＝kernel＊；也可以直接在 yum 的命令后面加上参数 yum--exclude＝kernel＊ update。查看系统版本：cat /etc/issue。查看内核版本：uname -a。

在配置好只更新软件包后，还要把系统的自动更新关闭。

7. /tmp、/var/tmp 安全设定

在 Linux 操作系统中，用来存放临时文件主要有两个目录或分区，分别是/tmp 和/var/tmp。所有用户都可读、写、执行它们，攻击者可以将病毒或者木马脚本放到临时文件的目录下进行信息收集或伪装。如果直接修改临时目录的读、写、执行权限，还可能影响系统应用程序的正常运行，因此，如果要兼顾两者，就需要对这两个目录或分区进行特殊设置。

安全设定操作过程：

```
LABEL=/tmp /tmp ext3 rw,nosuid,noexec,nodev 00
[root@server ~]#mv /var/tmp/* /tmp
[root@server ~]#ln -s  /tmp /var/tmp
[root@server ~]#dd if=/dev/zero of=/dev/tmpfs bs=1M count=10000
[root@server ~]#mke2fs -j /dev/tmpfs
[root@server ~]#cp -av /tmp /tmp.old
[root@server ~]#mount -o loop,noexec,nosuid,rw /dev/tmpfs /tmp
[root@server ~]#chmod 1 777 /tmp
[root@server ~]#mv -f /tmp.old/* /tmp/
[root@server ~]#rm -rf /tmp.old
/dev/tmpfs /tmp ext3 loop,nosuid,noexec,rw 0 0
[root@tc193 tmp]#ls -al→grep shell
```

```
- rwxr-xr-x 1 root root 22 Oct 6 14:58 shell-test.sh
[root@server ~]#pwd
/tmp
[root@tc193 tmp]#./shell-test.sh
-bash: ./shell-test.sh: Permission denied
```

8. 修改 history 命令记录

默认的 history 命令只能查看用户历史操作记录,并不能区分每个用户操作命令的时间,这对于排查问题十分不便,可以通过编辑/etc/bashrc 文件的方法(加入 4 行内容)让 history 命令自动记录所有 shell 命令的执行时间。

```
HISTFILESIZE=4000
HISTSIZE=4000
HISTTIMEFORMAT='%F %T'
export HISTTIMEFORMAT
```

9. 隐藏服务器系统信息

在默认情况下,登录 Linux 操作系统会显示该 Linux 操作系统发行版的名称、版本、内核版本、服务器的名称。为了不让这些默认的信息泄露,要删除/etc/issue 和/etc/issue.net 两个文件,或者把这两个文件改名,让它们只显示一个"login:"提示符。

☺讨论思考

(1) Linux 操作系统一般关闭哪些不必要的服务?

(2) 为什么使用 yum update 更新系统时不升级内核,只更新软件包?

9.5 知识拓展 系统的加固和恢复

9.5.1 目标要求

本任务主要学习目标的具体要求如下。

(1) 理解系统加固、恢复和数据修复的目的和内容。
(2) 掌握系统加固的流程、恢复和数据修复的方法。
(3) 了解系统加固和恢复的主要基本原则。

9.5.2 知识要点

【案例 9-7】 2017 年 7 月,公安部挂牌督办的一起快递公司泄露个人信息案——"黑客"非法入侵快递公司后台窃取客户信息牟利案件,抓获犯罪嫌疑人 13 名,缴获非法获取的公民信息300GB（近1亿条），90％完整、正确。该案件导致被窃取信息的人经常接到贷款、买房、工艺品等广告骚扰电话。

1. 系统加固概述

1）系统加固的目的

系统加固的目的是为了在深入透析系统设计过程、现行使用的系统的安全运维信息、当前已经发生的安全事件以及当前系统使用的安全策略之后，修复系统已发现的安全弱点，提出更好的系统安全防御方案，防止已知的安全隐患再次攻击系统。

2）系统加固的基本原则

（1）规范性原则。安全服务的实施必须由专业的安全服务人员依照规范的操作流程进行，对操作过程和结果要提供规范的记录，并形成完整的服务报告。

（2）连续性原则。安全服务应考虑安全的动态特性，提供定期的、连续性的安全服务，保障应用系统的长期安全；

（3）可控性原则。安全服务的工具、方法和过程要在认可的范围之内，保证对服务过程的可控性。

（4）最小影响原则。系统加固工作应尽可能小的影响系统的正常运行，不能产生系统性能明显下降、网络拥塞、服务中断的情况。

（5）保密性原则。对加固过程中获知的任何信息都不得泄露给第三方单位或个人。

3）系统加固的流程

系统加固需要用工程化的方式进行管理，必须按照下面的流程制定系统加固方案。

（1）确定加固范围。根据实际需要对所要加固的系统划定加固范围。此时，需要严密综合考虑与加固系统有关系的其他系统，确保在加固过程中不会对其产生任何不良影响。

（2）收集系统信息。对加固系统信息进行收集，包括系统的各类文档、软件、版本、人员范围、维护记录、系统日志，并与系统管理员进行交流，获得详尽的系统运行情况。

（3）系统信息分析。对收集到的状况进行分析，提出如何在加固过程中规避可能的风险。

（4）给出加固建议。根据对系统信息的分析结果，给出切合实际的加固建议，并在加固建议中详细描述加固实施过程的计划、各时间节点的安排及出现异常情况的处理方法。

（5）加固建议实施。在实际系统中实施加固之前，先在虚拟系统中加固实施，如果没有发现问题，才允许按照加固建议计划对实际系统实施加固。

（6）风险的应对措施。为防止在加固过程中出现异常状况，所有被加固的系统均应在加固操作开始前进行完整的数据备份；安全加固时间应尽量选择业务可中止的时段；加固过程中，涉及修改文件等内容时，备份源文件在同级目录中，以便回退操作；安全加固后，需重启主机，因此需要提前申请业务停机时间并进行相应的人员安排。

在执行过程中一般按照如图 9-2 所示的系统加固流程进行。

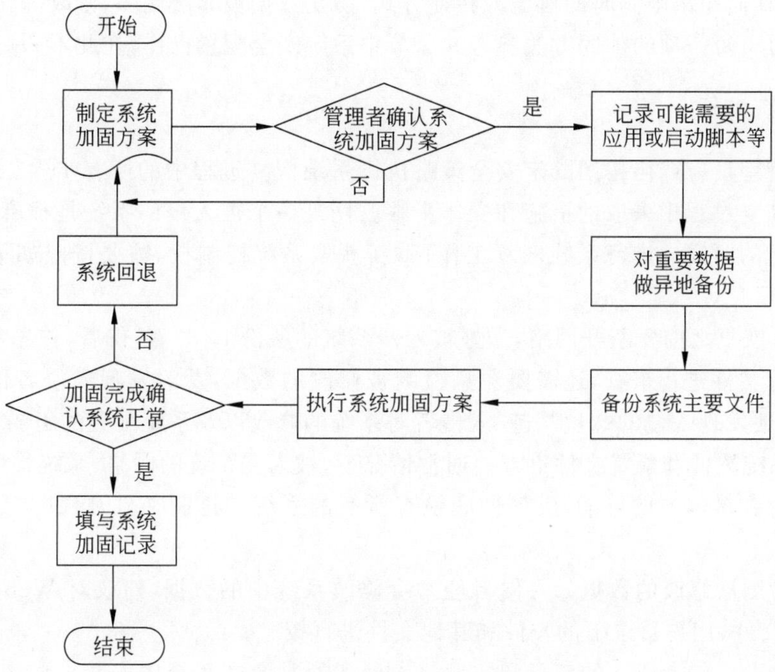

图 9-2 系统加固流程图

在确定加固完成后,如果出现被加固的系统无法正常工作,应立即恢复各项配置,待业务应用正常运行后,再协商后续加固工作的进行方式。

2. 系统加固内容

对 Windows、HP-UX、AIX、Linux 等操作系统进行加固。一般考虑以下加固内容。

(1) 账号权限加固。对操作系统用户及用户组进行权限设置,应用系统用户和系统普通用户权限的定义遵循最小权限原则。删除系统多余用户,设置应用系统用户的权限只能做与应用系统相关操作;设置普通系统用户的权限为只能执行系统日常维护的必要操作。

(2) 网络服务加固。例如,关闭系统中不安全的服务,确保操作系统只开启承载业务所必需的网络服务和网络端口。

(3) 访问控制加固。合理设置系统中重要文件的访问权限,只授予必要的用户必要的访问权限。例如,限制特权用户在控制台登录,限制能够访问本机的用户和 IP 地址。

(4) 口令策略加固。对操作系统设置口令策略和口令复杂性要求,为所有用户设置强壮的口令,禁止系统伪账号的登录。

(5) 用户鉴别加固。设置用户登录不成功的鉴别失败次数以及达到此阈值所采取的措施,设置操作系统用户交互登录失败、管理控制台自锁,设置系统超时自动注销功能。

(6) 策略加固。配置操作系统的安全功能,使系统对用户登录、系统管理行为、入侵攻击行为等重要事件进行记录,确保每个事件记录的日期和时间、事件类型、主体身份、事件的结果（成功或失败），对产生的数据分配空间存储，并制定和实施必要的备份、清理措施，设置存储超出限制时的覆盖或转存方式，防止数据被非法删除、修改等。

具体对于每一项的加固方法参考 9.2 节中系统安全配置操作，在此不一一列出。

3. 系统恢复

系统管理员应严格按照既定安全策略执行系统恢复过程中的所有步骤。需要注意：最好记录恢复过程中采取的措施和操作步骤。恢复一个被入侵的系统是很麻烦的事情，要耗费大量的时间。进行系统恢复工作，重新获取系统控制权，需要按照如下步骤及过程展开。

（1）在恢复之前要断开网络，做好被入侵系统的备份工作。备份后，首先对日志文件和系统配置文件进行审查，还需要注意检测被修改的数据，及时发现入侵者留下的工具和数据，以便发现入侵的蛛丝马迹、入侵者对系统的修改以及系统配置的脆弱性。

（2）系统软件和配置文件审查。通常情况下，被入侵系统的网络、系统程序以及共享库文件等存在被修改的可能，应该彻底检查所有的系统二进制文件，将其与原始发布版本做比较。

（3）检测被修改的数据。入侵者经常会修改系统中的数据，建议对 Web 页面文件、FTP 存档文件、用户目录下的文件和其他文件进行校验。

（4）查看入侵者留下的工具和数据。入侵者通常会在系统中安装一些工具，以便继续监视被侵入的系统。通常需要注意以下文件。

① 网络嗅探器是监视和记录网络行动的工具程序。入侵者通常会使用网络嗅探器获得在网络上以明文传输的用户名和口令。判断系统是否安装嗅探器，首先检查当前是否有进程使网络接口处于混杂模式（promiscuous mode）。

② 特洛伊木马程序能够在表面上执行某种功能，而实际上执行另外的功能。因此，入侵者可以使用特洛伊木马程序隐藏自己的行为，获得用户名和口令数据，建立系统后门，以便将来对被侵入的系统再次访问。

③ 后门程序。可隐藏在被侵入的系统，入侵者通过后门能够避开正常的系统验证，不必使用安全缺陷攻击程序就可以进入系统。

④ 安全缺陷攻击程序。系统运行存在安全缺陷的软件是其被侵入的一个主要原因。入侵者经常会使用一些针对已知安全缺陷的攻击工具，以此获得对系统的非法访问权限。这些工具通常会留在系统中，保存在一个隐蔽的目录中。

（5）审查系统日志文件。详细地审查系统日志文件，可以了解系统是如何被侵入的，入侵过程中攻击者执行了哪些操作，以及哪些远程主机访问过被入侵的主机。审查日志最基本的一条就是检查异常现象。注意：系统中的任何日志文件都可能被入侵者改动过。

对于 UNIX 操作系统，需要查看/etc/syslog.conf 文件，确定日志信息文件的位置。Windows NT 操作系统通常使用 3 个日志文件，记录所有的 Windows NT 事件，每个 Windows NT 事件都会被记录到其中的一个文件中。可以使用 Event Viewer 查看日志文件。一些 Windows NT 应用程序将日志放到其他地方，如 IIS 服务器默认的日志目录是/winnt/system32/logfiles。

（6）检查网络上的其他系统。除了已知被侵入的系统外，还应该对网络内所有的系统进行检查。主要检查和被侵入的主机共享网络服务（例如，NIX、NFS）或者通过一些机制（例如，hosts. equiv、. rhosts 文件，或者 Kerberos 服务器）和被侵入的主机相互信任的系统。建议使用 CERT（computer emergency response team，主机应急响应组）的入侵检测检查列表进行检查工作。

（7）检查涉及的或者受到威胁的远程站点。在审查日志文件、入侵程序的输出文件和系统被侵入后被修改的和新建的文件时，要注意站点可能连接到被侵入的系统的站点。

☺讨论思考

（1）对操作系统进行加固，一般考虑哪些加固内容？

（2）系统加固的目的是什么？

9.6　项目小结

操作系统的易用性和安全性是矛盾的。操作系统在设计时不可避免地要在安全性和易用性之间寻找一个最佳平衡点，这就使得操作系统在安全性方面必然存在缺陷，而这种缺陷正是恶意代码（包括病毒、特洛伊木马、蠕虫等）得以蔓延的主要原因。

本章介绍了常用操作系统安全及站点安全的相关知识。

Windows、UNIX、Linux 操作系统的安全配置是重点内容之一。同时，简要介绍了 Windows、UNIX、Linux 操作系统的安全性，以及系统的加固与恢复等。

9.7　项目实施　实验 9　Windows Server 2016 安全配置与恢复

Windows Server 2016 是微软公司的一个服务器操作系统，尽管其安全性能要比其他系统的安全性能高出很多，但为了增强系统的安全，必须对其进行安全的配置。

9.7.1　选做 1　Windows Server 2016 安全配置

1. 实验目标

（1）了解 Windows Server 2016 中安全策略配置。

（2）理解 Windows Server 2016 中策略的作用。

（3）掌握 Windows Server 2016 中 IE 浏览器的安全策略配置。

（4）掌握系统补丁的升级策略配置。

2. 实验要求

1）实验设备

本实验以 Windows Server 2016 操作系统作为实验对象，所以，需要一台主机并且安装有 Windows Server 2016 操作系统。微软公司在其网站上公布了使用 Windows Server 2016 的设备需求，基本配置如下：

（1）CPU 最低要求。1.4GHz 64 位处理器；与 x64 指令集兼容；支持 NX 和 DEP；支持 CMPXCHG16b、LAHF/SAHF 和 PrefetchW；支持二级地址转换（EPT 或 NPT）内存最低为 1GB RAM，建议为 2GB RAM 或以上。

（2）内存基本要求。512MB RAM（对于带桌面体验的服务器安装选项为 2GB RAM），ECC（纠错代码）类型或类似技术。

知识拓展
受信任的
平台模块

（3）磁盘空间的要求。可用磁盘空间最低为 32GB，建议为 100GB 以上。

（4）其他特定功能需要。基于 UEFI2.31c 的系统和支持安全启动的固件，受信任的平台模块，支持 Super VGA（1024×768 像素）或更高分辨率的图形设备和监视器。📖

2）注意事项

（1）预习准备。由于本实验内容是对 Windows Server 2016 操作系统进行安全配置，需要提前熟悉 Windows Server 2016 操作系统的相关操作。

（2）注重内容的理解。随着操作系统的不断翻新，本实验是以 Windows Server 2016 操作系统为实验对象，对于其他操作系统基本都有类似的安全配置，但配置方法或安全强度会有区别，所以需要理解其原理，做到安全配置"心中有数"。

（3）实验学时。本实验大约需要 2 学时（90～120 分钟）完成。

3. 实验内容及步骤

1）Windows 操作系统账户策略管理

（1）实验操作者以管理员身份登录系统：打开"管理工具"，运行本地安全策略；打开"本地安全设置"对话框，依次选择"账户策略"→"密码策略"→"密码长度最小值"，通过此对话框设置密码长度的最小值。

（2）选择密码必须符合复杂性要求，通过此对话框可以启用此功能。

（3）实验操作者以管理员身份登录系统：打开"管理工具"，运行本地安全策略；打开"本地安全设置"对话框，依次选择"账户策略"→"账户锁定策略"→"账户锁定阈值"。

2）Windows 操作系统文件操作管理

（1）实验操作者以管理员身份登录系统：打开"管理工具"，运行本地安全策略；打开"本地安全策略"对话框，依次选择"本地策略"→"审核策略"，然后双击"审核对象访问"，进行成功或失败设置。

（2）在硬盘上新建一个名为"测试保密.vsd"的文件，在属性中单击"安全"选项卡。

（3）单击"高级"按钮，然后单击"审核"选项卡。

（4）选择"编辑"→"添加"。在"输入要选择的对象名称"中输入 Everyone，然后单击"确定"按钮；或单击"高级"按钮，选择 Everyone。

（5）在"测试保密.vsd"的"审核项目"对话框中，选择访问的"删除"和"更改权限"。

（6）对"测试保密.vsd"的设置完成后，删除此文件。

（7）单击"开始"，在管理工具中，依次选择"计算机管理"→"事件查看器"→"Windows 日志"→"安全"，单击某个事件，查看详细信息。

3）Windows 用户账号管理

（1）打开"管理工具"，运行本地安全策略；依次选择"安全设置"→"本地策略"→"审核策略"，双击"审核账户管理"，进行成功或失败设置。

（2）在运行中，输入 cmd，在控制台下输入创建用户 mytest 和设置口令的命令。

（3）在管理工具中，打开"计算机管理"，依次选择"系统工具"→"事件查看器"→"Windows 日志"→"安全性"，可以看到相应的记录。

（4）双击"日志"，查看事件记录。

4）Windows 用户登录事件管理

（1）打开"管理工具"运行本地安全策略；依次选择"安全设置"→"本地策略"→"策略"，双击"审核账户登录事件"，进行成功或失败设置。

（2）注销当前用户，重新登录，第一次输入错误密码，第二次输入正确密码，进入系统。

（3）单击"开始"按钮，在运行中执行 eventvwr. exe；在管理工具的事件查看器中，依次选择"查看事件日志"→"Window 日志"→"安全"，双击相应的日志项目查看登录安全日志。

5）IE 浏览器安全配置策略

（1）指定 Web 站点为本地 intranet 站点、可信站点或受限站点。在 IE 浏览器的"工具"菜单上，单击"Internet 选项"，选择"安全"选项卡，然后选择将要把 Web 站点指定到的安全区域：本地 intranet 站点、可信站点或受限站点（默认情况所有站点都属于 Internet 区域）。

（2）单击"站点"按钮，输入 Web 站点地址，单击"添加"按钮。

（3）改区域的安全级别，在"安全"选项卡上选择要更改其安全级别的区域，单击"自定义级别"按钮，进行自定义设置。

（4）自动完成配置，IE 浏览器默认打开自动完成功能，在"Internet 选项"中选择"内容"选项卡，在自动完成选项中单击"设置"按钮。

（5）在弹出的"自动完成设置"窗口中单击"删除自动完成历史记录"单选按钮，也可以取消上方复选框的选择，以停用自动完成功能。

6）系统补丁自动升级配置

（1）系统属性窗口中选择 Windows update 标签页。

（2）选择"启用自动更新"→"更改设置"，指定自动更新的时间，系统会按时自动进行补丁升级。

9.7.2　选做 2　Windows Server 2016 恢复

由于配置或升级更新失败，或者多次断电，现在公司的 Windows Server 2016 服务器出现故障，需要修复。

1．实验目标

（1）了解 Windows Server 2016 中系统安全恢复的方法。

（2）掌握 Windows Server 2016 中系统恢复过程。

2．实验要求

在 9.7.1 节实验要求的基础上，需要准备 Windows 系统安装光盘、U 盘或 Windows 系统修复光盘。

3．实验内容及步骤

1）开启系统修复选项进行系统修复

如果计算机系统严重损坏，并且无法访问计算机上的"系统恢复选项"菜单，可以使用 Windows 系统安装光盘或 U 盘，或者使用之前创建好的一个系统修复光盘来访问该菜单。若没有实现建好的系统修复光盘则需要进行以下步骤。

（1）插入 Windows 系统安装光盘或 U 盘，或者插入 Windows 系统修复光盘，然后重启计算机。

（2）如果出现提示，按任意键，然后按照显示的说明进行操作。

（3）在"安装 Windows"界面上或"系统恢复选项"界面上，选择语言和其他选项。

（4）如果在"安装 Windows"界面和"系统恢复选项"界面均未出现提示，并且系统未要求按任意键，可能需要更改某些系统设置。

（5）如果使用的是 Windows 安装光盘或 U 盘，则单击"修复计算机"，选择想要修复的 Windows 安装，在"系统恢复选项"菜单上，单击某个工具将其打开。

2）利用 Windows Server Backup 进行恢复

（1）单独创建一个系统分区或是单独使用一块硬盘，用于存放用户的系统还原。

（2）在仪表板中选择"添加角色和功能"，单击"下一步"按钮；选择基于角色或功能的安装；在"选择目标服务器"界面上，从服务器池中选择服务器。下一步安装 Windows Server Backup 功能。

（3）在"功能"界面，选择 Windows Server Backup。管理工具，选择 Windows Server Backup，打开安装好的 Windows Server Backup 功能。

（4）在备份中增加联机存储备份功能。选择"本地备份"→"备份计划"或者"一次性备份"（本实验采用"一次性备份"）→"其他选项"，根据需要选择"整个服务器"或者"自定义"（本实验采用"自定义"）→"添加项目"→"需要备份的文件夹"（如 d：\back）→"高级设置"→"VSS 设置"（本实验选择"VSS 完整备份"或者"VSS 副本备份"）→"确定"→"下一步"→"本地驱动器"或者"远程共享路径"（本实验选择"本地驱动器"）→"一个磁盘分区"→"备份"，等待备份完成后单击"关闭"按钮。

（5）还原系统到还原点。打开 Windows Server Backup，恢复当前服务器，选择"备份的日期"→"文件和文件夹"→"相应文件"→"其他位置"→"恢复"，等待恢复完成，单击"关闭"按钮。

3）恢复升级过程关机，导致系统蓝屏故障

Windows Server 2016 升级过程中强制关闭了计算机，导致再次启动后蓝屏。用安装盘进入尝试修复失败，能够使用命令提示符。

（1）进入命令提示符查看错误日志，发现由注册表引起错误。

（2）利用系统自动升级前，对注册表的自动备份进行覆盖。

（3）命令行下，进入\Windows\System32\config\RegBack 目录，找到类似于 C：\Windows\SysWOW64\config\RegBack 样式的文件，并将备份文件覆盖对应\Windows\System32\config 目录下的文件。

（4）重启计算机。命令行中使用 Bootrec/RebuildBcd 命令，修复 BCD 引导。

9.8 练习与实践 9

1. 选择题

（1）（　　）是整个网络系统运行与处理的核心和关键，是支持为网络客户端提供应用服务平台的系统文件，其安全性对整个网络系统至关重要。

    A. 路由器　　　　　　　　　　　　B. 服务器

    C. 网络操作系统　　　　　　　　　D. 网络协议

（2）组策略的主要功能：账户策略的设置、（　　）、脚本的设置、用户工作环境的设置、软件的安装与删除、限制软件的运行、文件夹的重定向、限制访问可移动存储设备和其他系统设置。

    A. 审计策略设置　　　　　　　　　B. 本地策略的设置

    C. 服务策略设置　　　　　　　　　D. 用户组的设置

（3）UNIX 操作系统设置三道安全屏障，用于防止非授权访问，分别是口令认证、（　　）、文件加密。

    A. 目录权限　　　B. 用户权限　　　C. 加密算法　　　D. 文件权限

（4）设备应（　　），对用户登录进行记录。记录内容包括用户登录使用的账户、登录是否成功、登录时间以及远程登录用户使用的 IP 地址。

    A. 配置日志功能　　　　　　　　　B. 配置防火墙功能

    C. 配置服务功能　　　　　　　　　D. 配置热备份功能

（5）禁用 TCP/IP 上的 NetBIOS 协议，可以关闭监听的（　　）（netbios-ns）、UDP138（netbios-dgm）以及 TCP139（netbios-ssn）端口。

    A. UDP136　　　B. TCP136　　　C. TCP137　　　D. UDP137

（6）OpenBoot 提供了 3 个级别的设置：none、_____、full。

    A. everyone　　　B. command　　　C. user　　　D. open

（7）在 Solaris 下，可以通过对/etc/rc［S0-3］.d 文件修改启动时自引导的动作，移去（　　）在系统中用不到的服务。

    A. /etc/rc2.d　　　　　　　　　　B. /etc/syslog.conf

  C. /etc/dfs/dfstab   D. /etc/rc2[S0-3].d

  （8）对 Linux 操作系统服务器，运行的服务越＿＿＿＿＿＿，系统就越不安全；运行的服务越＿＿＿＿＿＿，系统安全性就越＿＿＿＿＿＿。因此，关闭一些不需要的服务，对系统安全有很大的帮助。

    A. 多，少，低   B. 少，多，高

    C. 少，多，低   D. 多，少，高

  （9）由于系统与硬件的兼容性问题，升级＿＿＿＿＿＿可能导致服务器不能正常启动，因此没有特别的需要，建议不要随意升级。

    A. 防火墙病毒库   B. 系统内核

    C. 硬件驱动   D. 软件应用

  （10）对 Windows、HP-UX、AIX、Linux 等操作系统和 Oracle 数据库进行加固。一般考虑以下加固内容：账号权限加固、网络服务加固、（ ）、口令策略加固、用户鉴别加固、策略加固。

    A. 防火墙加固   B. 系统内核加固

    C. 访问控制加固   D. 软件应用加固

  2. 填空题

  （1）访问控制包括 3 个要素：主体、客体和＿＿＿＿＿＿。

  （2）通过检查文件的权限模式，在文件权限的第 4 位如果不是 x，而是 s，就是一个＿＿＿＿＿＿。

  （3）UNIX 操作系统共有 4 种安全级别：高级、＿＿＿＿＿＿、一般、低级，安全性由高到低。

  （4）Linux 操作系统常见安全漏洞有＿＿＿＿＿＿、拒绝服务类漏洞、Linux 内核中的整数溢出漏洞、IP 操作地址欺骗类漏洞。

  （5）Linux 操作系统的安全设定包括＿＿＿＿＿＿、限制远程存取、隐藏重要资料、修补安全漏洞、采用安全工具以及经常性的安全检查。

  （6）Windows 安全中，更改默认管理账户安全。将默认＿＿＿＿＿＿名称和描述更改。

  （7）口令安全配置时，最短密码长度要求＿＿＿＿＿＿个字符，至少包含两种以上的可识别字符。

  （8）设置应用日志文件大小至少为 8192KB，可根据磁盘空间配置日志文件大小，记录的日志越多越好。并设置当达到最大的日志尺寸时，按需要＿＿＿＿＿＿日志。

  （9）Windows 服务器默认是禁止＿＿＿＿＿＿的。如果启用此设置，服务器安全性将会大大降低，给远程连接的黑客造成可乘之机，建议禁用该功能。

  （10）对系统实施安全加固，需要遵守下面的基本原则：规范性、连续性、＿＿＿＿＿＿、最小影响、保密性。

  3. 简答题

  （1）Windows 操作系统安全主要包括哪 6 方面？

（2）对用户进行身份验证时，根据要求不同可使用多种行业标准类型的身份验证方法，简述 4 种身份验证方法。

（3）尽管 UNIX 操作系统有比较完整的安全体系结构，但仍然存在很多安全隐患，主要因素包括哪几方面？

（4）Windows 操作系统中协议安全一般进行哪些配置？

（5）UNIX 操作系统中密码策略设置一般遵循哪些原则？

（6）简述系统加固过程及风险的应对措施。

4. 实践题

在 Windows Server 2016 中进行账户安全配置（上机完成）。

（1）该服务器仅是 Web 服务器，更改默认管理账户安全。

（2）该服务器仅是 Web 服务器，限定本服务器的不必要服务。

（3）该服务器仅是 Web 服务器，做好相应的审核策略。

数据库及数据安全

信息无处不在,数据无处不用,网络安全的核心和关键是数据(信息)安全。进入 21 世纪现代信息化社会,数据库技术已经成为信息化建设和数据资源共享的一项关键技术,是三大热门技术(网络技术、数据库技术、人工智能)之一,是各种重要业务数据处理与应用的核心技术和重要基础。数据库技术在广泛应用过程中也出现一些安全问题,必须采取有效保障措施,才能确保数据库系统运行及业务数据的安全。

重点:数据库及数据安全的相关概念及体系,数据库安全特性及措施,数据库的备份和恢复技术。

难点:数据库安全的体系结构和解决方案。

关键:数据库及数据安全的相关概念及体系,数据库安全特性及措施。

目标:了解数据库面临的威胁及隐患,掌握数据库安全的概念、体系、数据库安全特性及措施、备份和恢复技术,理解数据库的安全策略、机制和解决方案。

教学视频
课程视频 10.1

10.1 项目分析 数据库系统安全威胁

【引导案例】 2017 年 4 月,英国发薪贷款机构 Wonga 发布声明称,该公司部分客户信息可能遭到非法和未经授权的访问。数十万账户的个人数据信息泄露,曝光的信息包括客户姓名、电子邮件地址、家庭住址、电话号码、一张卡号、银行账号等。就在信息泄露事件发生后不久,黑客便窃取了特易购银行 9000 多名在线客户总计 250 万英镑的巨款。

10.1.1 数据库系统面临的安全问题

据调查,大多数企事业机构未采取有效严格的数据访问权限管理、身份认证管理、数据利用控制等措施是企业数据被盗窃的主因。整个数据库系统面临的安全问题如下。

(1)法律法规、政策、规章制度、人为及管理出现的安全问题。

(2)运行环境及可控性安全,软硬件系统或管控安全。如服务器、网络设备、策略等。

（3）数据完整性问题，以及操作系统、数据库管理系统（DBMS）的漏洞与风险等安全性问题。

（4）黑客攻击与破坏、恶意代码、非授权访问与存取、泄密或篡改等威胁。

（5）可用性及机密性安全。应用管控安全及应急处理，密码方案及密钥安全性。

（6）数据库系统本身及审查等漏洞、缺陷和隐患带来的安全性问题。

数据库系统面临的部分安全问题如图 10-1 所示。

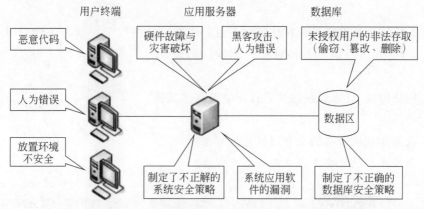

图 10-1　数据库系统面临的部分安全问题

10.1.2　数据库系统的安全隐患及缺陷

【案例 10-1】　2017 年 3 月，京东公司与腾讯公司联手协助公安部破获的一起特大窃取贩卖用户信息案，其主要犯罪嫌疑人为京东内部员工，盗取涉及交通、物流、医疗、社交、银行等个人信息 50 亿条，通过各种方式在网络黑市贩卖。管理咨询公司埃森哲等研究机构 2016 年发布的一项调查研究结果显示，其调查的 208 家企业中，69％的企业曾在过去一年内遭公司内部人员窃取或试图盗取数据。地下数据交易的暴利和企业内部管理的失序诱使企业内部人员铤而走险、监守自盗，盗取贩卖用户数据的案例屡见不鲜。

常见数据库系统的安全隐患及缺陷主要包括 8 方面。

（1）数据库应用程序的研发、管理和维护等人为疏忽。导致侵扰、越权访问、操作失误或意外数据泄露，非有意地规避安全策略等。数据库攻击源有时源于机构内部。

（2）数据库安全设置和管理忽视。不法者可利用数据库错误配置控制其访问点，绕过认证方式并访问机密信息进行非授权访问或使用，导致机密数据泄露、篡改或破坏。

（3）数据库账号、密码容易泄露和破译。容易被窃取机密信息，违法使用或销售。通过锁定数据库漏洞并密切监视对关键数据存储的访问，及时发现并阻止其攻击。

（4）操作系统后门及漏洞隐患。利用操作系统或数据库补丁漏洞发布的几小时内，黑客就可以利用其漏洞编成代码，同时企业需要几十天的补丁周期，数据库几乎完全暴露。

（5）网络诈骗。"网络钓鱼"或链接陷阱，致使中木马或上当受骗，泄露账号密码。应当通过检测减轻"网络钓鱼"攻击的影响。数据库活动监视和审计可极大降低攻击。

（6）数据库部分机制威胁网络低层安全。Web服务器通过操作系统和数据库管理系统使用数据库数据，由于应用程序经常通过网页接收客户的各种请求，如查询信息、注册、提交或修改等操作，实质上是与应用程序的后台数据库交互，留下很多安全漏洞和隐患。

（7）系统安全特性自身存在缺陷和不足。数据库系统安全特性包括数据独立性、安全性、完整性、并发控制和故障恢复。在设计和研发过程中难免存在一些安全隐患及缺陷。

（8）网络协议、计算机病毒及运行环境等其他威胁。

☺讨论思考

（1）数据库系统面临的安全问题包括哪些？

（2）数据库系统的安全隐患及缺陷有哪些？

10.2　任务1　数据库安全的概念及体系

网络数据库系统的安全不仅依赖自身内部的安全机制，还与外部网络及应用环境、业务人员素质等因素相关，数据库安全体系与防范对于应用系统的安全极为重要。

10.2.1　目标要求

本任务主要学习目标的具体要求如下。

（1）理解数据库及数据安全的相关概念。

（2）掌握数据库系统的安全体系框架及数据库安全的层次体系结构。

（3）理解可信DBMS体系结构和数据库的安全防护。

10.2.2　知识要点

1. 数据库及数据安全相关概念

数据安全（data security）是指以保护措施保障数据的机密性、完整性、可用性、可控性和可审查性5个重要安全属性，防止数据被非授权访问、泄露、更改、破坏和控制。

数据库系统安全（database system security）是指对数据库系统（具有数据处理功能的应用系统）采取的安全保护措施，防止数据库系统和其中的数据及文件遭到破坏、更改和泄露。

数据库安全(database security)是指采取各种安全措施对数据库系统及其相关文件和数据进行保护。数据库安全的主要目标是数据库系统安全和数据安全,数据库安全的核心和关键是其数据安全。由于数据库存储着大量的重要信息和机密数据,而且在数据库系统中大量数据集中存放,供多用户共享,因此,必须加强对数据库访问的控制和数据安全防护。

2. 数据库系统的安全体系框架

数据库系统的安全体系框架划分为 3 个层次:网络系统层、宿主操作系统层和数据库管理系统层,一起构成数据库系统的安全体系。

1)网络系统层

网络系统是数据库应用的重要基础和外部环境,数据库系统能发挥其强大作用离不开网络系统的支持,如数据库系统的异地用户、分布式用户也要通过网络才能访问数据库。

攻击事件基本都是从入侵网络系统开始的。所以,网络系统的安全成为数据库安全的第一道屏障,计算机网络系统的开放式环境面临许多安全威胁,主要包括欺骗、重发或重放、报文修改或篡改、拒绝服务、陷阱门或后门、病毒和攻击等。因此,必须采取有效的措施。技术上,网络系统层的安全防范技术有多种,包括防火墙、入侵检测、协作式入侵检测技术等。

2)宿主操作系统层

网络系统是大型数据库系统的运行平台,为数据库系统提供一定的安全保护。但是,主流操作系统平台安全级别较低,为 C1 或 C2 级,在维护宿主操作系统安全方面提供相关安全技术进行防御,包括操作系统安全策略、安全管理策略、数据安全等方面。

(1)操作系统安全策略。主要用于配置本地计算机的安全设置,包括密码策略、账户锁定策略、审核策略、IP 安全策略、用户权利指派、加密数据的恢复代理以及其他安全选项。

(2)安全管理策略。是指网络管理员对系统实施安全管理所采取的方法及措施。针对不同的操作系统、网络环境所采取的策略不同,但是,其核心是保证服务器的安全和分配好各类用户的权限。

(3)数据安全。主要体现在数据加密技术、数据备份、数据存储安全、数据传输安全等。可采用的技术包括 Kerberos 认证、IPSec、SSL、TLS、VPN 等。

3)数据库管理系统层

数据库系统的安全性基本依赖于 DBMS。现在,关系数据库为主流数据库,而且,DBMS 的弱安全性功能导致数据库系统的安全性存在一定风险和威胁。黑客可利用操作系统的漏洞攻击、伪造、篡改文件。DBMS 可对数据库文件进行加密处理保障数据安全。实际上,可在如下 3 个层次对数据进行加密。

(1)操作系统层加密。操作系统作为数据库系统的运行平台管理数据库的各种文件,并可通过加密系统对数据库文件进行加密操作。由于此层无法辨认数据库文件中的数据关系,使密钥难以进行管理和使用,因此,对于大型数据库在操作系统层无法实现对数据库文件的加密。

（2）DBMS内核层加密。主要是指数据在物理存取之前完成加/解密工作。其加密功能的优点是加密功能强且基本不影响DBMS的功能,可实现加密功能与DBMS之间的无缝耦合。其缺点是加密运算在服务器端进行,加重了其负载,且DBMS和加密器之间的接口需要DBMS开发商的支持。

（3）DBMS外层加密。在实际应用中,可将数据库加密系统做成DBMS的一个外层工具,根据加密要求自动完成对数据库数据的加/解密处理。

3. 数据库安全的层次体系结构

数据库安全的层次体系结构包括5个层次,如图10-2所示。

（1）物理层。计算机网络系统的最外层最容易受到攻击和破坏,主要侧重保护计算机网络系统、网络链路及其网络结点等物理（实体）安全。

（2）网络层。由于所有网络数据库系统都允许通过网络进行远程访问,网络层安全性和物理层安全性一样极为重要。

（3）操作系统层。操作系统在数据库系统中与DBMS交互并协助控制管理数据库。操作系统安全漏洞和隐患将成为对数据库进行攻击和非授权访问的手段。

（4）数据库系统层。主要包括DBMS和各种业务数据库等,数据库存储着重要程度

| 应用层 |
| 数据库系统层 |
| 操作系统层 |
| 网络层 |
| 物理层 |

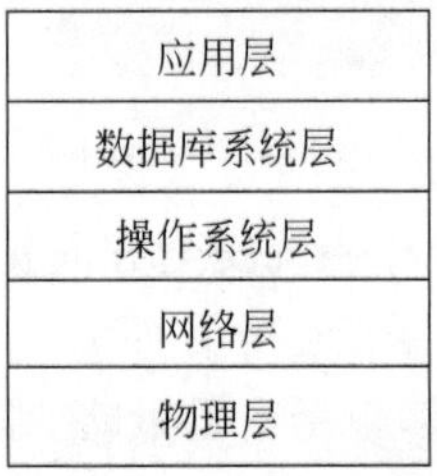

图 10-2 数据库安全的
层次体系结构

及敏感程度不同的各种业务数据,并通过网络为不同授权用户所共享,数据库系统必须采取授权限制、身份认证访问控制、加密和审计等安全措施。

（5）应用层。也称为用户层,主要侧重用户权限管理、身份认证和各种应用的安全等,重点防范非授权用户以各种方式对数据库及数据的攻击和非法访问,也包括各种越权访问等。

⚠注意:为了确保数据库系统的安全,必须在各层次上采取切实可行的安全性保护措施。若较低层次上安全性存在缺陷,则严格的高层安全性措施也可能被绕过而出现安全问题。

* 4. 可信DBMS体系结构

可信DBMS体系结构分为两类:TCB子集DBMS体系结构和可信主体DBMS体系结构。

（1）TCB子集DBMS体系结构。可信计算基（trusted computing base,TCB）是指计算机内保护装置的总体,包括硬件、固件、软件和负责执行安全策略的组合体。利用位于DBMS外部的TCB,如可信操作系统或可信网络,执行安全机制的TCB子集DBMS及对数据库客体的强制访问控制。该体系将多级数据库客体按安全属性分解为单级片段（属性相同的数据库客体属同一片段）,分别进行物理隔离存入操作系统客体中。每操作系统客体的安全属性就是存储其中的数据库客体的安全属性。之后,TCB可对此隔离的

单级客体实施强制存取控制（MAC）。

该体系的最简单方案是将多级数据库分解为单级元素，安全属性相同的元素存在一个单级操作系统客体中。使用时，先初始化一个运行于用户安全级的 DBMS 进程，通过操作系统实施的强制访问控制策略，DBMS 仅访问不超过该级别的客体。之后，DBMS 从同一个关系中将元素连接起来，重构成多级元组，返回给用户，如图 10-3 所示。

（2）可信主体 DBMS 体系结构。执行强制访问控制，按逻辑结构分解多级数据库，并存储在几个单级操作系统客体中。而每个单级操作系统客体中可同时存储多种级别的数据库客体，并与其中最高级别数据库客体的敏感性级别相同。该体系结构的一种简单方案如图 10-4 所示，DBMS 软件仍在可信操作系统上运行，所有对数据库的访问都须经由可信主体 DBMS。

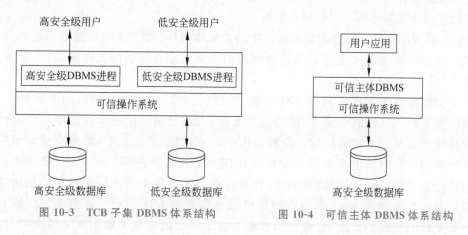

图 10-3　TCB 子集 DBMS 体系结构　　　图 10-4　可信主体 DBMS 体系结构

·5. 数据库的安全防护

网络数据库的主要结构为多级、互连和安全级别差异，其安全性不仅关系到数据库之间的安全，而且关系到一个数据库中多级功能的安全性。应侧重考虑两个层面：一是外围层的安全，即操作系统、传输数据的网络、Web 服务器以及应用服务器的安全；二是数据库核心层的安全，即数据库本身的安全。

1）外围层安全防护

外围层的安全主要包括计算机系统安全和网络安全。最主要的威胁来自本机或网络的人为攻击。具体包括以下 4 方面。

（1）操作系统安全。操作系统是大型数据库系统的运行平台，为数据库系统提供运行支撑性安全保护。目前操作系统平台大多数是 Windows Server 和 UNIX。主要安全技术有操作系统安全策略、安全管理策略、数据安全等方面，具体参见前面的相关介绍。

（2）服务器及应用服务器安全。在分层体系结构中，Web 数据库系统的业务逻辑集中在网络服务器或应用服务器上，客户端的访问请求、身份认证，特别是数据首先反馈到服务器，所以需要对其中的数据进行安全防护，防止假冒用户和服务器的数据失窃等。可以采用安全的技术手段，如防火墙技术、防病毒技术等，保证服务器安全，确保服务器免受病毒等非法入侵。

（3）传输安全。传输安全是保护网络数据库系统内传输的数据安全。可采用 VPN 技术构建网络数据库系统的虚拟专用网，保证网络路由的接入安全及信息的传输安全。同时对传输的数据可以采用加密的方法防止泄露或破坏，根据实际需求可考虑 3 种加密策略：链路加密用于保护网络结点之间的链路安全；端点加密用于对源端用户到目的端用户的数据提供保护；结点加密用于对源结点到目的结点之间的传输链路提供保护。

（4）数据库管理系统安全。其他各章介绍的一些网络安全防范技术和措施同样适用。

2）核心层的安全防护

数据库和数据安全是网络数据库系统的关键。非网络数据库的安全保护措施同样也适用于网络数据库核心层的安全防护。

（1）数据库加密。网络数据库系统中的数据加密是数据库安全的核心问题。为了防止利用网络协议、操作系统漏洞绕过数据库的安全机制直接访问数据库文件，必须对其文件进行加密。

数据库加密不同于一般的文件加密，传统的加密以报文为单位，网络通信发送和接收的都是同一连续的位流，传输的信息无论长短，密钥匹配连续且顺序对应，传输信息的长度不受密钥长度的限制。在数据库中，一般记录长度较短，数据存储时间较长，相应地密钥保存时间也依数据生命周期而定。若在库内使用同一密钥，则保密性差；若不同记录使用不同密钥，则密钥多，管理复杂。不可简单采用一般通用的加密技术，而应针对数据库的特点，选取相应的加密及密钥管理方法。对于数据库中数据，操作时主要是针对数据的传输，这种使用方法决定了不可能以整个数据库文件为单位进行加密。符合检索条件的记录只是数据库文件中随机的一段，通常的加密方法无法从中间开始解密。

（2）数据分级控制。依据数据库安全性要求和存储数据的重要程度，应对不同安全要求的数据实行一定的级别控制。如为每一个数据对象都赋予一定的密级：公开级、秘密级、机密级、绝密级。对于不同权限的用户，系统也定义相应的级别并加以控制。由此，可通过 DBMS 建立视图，管理员也可根据查询数据的逻辑归纳，并将其查询权限授予指定用户。此种数据分类的操作单位为授权矩阵表中的一条记录的某个字段形式。数据分级作为一种简单的控制方法，其优点是数据库系统能执行"信息流控制"，可避免非法的信息流动。

（3）数据库的备份与恢复。数据库一旦遭受破坏，数据库的备份则是最后一道保障。建立严格的数据备份与恢复管理是保障网络数据库系统安全的有效手段。数据备份不仅要保证备份数据的完整性，而且要建立详细的备份数据档案。系统恢复时使用不完整或日期不正确的备份数据都会影响系统数据库的完整性，导致严重后果。

（4）网络数据库的容灾系统设计。容灾就是为恢复数字资源和计算机系统所提供的技术和设备上的保证机制，其主要手段是建立异地容灾中心。异地容灾中心一是保证受援中心数字资源的完整性，二是在完整数据基础上的系统恢复，数据备份是基础，如完全备份、增量备份或差异备份。对于数据量比较小，重要性较小的一些资料文档性质的数据资源,可采取单点容灾的模式,主要是利用冗余硬件设备保护该网络环境内的某个服务器或网络设备,以避免出现该点数据失效。另外,可选择互联网数据中心(Internet Data Center,IDC)数据托管服务来保障数据安全。如果要求容灾系统具有与主处理中心相当的原始数据采集能力和相应的预处理能力,则需要构建应用级容灾中心。此系统在发生灾难、主中心瘫痪时,不仅可保证数据安全,且可保持系统正常运行。

☺讨论思考

(1) 数据安全及数据库安全的概念是什么?

(2) 数据库安全的层次体系结构包括哪几个层次?

(3) 数据库的安全防护技术主要包括哪些方面?

10.3 任务2 数据库的安全特性和措施

教学视频
课程视频 10.3

10.3.1 目标要求

本任务主要学习目标的具体要求如下。

(1) 理解数据库的安全特性及安全性措施。

(2) 掌握常用数据库及数据的完整性。

(3) 理解数据库的安全策略和机制。

(4) 掌握数据库备份与恢复的常用方法。

10.3.2 知识要点

1. 数据库的安全特性

数据库的安全特性主要包括数据库及数据的独立性、安全性、完整性、并发控制、故障恢复等几方面。其中,数据独立性包括物理独立性和逻辑独立性。物理独立性是指用户的应用程序与存储在数据库中的数据是相互独立的。逻辑独立性是指用户的应用程序与数据库逻辑结构相互独立。两种数据独立性都由 DBMS 实现。数据库安全的核心和关键是数据安全,网络安全的最终目标是实现网络数据(信息)安全的属性特征(保密性、完整性、可用性、可靠性和可审查性)。其中,保密性、完整性、可用性是数据安全的基本要求。

1) 保密性

数据的保密性是指不允许未经授权或越权的用户存取或访问数据。可利用对用户标识与鉴别、存取控制、数据库与数据加密、审计、备份与恢复、推理控制等措施实施。

(1) 用户标识与鉴别。由于数据库用户的安全等级不同,因此需要分配不同的权限,数据库系统必须建立严格的用户认证机制。用户标识和鉴别是 DBMS 对访问者授权的前提，且通过审计机制使 DBMS 保留追究用户行为责任的能力。

（2）存取控制。主要确保用户只能在授权情况下进行对数据库的操作。

（3）数据库与数据加密。数据库以文件形式通过操作系统进行管理，黑客可以直接利用操作系统的漏洞窥视、窃取或篡改数据库文件，因此，数据库的保密不仅包括在传输过程中采用加密和访问控制，而且包括对存储敏感数据进行加密。

数据库加密技术的功能和特性主要有 6 个：身份认证、通信加密与完整性保护、数据库中数据存储的加密与完整性保护、数据库加密设置、多级密钥管理模式和安全备份（即系统提供数据库明文备份功能和密钥备份功能）。

对数据进行加密主要有 3 种方式，即系统中加密、服务器端（DBMS 内核层）加密、客户端（DBMS 外层）加密。

（4）审计。审计是监视和记录用户对数据库所施加的各种操作的机制。审计系统记录用户对数据库的所有操作，并且存入审计日志。事后可利用这些信息重现导致数据库现有状况的一系列事件，提供分析攻击者线索的依据。

DBMS 的审计主要分为 4 种：语句审计、特权审计、模式对象审计和资源审计。语句审计是指监视一个或者多个特定用户或者所有用户提交的 SQL 语句；特权审计是指监视一个或者多个特定用户或者所有用户使用的系统特权；模式对象审计是指监视一个模式中在一个或多个对象上发生的行为；资源审计是指监视分配给每个用户的系统资源。

（5）备份与恢复。为了防止意外事故，不仅需要及时进行数据备份，而且当系统发生故障后可利用数据备份快速恢复，并保持数据的完整性和一致性。

（6）推理控制。数据库安全中的推理是指用户根据低密级的数据和模式的完整性约束推导出高密级的数据，造成未经授权的信息泄密，其推理路径称为"推理通道"。

2）完整性

数据的完整性主要包括物理完整性和逻辑完整性。

（1）物理完整性。是指保证数据库中的数据不受物理故障（如硬件故障或断电等）的影响，并有可能在灾难性毁坏时重建和恢复数据库。

（2）逻辑完整性。是指对数据库逻辑结构的保护，包括数据语义与操作完整性。前者主要指数据存取在逻辑上满足完整性约束，后者主要指在并发事务处理过程中保证数据的逻辑一致性。

3）可用性

数据的可用性是指在授权用户对数据库中数据正常操作的同时，保证系统的运行效率，并提供用户友好的人机交互。

⚠️注意：在实际应用中，有时数据的保密性和可用性之间存在一定的冲突。对数据库加密必然会带来数据存储与索引、密钥分配和管理等一系列问题，同时加密也会极大地降低数据库的访问与运行效率。

一般情况下，操作系统中的对象是文件，而数据库支持的应用要求更为精细。通常比较完整的数据库对数据安全性采取以下措施。

（1）将数据库中需要保护的部分与其他部分进行隔离。

（2）采用授权规则，如账户、口令和权限控制等访问控制方法。

（3）对数据进行加密后存储于数据库中。

对于可控性与可审查性与 1.1 节中网络信息安全 5 大要素完全一致。

2. 数据库的安全性措施

数据库常用 3 种安全性措施：用户的身份认证管理、数据库的使用权限管理和对象的使用权限管理。要保障 Web 数据库的安全运行，可以从以下几方面入手，构建一整套数据库系统安全访问控制模式，如图 10-5 所示。

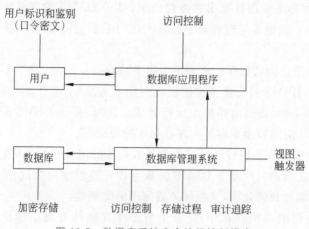

图 10-5　数据库系统安全访问控制模式

1）身份认证

身份认证是在网络系统中确认操作用户身份的过程，包括用户与主机之间的认证和主机与主机之间的认证。用户与主机之间的认证可以基于如下一个或几个因素进行：用户所知道的物件或信息，如口令、密码、证件、智能卡（如信用卡）等；用户所具有的生物特征，如指纹、声音、视网膜、签字、笔迹等。身份认证管理是对此相关方面的管理。

2）权限管理

权限管理主要体现在授权和角色管理。

（1）授权。DBMS 提供了功能强大的授权机制，可给用户授予各种不同对象（表、视图、存储过程等）的不同使用权限（如查询、增加、删除、修改等）。

（2）角色。是被命名的一组与数据库操作相关的权限，即一组相关权限的集合。可为一组相同权限的用户创建一个角色。使用角色管理数据库权限，可简化授权的过程。

3）视图访问

视图提供了访问数据的简便方法，在授予用户对特定视图的访问权限时，该权限只用于在该视图中定义的数据项，而不用于视图对应的完整基本表。

4）审计管理

审计是记录、审查数据库操作和事件的过程。审计记录记载用户所用的系统权限、频率、登录的用户数、会话平均持续时间、操作命令，以及其他有关操作和事件。通过审计功能可将用户对数据库的所有操作自动记录下来，并存入审计日志。

3. 数据库及数据的完整性

在各种网络和企事业机构业务数据操作过程中,对数据库中的各种数据进行统一组织与管理时,必须要求满足数据库及数据的完整性。

1) 数据库完整性

数据库完整性(database integrity)是指数据库中数据的正确性和相容性。实际上以各种完整性约束为保证,数据库完整性设计实际上是数据库完整性约束的设计。可以通过 DBMS 或应用程序来实现数据库完整性约束,基于 DBMS 的完整性约束以模式的一部分存入数据库中。数据库完整性对于数据库应用系统至关重要,其主要作用体现在以下 4 方面。

(1) 防止合法用户向数据库中添加不合语义的数据。

(2) 利用基于 DBMS 的完整性控制机制实现业务规则,易于定义和理解,而且可以降低应用程序的复杂性,提高应用程序运行效率。同时,基于 DBMS 的完整性控制机制是集中管理,因此比应用程序更容易实现数据库的完整性。

(3) 合理的数据库完整性设计可协调兼顾数据库的完整性和系统效能。如加载大量数据时,只在加载之前临时使基于 DBMS 的数据库完整性约束失效,完成加载后再使其生效,既不影响数据加载的效率,又能保证数据库的完整性。

(4) 在应用软件的功能测试中,完善的数据库完整性有助于尽早发现应用软件的错误。

数据库完整性约束可分为 6 类:列级静态约束、元组级静态约束、关系级静态约束、列级动态约束、元组级动态约束、关系级动态约束。动态约束通常由应用软件实现,不同DBMS 支持的数据库完整性基本相同。

2) 数据完整性

数据完整性(data integrity)是指数据的正确性、有效性和一致性。其中,正确性是指数据的输入值与数据表对应域的类型一样,有效性是指数据库中的理论数值满足现实应用中对该数值段的约束,一致性是指不同用户使用的同一数据是一样的。数据完整性可防止数据库中存在不符合语义规定的数据,并防止因错误信息的输入输出造成无效操作或产生错误。数据库中存储的所有数据都需要处于正确的状态,如果数据库中存有不正确的数据值,则称该数据库已丧失数据完整性。

数据完整性分类有以下 4 种。

(1) 实体完整性(entity integrity)。规定数据表的每一行在表中是唯一的实体。如表中定义的 UNIQUE PRIMARYKEY 和 IDENTITY 约束是实体完整性的体现。

(2) 域完整性(domain integrity)。指数据库表中的列必须满足某种特定的数据类型或约束。其中,约束又包括取值范围、精度等规定。如表中的 CHECK、FOREIGN KEY约束和 DEFAULT、NOT NULL 等要求都属于域完整性的范畴。

(3) 参照完整性(referential integrity)。指任何两表的主关键字和外关键字的数据要对应一致,以确保表之间数据的一致性,防止数据丢失或造成混乱。主要作用:禁止在从表中插入包含主表中不存在的关键字的数据行;禁止导致从表中的相应值对孤立的主表中的外关键字值的改变;禁止删除在从表中的有对应记录的主表记录。

(4) 用户定义完整性(user-defined integrity)。是针对某个特定关系数据库的约束条件,它反映某一具体应用所涉及的数据必须满足的语义要求。SQL Server 提供了定义和检验这类完整性的机制,以便用统一的系统方法进行处理,而不是用应用程序承担此功能。其他的完整性类型都支持用户定义的完整性。

4. 数据库的并发控制

1) 并行操作与数据的不一致性

【案例 10-2】 在飞机票售票中,有两个订票网站(T_1,T_2)对某航线(A)的机票做事务处理,操作过程如表 10-1 所示。

表 10-1 售票操作对数据库的修改内容

数据库中 A 的值	T_1 操作	T_2 操作	T_1 工作区中 A 的值	T_2 工作区中 A 的值
1	read A		1	
1		read A	1	1
1	A:=A-1		0	1
1		A:=A-1	0	0
0	write A		0	
0		write A		0

首先 T_1 读 A,然后 T_2 也读 A。接着 T_1 将其工作区中的 A 减 1,T_2 也同样,都得 0 值,最后分别将 0 值写回数据库。在这过程中无任何非法操作,实际上却多卖出一张机票。

这种情况称为数据的不一致性,主要原因是并行操作而致,是由于处理程序工作区中的数据与数据库中的数据不一致而造成的。如果处理程序不对数据库中的数据进行修改,则不会造成不一致。另外,如果没有并行操作发生,则这种临时的不一致也不会出现问题。

数据不一致性分类有以下 4 种。

(1) 丢失或覆盖更新。当两个或多个事务选择同一数据,并且基于最初选定的值更新该数据时,会发生丢失更新问题。每个事务都不知道其他事务的存在。最后的更新将重写由其他事务所做的更新,这将导致数据丢失。如上述飞机票售票问题。

(2) 不可重复读。在一个事务范围内,两个相同查询将返回不同数据,这是由于查询注意到其他提交事务的修改而引起。如一个事务重新读取前面读取过的数据,发现该数据已经被另一个已提交的事务修改过,即事务 T_1 读取某一数据后,事务 T_2 对其做了修改(没及时保存更新),当事务 T_1 再次读此数据时,会得到与第一次不同的值。

（3）读脏数据。指一个事务读取另一个未提交的并行事务所写的数据。当第二个事务选择其他事务正在更新行时，会发生未确认的相关性问题。第二个事务正在读取的数据还没有确认并可能由更新此行的事务所更改，即若事务 T_2 读取事务 T_1 正在修改的一个值（A），此后 T_1 由于某种原因撤销对该值的修改，就会造成 T_2 读取的值是脏的。

（4）破坏性的数据定义语言（DDL）操作。当一个用户修改一个表的数据时，另一个用户同时更改或删除该表。

2）并发控制及事务

数据库属于共享资源，可供多个用户同时使用，可为多个用户或多个应用程序提供共享数据资源的机制。为了有效地利用数据库资源，能使多个程序或一个程序的多个进程并行运行，即数据库的并行操作。在多用户的数据库环境中，多个用户程序可并行地存取数据库，需要进行并发控制，保证数据一致性和完整性。

并发事件（concurrent events）是指在多个用户同时操作共享数据资源时，出现多个用户同时存取数据的事件。对并发事件的有效控制称为**并发控制**（concurrent control）。并发控制是确保及时纠正由并发操作导致错误的一种机制，是当多个用户同时更新运行时，用于保护数据库完整性的各种技术。控制不当可能导致读脏数据、不可重复读等问题。其目的是保证某个用户的操作不会对其他用户的操作产生不合理的影响。

事务（transaction）是数据库处理并发控制的基本单位，是用户定义的一组操作序列。它是数据库的逻辑工作单位，一个事务可以是一条（或一组）SQL 语句。事务的开始或结束都可以由用户显式控制，若用户没有显式地定义事务，则由数据库系统按默认规定自动划分事务。对事物的操作实行"要么都做，要么都不做"原则，将事物作为一个不可分割的工作单位。通过事务，SQL Server 能将逻辑相关的一组操作绑定在一起，以便服务器保持数据的完整性。

事务通常是以 BEGIN TRANSACTION 开始，以提交 COMMIT 或回滚（退回）ROLLBACK 结束。其中，COMMIT 表示提交事务所做的操作，将事务中所有的操作写到物理数据库中以后正常结束。ROLLBACK 表示回滚，当事务运行过程中发生故障时，系统将事务中所有完成的操作全部撤销，退回到原有状态。**事务属性**（ACID 特性）包括以下 4 种。

（1）原子性（atomicity）。保证事务包含的一组操作不可再分，即这些操作是一个整体，"要么都做，要么都不做"。

（2）一致性（consistency）。事务从一个一致状态转变到另一个一致状态。如转账操作中，各账户金额必须平衡，由此可见，一致性与原子性密切相关。

（3）隔离性（isolation）。指一个事务的执行不能被其他事务干扰。即一个事务的操作及使用的数据对并发的其他事务是互相独立、互不影响的。

（4）持久性（durability）。一旦事务提交，保证对数据库所做的操作是不变的，即使发生故障也不会对其有任何影响。

3）并发控制的具体措施

数据库管理系统对并发控制的任务是确保多个事务同时存取同一数据时，保持事务的隔离性与一致性和数据库的一致性,常用方法是对数据进行封锁。

封锁(locking)是事务 T 在对某个数据对象(如表、记录等)操作之前,先向系统发出请求,对其加锁。加锁后事务 T 就对该数据对象有了一定的控制,在事务 T 释放该锁之前,其他事务不可更新此数据对象。封锁是实现并发控制的一项重要技术,一般在多用户数据库中采用某些数据封锁以解决并发操作中的数据一致性和完整性问题。封锁是防止存取同一资源的用户之间破坏性干扰的机制,以保证随时都可以有多个正在运行的事务,而所有事务都在相互完全隔离的环境中运行。

常用的封锁有两种:X 锁(也称为排他锁或写锁)和 S 锁(也称为共享锁或只读锁)。X 锁禁止资源共享,如果事务以排他方式封锁资源,仅仅该事务可更改该资源,直至释放排他性。S 锁允许相关资源共享,多个用户可同时读同一数据,几个事务可在同一共享资源上再加 S 锁。S 锁比 X 锁具有更高的数据并行性。

△注意:在多用户系统中使用封锁后可能出现死锁情况,引起一些事务难以正常工作。当多个用户彼此等待所封锁数据时可能就出现死锁现象。

4) 故障恢复

由数据库管理系统提供的机制和多种方法可以及时发现故障和修复故障,从而防止数据被破坏。数据库管理系统可以尽快恢复数据库系统运行时出现的故障,可能是物理上的或逻辑上的错误,如对系统的误操作造成的数据错误等。

5. 数据库的安全策略和机制

数据库的安全策略和机制对于数据库及数据的安全管理和应用极为重要,SQL Server 2019 提供了强大的安全机制,可有效地保障数据库及数据的安全。

1) SQL Server 的安全策略

数据库管理员(DBA)一项最重要的任务是保证其业务数据的安全,可以利用 SQL Server 2019 对大量庞杂的业务数据进行高效管理和控制。SQL Server 2019 提供了强大的安全机制保证数据库及数据的安全。其安全性包括 3 方面,即管理规章制度方面的安全性、数据库服务器实体(物理)方面的安全性和数据库服务器逻辑方面的安全性。

SQL 服务器安全配置涉及用户账号及密码、审计系统、优先级模型和控制数据库目录的特别许可、内置式命令、脚本和编程语言、网络协议、补丁和服务包、数据库管理实用程序和开发工具。在设计数据库时,应考虑其安全机制,在安装时更要注意系统安全设置。

△注意:在 Web 环境下,除了对 SQL Server 的文件系统、账号、密码等进行规划以外,还应注意数据库端和应用系统的开发安全策略,最大限度地保证在互联网环境下的数据库安全。

2) SQL Server 的安全机制

SQL Server 具有权限层次安全机制,对数据库系统的安全极为重要,包括访问控制与身份认证、存取控制、审计、数据加密、视图机制、特殊数据库的安全规则等,如图 10-6 所示。

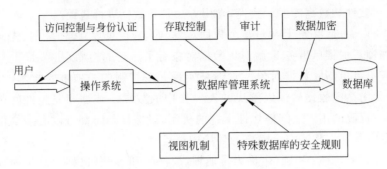

图 10-6　数据库系统的安全机制

SQL Server 2019 的安全性管理可分为 3 个等级。

（1）操作系统级的安全性。用户通过网络访问 SQL Server 服务器时，先要获得操作系统的使用权。一般没必要登录运行 SQL Server 服务器的主机，除非此服务器运行在本地机。SQL Server 可以直接访问网络端口，实现对 Windows 安全体系以外的服务器及数据库的访问。操作系统安全性是操作系统管理员或网络管理员的任务。由于 SQL Server 采用了集成 Windows 网络安全性机制，使操作系统安全性得到提高，同时也加大了管理 DBMS 安全性和灵活性的难度。

（2）服务器级的安全性。服务器级安全性建立在控制服务器登录账号和口令的基础上。SQL Server 采用了标准 SQL Server 登录和集成 Windows NT 登录两种方式。无论是使用哪种登录方式，用户在登录时提供的登录账号和口令，决定了用户能否获得 SQL Server 的访问权，以及在获得访问权后，用户在访问 SQL Server 时拥有的权力。

（3）数据库级的安全性。在用户通过 SQL Server 服务器的安全性检验以后，将直接面对不同的数据库入口，这是用户将接受的第三次安全性检验。

🖳说明：在建立用户的登录账号信息时，SQL Server 会提示用户选择默认的数据库。以后用户每次连接上服务器后，都会自动转到默认的数据库上。对任何用户 master 数据库总是打开的，设置登录账号时未指定默认的数据库，则用户的权限将仅限于此。

在默认情况下，只有数据库的拥有者才可以访问该数据库的对象。数据库的拥有者可以分配访问权限给别的用户，以便让其他用户也拥有对该数据库的访问权，在 SQL Server 中并非所有的权力都可转让分配。SQL Server 2019 支持的安全功能如表 10-2 所示。

表 10-2　SQL Server 2019 支持的安全功能

功能名称	Enterprise	商业智能	Standard	Web	Express with Advanced Services	Express with Tools	Express
基本审核	支持	支持	支持	支持	支持	支持	支持
精细审核	支持						
透明数据库加密	支持						
可扩展密钥管理	支持						

3）SQL Server 安全性及合规管理

SQL Server Denali 在 SQL Server 环境中增加了灵活性、审核易用性和安全管理性，使企事业用户可以更便捷地面对合规管理策略相关问题。

（1）合规管理及认证。根据"美国政府有关文件"，从 SQL Server 2008 SP2 企业版开始就达到了完整的 EAL4＋合规性评估。不仅通过了支付卡行业数据安全标准的合规性审核，还通过了 HIPAA 的合规性审核，而且，以企业策略、HIPAA 和 PCI 的政府规范来确保合规性。

（2）数据保护。用数据库解决方案保护用户的数据，该解决方案在主数据库管理系统供应商方面具有最低的风险。

（3）加密性能增强。SQL Server 可用内置加密层次结构，透明地加密数据，使用可扩展密钥管理，标记代码模块等。在很大程度上提高了 SQL Server 的加密性能，如以字节创建证书的能力，用 AES256 对服务器主密钥(SMK)、数据库主密钥(DMK)和备份密钥的默认操作，对 SHA2(256 和 512)新支持和对 SHA512 哈希密码的使用。

（4）控制访问权限。通过有效地管理身份验证和授权，仅向有需求的用户提供访问权限来控制用户数据的访问权。

（5）用户定义的服务器角色。提高了灵活性、可管理性且有助于使职责划分更加规范。允许创建新的服务器角色，以适应根据角色分离多位管理员的不同企业。用户也可嵌套角色，在映射企业的层次结构时获得更多的灵活性。为数据库管理无须再聘请系统管理员，用户定义服务器角色界面如图 10-7 所示。

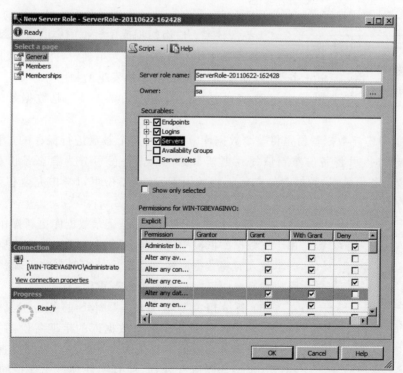

图 10-7　用户定义服务器角色界面

（6）默认的组间架构。数据库架构等同于 Windows 组而非个人用户，并以此提高数据库的合规性，可简化数据库架构的管理。

知识拓展
内置的数据
库身份验证

（7）内置的数据库身份验证。通过允许用户直接在进入用户数据库时进行身份验证而无须登录来提高合规性。📖

（8）SharePoint 激活路径。内置的 IT 的控制端使终端用户数据分析更加安全。

（9）对 SQL Server 所有版本的审核。允许企业将 SQL Server 的审核价值从企业版扩展到所有版本。

6. 数据库的备份与恢复

为了防止网络系统出现意外事故导致数据库或数据被破坏，需要采取有效预防和应急措施确保数据库及数据的安全，并及时进行恢复。

1）数据库的备份

数据库备份（database backup）是指为防止系统出现操作失误或系统故障导致数据丢失，而将数据库的全部或部分数据复制到其他存储介质的过程。可通过 DBMS 具备的应急机制实现数据库的备份与恢复。

制定数据库备份策略需要重点考虑 3 个要素。

（1）备份内容及频率，主要包括备份内容和备份频率。

① 备份内容。备份时应及时将数据库中全部数据、表（结构）、数据库用户（包括用户和用户操作权）及用户定义的数据库对象进行备份，并备份记录数据库的变更的日志等。

知识拓展
备份频率的
概念及确定

② 备份频率。应由数据库中数据内容的重要程度、对数据恢复作用的大小和数据量的大小确定，并考虑数据库的事务类型（读写操作比重）和事故发生的频率等。📖

（2）备份技术。最常用的备份技术是数据备份和撰写日志。

① 数据备份。数据备份是将整个数据库复制到另一个磁盘进行保存的过程。当数据库遭到破坏时，可将备份重新恢复并更新事务。数据备份可分为静态备份和动态备份。鉴于数据备份效率、数据存储空间等相关因素，数据备份可以考虑完全备份与增量备份两种方式。

知识拓展
日志文件格式

② 撰写日志。日志文件是记录数据库更新操作的文件，用于在数据库恢复中进行事务故障恢复和系统故障恢复，当副本载入时将数据库恢复到备份结束时刻的正确状态，并可将故障系统中已完成的事务进行重做处理。📖

知识拓展
备份相关的
常用工具

（3）备份相关基本工具。DBMS 的备份工具（back-up facilities）提供对部分或整个数据库的定期备份副本。日志工具维护事务和数据库变化的审计跟踪。通过检查点工具，DBMS 定期挂起所有处理，使其文件和日志保持同步，以建立恢复点。📖

2）数据库的恢复

【案例 10-3】 2001 年 9 月 11 日的"9·11"恐怖袭击对美国及全球安全产生巨大的影响。这是继第二次世界大战期间珍珠港事件后,历史上第二次对美国造成重大伤亡的袭击。纽约世界贸易中心的两幢 110 层摩天大楼(双子塔)在遭到被劫持的飞机撞击后相继倒塌,附近 5 幢建筑物也因受震而坍塌损毁,五角大楼遭到局部破坏部分结构坍塌。在"9·11"事件中共有 2998 人遇难。其中,美国五角大楼由于采取了西海岸异地数据备份和恢复应急措施,使很多极其重要的数据信息得到及时恢复并投入使用。

数据库恢复(database recovery)是指当数据库或数据遭到破坏时,通过技术手段快速准确地进行恢复的过程。对于不同的故障,数据库恢复的策略和方法不尽相同。

(1) 恢复策略,主要包括事务故障恢复、系统故障恢复和介质故障恢复。

① 事务故障恢复。事务在正常结束点前就终止运行的现象称为**事务故障**。由 DBMS 自动完成其恢复。主要利用日志文件撤销故障事务对数据库所进行的修改。

② 系统故障恢复。系统故障造成数据库状态不一致的原因主要有两个:一是事务没有结束,但对数据库的更新可能已写入数据库;二是已提交的事务对数据库的更新没有完成(写入数据库),可能仍然留在缓冲区中。恢复步骤是撤销故障发生时没有完成的事务,重新开始具体执行或实现事务。

③ 介质故障恢复。这种故障造成磁盘等介质上的物理数据库和日志文件破坏,同上面两种故障相比,介质故障是最严重的故障,只能利用备份重新恢复。

(2) 恢复方法。利用数据库备份、事务日志备份等可将数据库从出错状态恢复到故障前的正常状态。

① 备份恢复。数据库维护过程中,数据库管理员定期对数据库进行备份,生成数据库正常状态的备份。一旦发生故障,即可利用备份对数据库进行恢复。

② 事务日志恢复。利用事务日志文件可以恢复没有完成的非完整事务,直到事务开始时的状态为止,一般可由系统自动完成。

③ 镜像技术。镜像是指在不同设备上同时存储两个相同的数据库,一个称为主数据库,另一个称为镜像数据库。主数据库与镜像数据库互为镜像关系,两者中任何一个数据库的更新都会及时反映到另一个数据库中。

(3) 恢复管理器。恢复管理器是 DBMS 一个重要的模块。当故障发生时,恢复管理器先将数据库恢复到一个正确的状况,再继续进行正常处理工作。可使用前面提到的方法来恢复数据库。

☺讨论思考

(1) 数据库的安全特性及安全性措施有哪些?

(2) 如何理解数据库及数据的完整性?

(3) 数据库的安全策略和机制具体有哪些?

(4) 简述数据库备份与恢复的常用方法。

*10.4　项目案例　数据库安全解决方案

实际上，企事业机构经常需要一些数据库安全整体解决方案，帮助安全管理人员在复杂的多平台数据库应用环境中，快速实现基于策略的安全统一管理，增强数据库的安全保护。

10.4.1　目标要求

本任务主要学习目标的具体要求如下。

（1）理解数据库安全策略及其实际操作。
（2）掌握数据加密的方法和具体实际应用。
（3）理解数据审计及数据库安全解决方案。

10.4.2　知识要点

1. 数据库安全策略

数据库安全策略是网络信息安全的高级准则，是组织、管理、保护和处理敏感信息的法律、规章及方法的集合。📖

1）管理 sa 密码

系统密码和数据库账号的密码安全是第一关口。数据库管理员可以使用 SQL 语句检查是否有不符合密码要求的账号。使用 SQL 语句的语法格式：

```
Use master
Select name, Password from syslogins where password is null
```

分配 sa 密码，可按照以下步骤操作。
（1）启动后，单击"服务器组"，然后展开服务器。
（2）单击"安全性"，然后单击"登录"按钮。
（3）在细节窗格中，右击 SA，然后单击"属性"按钮。
（4）在密码输入框中，输入新的密码。
2）采用安全账号策略和 Windows 认证模式

由于 SQL Server 不能更改 sa 用户名称，也不能删除超级用户，因此，必须对此账号进行严格的管理，包括使用一个非常健壮的密码，尽量不在数据库应用中使用 sa 账号，只有当没有其他方法登录 SQL Server 时（如其他系统管理员不可用或忘记密码）才使用 sa 账号。建议 DBA 新建立一个拥有与 sa 相同权限的超级用户管理数据库。在建立与 SQL

Server 的连接时,启用 Windows 认证模式。📖

3) 防火墙禁用 SQL Server 端口

SQL Server 的默认安装可监视 TCP 端口 1433 以及 UDP 端口 1434。配置的防火墙可过滤掉到达这些端口的数据包。而且,还需要在防火墙上阻止与指定实例相关联的其他端口。

4) 审核指向 SQL Server 的连接

SQL Server 可以记录事件信息,用于系统管理员的审查。至少应记录失败的 SQL Server 连接尝试,并定期地查看此日志。尽可能不要将这些日志和数据文件保存在同一个硬盘。

在 SQL Server 的 Enterprise Manager 中审核失败连接步骤。

(1) 启动后,单击"服务器组"然后展开服务器。

(2) 右击"服务器",然后单击"属性"命令。

(3) 在"安全性"选项卡的审核等级中,单击"失败"。

(4) 要使这个设置生效,必须停止并重新启动服务器。

5) 管理扩展存储过程

改进存储过程,并慎重处理账号调用扩展存储过程的权限。有些系统的存储过程能很容易被利用提升权限或进行破坏,所以应删除不必要的存储过程。若不需要扩展存储过程,xp_cmdshell 应去掉。使用 SQL 语句语法格式:

```
use master
sp_dropextendedproc 'xp_cmdshell'
```

其中,xp_cmdshell 为进入操作系统的最佳捷径,是数据库留给操作系统的一个大后门。若需要这个存储过程,可用如下语句恢复:

```
sp_addextendedproc 'xp_cmdshell', 'xpsql70.dll'
```

如果不需要应去掉 OLE 自动存储过程(会造成管理器中的某些特征不能用):

```
Sp_OACreate Sp_OADestroy Sp_OAGetErrorInfo Sp_OAGetProperty
Sp_OAMethod Sp_OASetProperty Sp_OAStop
```

注册表存储过程可能读出管理员的密码,应删除不需要的注册表访问的存储过程。

🔔注意:检查其他扩展存储过程,应在处理时确认,以免造成误操作。

6) 用视图和存储程序限制用户访问权限

使用视图和存储程序以分配给用户访问数据的权力,而不是让用户编写一些直接访问表格的特别查询语句。通过这种方式,无须在表格中将访问权力分配给用户。视图和存储程序也可限制查看的数据。如对包含保密信息员工的表格,可建立一个省略工资栏的视图。

7) 使用最安全的文件系统

NTFS 是最适合安装 SQL Server 的文件系统,比 FAT 文件系统更稳定且更容易恢复。而且还包括一些安全选项，如文件和目录访问控制列表（ACL）以及文件加密系统（EFS）。通过 EFS，数据库文件将在运行 SQL Server 的账户身份下进行加密，只有这个账户才能解密这些文件。

8）安装升级包

为了提高服务器安全性，最有效的方法是升级 SQL Server 和及时更新安全漏洞等。

9）利用 MBSA 评估服务器安全性

Microsoft 基准安全性分析器（MBSA）是一个扫描多种 Microsoft 产品的不安全配置的工具，可在 Microsoft 网站免费下载，包括 SQL Server 等。可对下面问题用 SQL Server 进行检测。

（1）过多的 sysadmin 固定服务器角色成员。

（2）授予 sysadmin 以外的其他角色创建 CmdExec 作业的权力。

（3）空的或简单的密码。

（4）脆弱的身份验证模式。

（5）授予管理员组过多的权力。

（6）SQL Server 数据目录中不正确的访问控制列表（ACL）。

（7）安装文件中使用纯文本的 sa 密码。

（8）授予 guest 账户过多的权力。

（9）在同时是域控制器的系统中运行 SQL Server。

（10）Everyone 组的不正确配置，提供对特定注册表键的访问。

（11）SQL Server 服务账户的不正确配置。

（12）没有安装必要的服务包和安全更新。

10）其他安全策略

在安装 SQL Server 时应当注意以下问题。

（1）在 TCP/IP 中，采用微软推荐使用且能经受住考验的 SQL Server 的网络库，若服务器与网络连接，使用非标准端口容易被破坏。

（2）采用一个低级别的（非管理）账号来运行 SQL Server，当系统崩溃时进行保护。

（3）不要允许未获得安全许可的客人访问任何包括安全数据的数据库。

（4）很多安全问题发生在内部，需将数据库保护在一个"更安全的空间"。

2. 数据加密技术

1）数据加密的概念

数据加密是在存储和传输中对数据进行加密的过程。它是按照一定的算法将原始数据（称为明文）变换为不可直接识别的格式（称为密文），使不知其解密算法的人无法获得数据内容。

2）SQL Server 加密技术

SQL Server 通过将数据加密作为数据库的内在特性，提供了多层次的密钥和丰富的加密算法，而且用户还可以选择数据服务器管理密钥。其加密方法如下。

（1）对称式加密。加密和解密使用相同的密钥。SQL Server 提供 RC4、RC2、DES

和 AES 加密算法,可以在 SQL Server 中存储数据时,利用服务器进行加密和解密。

（2）非对称密钥加密。使用一组公共/私人密钥系统,加解密时各使用一种密钥。公钥可以共享和公开。SQL Server 支持 RSA 加密算法和 512b、1024b 和 2048b 的密钥强度。

（3）数字证书（certificate）。它是一种非对称密钥加密。SQL Server 采用多级密钥保护内部的密钥和数据,支持"因特网工程工作组"（IETF）X.509 版本 3（X.509v3）规范。用户可以对其使用外部生成的证书,或可以使用其生成的证书。

3. 数据库安全审计

审计功能可有效地保护和维护数据安全,但会耗时费空间,DBA 应当根据实际业务需求和对安全性的要求,选用审计功能。可以利用 SQL Server 自身的功能实现数据库审计。

（1）启用常用的 SQL 服务。

（2）打开 SQL 事件探查器,并按 Ctrl+N 键新建一个跟踪。

（3）在弹出的对话框中单击"运行"按钮,以默认状态进行测试。如图 10-8 所示,其中默认"安全审核"选择 Audit Login 和 Audit Logout,左侧"安全审核"子项为可以审核的语句。

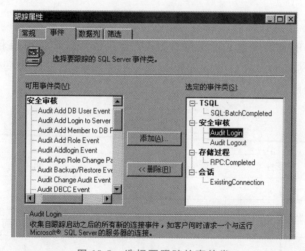

图 10-8　选择要跟踪的事件类

（4）登录查询分析器,分别用 Windows 身份验证和 SQL Server 身份验证登录,记录登录的事件：用户、时间、操作事项,并查看分析结果,如图 10-9 所示。

【案例 10-4】 光大证券"乌龙指"致股市暴涨,涉操纵市场。2013 年 8 月 16 日光大证券的全资子公司光大期货,单日持有 IF1309 合约空单突增 7023 手,价值 48 多亿元,导致沪指惊天逆转一度飙升 5%,上证指数瞬间飙升逾 100 点,最高冲至 2198.85 点,部分权重股瞬间冲到涨停。根据当天 A 股走势,光大证券自营盘动用 70 亿元资金,在涨停价格上买入大量蓝筹股,随后股价大幅回落,按照上证 50 指数最终跌 0.15% 的幅度测算,错误交易可能导致光大证券近 7 亿元的浮亏,却可能通过做空获利约 48 亿元。

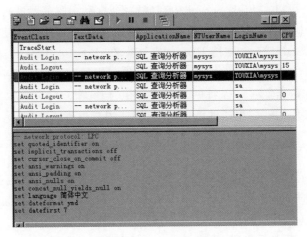

图 10-9　登录查询分析器

4. 银行数据库安全解决方案

1）银行数据库安全面临的风险

网络信息技术的发展和电子商务的普及，对企业传统的经营思想和经营方式产生强烈的冲击，以互联网技术为核心的网上银行使银行业务也发生巨大变化，同时也带来了极大的风险和安全隐患。银行数据库安全需求分析如图 10-10 所示。

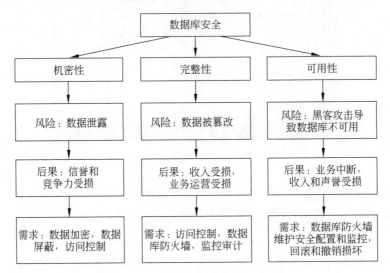

图 10-10　银行数据库安全需求分析

2）解决方案的制定与实施

（1）面对外部的 Web 应用风险，可从两方面解决：一是调研现有网上银行及 Web 网站存在的安全漏洞，可通过安恒的明御 Web 应用弱点扫描系统了解已知的 Web 应用系统（Web 网站、网上银行、其他 B/S 应用）存在的风险，通过扫描器发现的漏洞进行加固防护；二是通过部署明御 Web 应用防火墙抵御互联网上针对 Web 应用层的攻击行为，提高商业银行的抗风险能力,保障商业银行的正常运行,为商业银行客户提供全方位的保障。

（2）面对内部的数据库风险,通过建立完善的数据库操作访问审计机制,提供全方位的实时审计与风险控制。对数据库的操作行为进行全方位的审计,包括网上银行及其他业务系统执行的数据操作行为、数据库的回应信息,并提供细粒度的审计策略、细粒度的行为检索、合规化的审计报告,为后台数据库的安全运行提供安全保障。

3）数据库安全解决方案

传统数据库安全解决方案不利于内部数据防御各种入侵攻击,需要根据实际情况采取实际有效的防御措施,数据保护防御需要做到:敏感数据"看不见"、核心数据"拿不走"、运维操作"能审计"。加强银行数据库安全防御有 9 个要点,具体步骤如表 10-3 所示。

表 10-3　银行数据库安全防御要点

序号	防御步骤	防御功能
1	防止威胁侵入	阻止和记录:边界防御
2	漏洞评估和安全配置	审计监视:安全配置、检测审计误用、回滚撤销损坏
3	自动化活动监视和审计报告	
4	安全更改跟踪	
5	特权用户访问控制和多因素授权	访问控制:控制特权用户、多因素授权
6	数据分类以实现访问控制	
7	基于标准的全面加密	加密和屏蔽:加密敏感数据或数据传输,保护数据备份,屏蔽开发或测试数据
8	集成的磁带或云备份管理	
9	不可逆地去除身份信息	

银行数据库安全整体架构设计和部署分别如图 10-11 和图 10-12 所示。

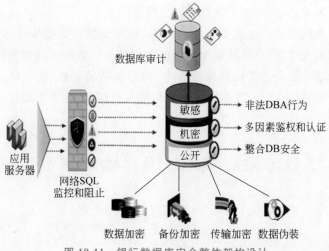

图 10-11　银行数据库安全整体架构设计

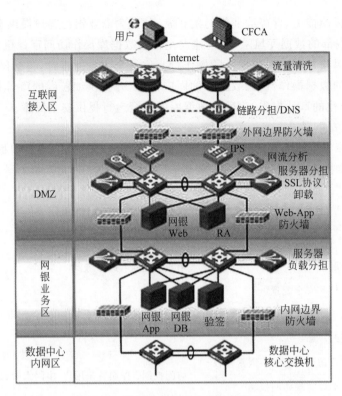

图 10-12　银行数据库安全整体架构部署

10.5　项目小结

　　数据库系统中的数据安全是网络安全的核心和关键。数据库安全技术对于整个网络系统的安全极为重要，关键在于数据（信息）资源的安全。

　　本章概述了数据库安全的主要威胁和隐患，概要介绍了数据安全、数据库系统安全和数据库安全的有关概念，以及数据库安全的层次结构。数据库安全的核心和关键是其数据安全。在此基础上介绍了数据库的安全特性，包括独立性、安全性、完整性、并发控制和故障恢复等，同时，介绍了数据库的安全策略和机制、数据库安全体系与防护技术及解决方案。

10.6　项目实施　实验 10　数据库备份与恢复

10.6.1　选做 1　SQL Server 数据库备份与恢复

1. 实验目的

（1）理解 SQL Server 2019 系统的安全性机制。

（2）通过 SQL Server 2019 自带的备份功能备份数据库。

（3）利用 SQL Server 2019 自带的还原功能还原数据库。

2. 实验要求

实验设备：每个学生各一台计算机且安装有 SQL Server 2019。

实验用时：2 学时（90～120 分钟）。

3. 实验内容及步骤

1）创建 Windows 及 SQL Server 登录名

（1）创建 Windows 登录名。使用界面方式创建 Windows 身份模式的登录名：以管理员身份登录到 Windows，选择"开始"菜单，单击"设置"，打开"控制面板"，双击"用户账户"，进入"用户账户"窗口。单击"新创建一个账户"，在出现的窗口中输入账户名称，选择"计算机管理员"→"创建账户"即可完成新账户的创建。

以管理员身份登录到 SQL Server Management Studio（SSMS），在"对象资源管理器"中选择"安全性"，然后右击"登录名"，在弹出的快捷菜单中选择"新建登录名"命令，在"新建登录名"窗口中单击"添加"按钮，添加 Windows 用户 sxd，选择"Windows 身份验证"，单击"确定"按钮。

（2）创建 SQL Server 登录名。使用界面方式创建登录名，与上文类似，在"新建登录名"窗口中输入要创建的登录名（如 sqlsxd），并选择"SQL Server 身份验证"，输入密码和重复密码，单击"确定"按钮。

注意：在本节中，所有以命令语句方式的实际操作，参见高等教育出版社出版，贾铁军主编的《数据库原理应用与实践》（第 3 版）10.7 节中的具体介绍。

2）创建数据库用户

使用界面方式创建 teachingSystem 的数据库用户。在"对象资源管理器"中选择数据库 teachingSystem 的"安全性"，右击"用户"，在弹出的快捷菜单中选择"新建用户"命令，在"数据库用户"窗口中输入新建数据库用户名 shenxd，输入使用的登录名 sqlsxd，"默认架构"文本框输入 dbo，单击"确定"按钮。

3）通过资源管理器添加固定服务器角色成员

以管理员身份登录到 SQL Server，在"对象资源管理器"中选择"安全性"，然后选择要添加的登录名（如 zhangshf），右击"属性"，在登录名属性窗口中选择"服务器角色"选项卡，选择要添加到的服务器角色，单击"确定"按钮即可。

4）固定数据库角色的创建

可以通过"资源管理器"添加固定数据库角色成员。

在数据库 teachingSystem 中选择"角色"→"数据库角色"，右击 db_owner，在弹出的快捷菜单中选择"属性"命令，进入"数据库角色属性"窗口，单击"添加"按钮，可以为该固定数据库角色添加成员。

5）自定义数据库角色

以系统的界面方式创建自定义数据库角色，并为其添加成员。

以管理员身份登录到 SQL Server,在"对象资源管理器"中单击"数据库",选择要创建角色的数据库(如 teachingSystem),单击其中的"安全性",右击"角色",在弹出的快捷菜单中选择"新建"→"新建数据库角色"命令,然后在"新建数据库角色"窗口中输入要创建的角色名 myrole,单击"确定"按钮。

在新建的角色 myrole 的属性窗口中,单击"添加"按钮,即可为其添加成员。

6) 授予数据库权限

(1) 通过以界面方式授予数据库 teachingSystem 的 CREATE TABLE 权限。

以管理员身份登录到 SQL Server,在"对象资源管理器"中单击"数据库",右击 teachingSystem,在弹出的快捷菜单中选择"属性"命令,进入 teachingSystem 的属性窗口,选择"权限"选项卡,并选择数据库用户 shenxd,在下方的权限列表中选择相应的数据库级别的权限,完成后单击"确定"按钮。

(2) 通过以界面方式授予数据库用户在表 teacher 上的 SELECT、DELETE 权限。

以管理员身份登录到 SQL Server,在"对象资源管理器"中找到 Employees 表,右击,在弹出的快捷菜单中选择"属性"命令,进入表 teacher 的属性窗口,选择"权限"选项卡,单击"添加"按钮,添加要授予权限的用户或角色,然后在权限列表中选择要授予的权限。

7) 数据库备份恢复方法

(1) 利用 SSMS 备份。在备份一个数据库之前,需要先创建一个备份设备,如磁带、硬盘等,然后再去复制有备份的数据库、事务日志、文件/文件组。新建一个备份设备,查看备份设备,删除备份设备。

(2) 备份数据库。打开 SSMS,右击需要准备备份的具体数据库,选择"任务"→"备份"命令,出现"备份数据库"窗口。在此可以选择要备份的数据库和备份类型。

(3) 数据库的差异备份。差异备份数据库只记录自上次数据库备份后发生更改的数据。差异备份数据库比完整备份数据库小而且备份速度快,因此可以经常地备份,减少丢失数据的危险。使用差异备份数据库将数据库还原到差异备份数据库完成时的那一点。如果要恢复到精确的故障点,必须使用事务日志备份。

(4) 恢复数据库。使用 SSMS 恢复数据库,操作步骤:启动 SSMS,选择服务器,右击相应的数据库,选择"还原(恢复)"命令,再单击"数据库",出现"恢复数据库"窗口,按提示完成操作。

10.6.2 选做 2 MySQL 数据库备份与恢复

1. 实验目的

(1) 进一步理解 MySQL 的安全性机制。
(2) 掌握 MySQL 中数据库备份和恢复的方法。

2. 实验要求

实验设备:安装有 MySQL 的连网计算机。
实验用时:2 学时(90~120 分钟)。

3. 实验内容及步骤

1）使用 mysqldump 命令备份

mysqldump 命令将数据库中的数据备份成一个文本文件。表的结构和表中的数据将存储在生成的文本文件中。其工作原理很简单，先查出需要备份的表的结构，再在文本文件中生成一个 CREATE 语句。然后，将表中的所有记录转换成一条 INSERT 语句。通过这些语句，就能够创建表并插入数据。

（1）备份一个数据库。操作基本语法：

```
mysqldump -u username -p dbname table1 table2 …->BackupName.sql
```

其中，dbname 参数为数据库的名称；table1 和 table2 参数为需要备份的表的名称，它们为空则整个数据库备份；BackupName.sql 参数为设计备份文件的名称，文件名前面可以加上一个绝对路径。通常将数据库备份成一个扩展名为 sql 的文件。如用 root 用户备份 test 数据库下的 person 表：

```
mysqldump -u root -p test person >D:\Backup.sql
```

（2）备份多个数据库。操作基本语法：

```
mysqldump -u username -p --databases dbname1 dbname2 >Backup.sql
```

加上了--databases 选项，然后后面跟多个数据库。如

```
mysqldump -u root -p --databases test mysql >D:\Backup.sql
```

（3）备份所有数据库。操作基本语法：

```
mysqldump -u username -p -all-databases >BackupName.sql
```

如

```
mysqldump -u -root -p -all-databases >D:\all.sql
```

2）直接复制整个数据库目录

MySQL 有一种非常简单的备份方法，就是将 MySQL 中的数据库文件直接复制出来。这是最简单且速度最快的方法。不过在此之前，要先将服务器停止，这样才可以保证在复制期间数据库的数据不会发生变化。如果在复制数据库的过程中还有数据写入，就会造成数据不一致。这种情况在开发环境可以实现，但是在生产环境中很难允许备份服务器。

注意：这种方法不适用 InnoDB 存储引擎的表，而对于 MyISAM 存储引擎的表很方便。还原时 MySQL 的版本最好相同。

3）使用 mysqlhotcopy 工具快速备份

该工具是热备份，支持不停止 MySQL 服务器备份。而且，mysqlhotcopy 比mysqldump 的备份方式快。mysqlhotcopy 是一个 perl 脚本，主要在 Linux 操作系统下使用。其使用 LOCK TABLES、FLUSH TABLES 和 cp 来进行快速备份。

基本原理：先将需要备份的数据库加上一个读锁，然后用 FLUSH TABLES 将内存中的数据写回到硬盘上的数据库，最后，把需要备份的数据库文件复制到目标目录。命令格式：

```
#mysqlhotcopy [option] dbname1 dbname2 backupDir/
```

其中，dbname 为数据库名称；backupDir 为备份到哪个文件夹下。

常用操作选项如下。

- help：查看 mysqlhotcopy 帮助。
- allowold：如果备份目录下存在相同的备份文件，将旧的备份文件加上_old。
- keepold：如果备份目录下存在相同的备份文件，不删除旧的备份文件，而是将旧的文件更名。
- flushlog：本次备份之后，将对数据库的更新记录到日志中。
- noindices：只备份数据文件，不备份索引文件。
- user＝用户名：用来指定用户名，可以用-u 代替。
- password＝密码：用来指定密码，可以用-p 代替。使用-p 时，密码与-p 之间没有空格。
- port＝端口号：用来指定访问端口，可以用-P 代替。
- socket＝socket 文件：用来指定 socket 文件，可以用-S 代替。

mysqlhotcopy 工具并非 MySQL 自带，需要安装 Perl 的数据库接口包，且该工具也仅仅能够备份 MyISAM 类型的表。

4）还原使用 mysqldump 命令备份的数据库

基本语法格式：

```
mysql -u root -p [dbname] <Backup.sql
```

如

```
mysql -u root -p <D:\Backup.sql
```

5）还原直接复制目录的备份

通过这种方式还原时，必须保证两个 MySQL 数据库的版本号是相同的。MyISAM 类型的表有效，对于 InnoDB 类型的表不可用，且 InnoDB 类型的表的表空间不能直接复制。

10.7　练习与实践 10

1. 选择题

（1）数据库系统的安全不仅依赖于自身内部的安全机制，还与外部网络环境、应用环境、从业人员素质等因素密切相关，因此，数据库系统的安全框架划分为 3 个层次：网络系统层、宿主操作系统层、（　　），3 个层次一起形成数据库系统的安全体系。

A. 硬件层   B. 数据库管理系统层

C. 应用层   D. 数据库层

（2）数据完整性是指数据的精确性和（　　）。它是防止数据库中存在不符合语义规定的数据和防止因错误信息的输入输出造成无效操作或错误信息的重要措施。数据完整性分为 4 类：实体完整性、域完整性、参照完整性、用户定义的完整性。

A. 完整性   B. 一致性

C. 可靠性   D. 实时性

（3）数据库安全的主要目标是对数据库的访问控制，包括保密性（访问控制、用户认证、审计跟踪、数据加密等）、完整性（物理完整性、逻辑完整性）、可用性、（　　）、可审查性等。

A. 可靠性   B. 可控性   C. 可管性   D. 以上都不对

（4）在实际应用中，考虑到数据备份效率、数据存储空间等相关因素，数据备份可以考虑完全备份与（　　）备份两种方式。

A. 事务   B. 日志   C. 增量   D. 文件

（5）保障网络数据库系统安全，不仅涉及应用技术，还包括管理等层面上的问题，是各个防范措施综合应用的结果，是物理安全、网络安全、（　　）安全等方面的防范策略有效的结合。

A. 管理   B. 内容   C. 系统   D. 环境

（6）在实际应用中，数据库的保密性和可用性之间不可避免地存在冲突。对数据库加密必然会带来数据存储与索引、（　　）和管理等一系列问题。

A. 有效查找   B. 访问特权

C. 用户权限   D. 密钥分配

2. 填空题

（1）SQL Server 2019 提供两种身份认证模式来保护对服务器访问的安全，分别是_____和_____。

（2）数据库的保密性是在对用户的_____、_____、_____及推理控制等安全机制的控制下得以实现。

（3）数据库中的事务应该具有 4 种属性：_____、_____、_____和持久性。

（4）网络数据库系统的体系结构分为两种类型：_____和_____。

（5）访问控制策略、_____、_____和_____构成网络数据库访问控制模型。

（6）在 SQL Server 2019 中可以为登录名配置具体的_____权限和_____权限。

3. 简答题

（1）什么是数据库系统安全？数据库安全的核心和关键是什么？

（2）网络环境下，如何对网络数据库进行安全防护？

（3）数据库的安全管理与数据的安全管理有何不同？

（4）如何保障数据的完整性？

（5）如何对网络数据库的用户进行管理？

4. 实践题

（1）在 SQL Server 2019 中进行用户密码的设置，体现出密码的安全策略。

（2）通过实例说明 SQL Server 2019 中如何实现透明加密。

电子交易安全

网络技术的快速发展极大地促进了电子交易的广泛应用,同时电子交易的安全问题也不断出现,已经成为制约和威胁其高速发展的重要因素。重视电子交易安全应用环境和技术方法,已经成为电子交易企业和用户共同关注的热点问题。实际上,电子交易安全解决方案也是网络安全技术的一项综合性的实际应用。

重点:电子交易安全的概念,电子交易安全性的基本要求,安全性的威胁和风险,电子交易常用的 SSL 协议和 SET 协议以及基于 SSL 协议 Web 服务器的构建方法。

难点:电子交易安全体系和常用的 SSL 协议与 SET 协议。

关键:电子交易安全体系和常用的 SSL 协议与 SET 协议,基于 SSL 协议 Web 服务器的构建方法。

目标:掌握电子交易安全的概念、电子交易安全性的基本要求、安全性的威胁和风险,熟悉电子交易的安全体系和常用的 SSL 协议和 SET 协议,了解基于 SSL 协议 Web 服务器的构建方法。

11.1 项目分析 电子交易的安全问题

教学视频
课程视频 11.1

【引导案例】 2018 年电子交易安全事件。2018 年 4 月,纳斯达克数据中心被声音"攻击",北欧交易全线中断,由于火灾报警系统释放灭火气体产生的巨大声响导致瑞典 Digiplex 数据中心磁盘损坏,引发近 1/3 的服务器意外关机,进而摧毁整个北欧范围内的纳斯达克(NASDAQ,美国电子证券交易机构)业务。Digiplex 是北欧地区规模最大的数据中心之一,其位于瑞典斯德哥尔摩附近的韦斯比,在 2000m² 面积之内部署有数百台服务器。

11.1.1 电子交易安全的现状

在现代经济社会中,电子交易(electronic commerce)作为一种新兴的商业模式,给人们的生活增添了诸多的色彩,但是电子交易安全发展面临很多挑战。

1．电子交易安全的主要问题

电子交易安全包括环境安全和信息安全。环境安全包括数据安全、网络安全和应用安全，交易安全包括交易信息安全、支付安全和诚信安全。根据对民众调查，利用数据备份、防火墙技术、数据加密等技术手段都可以保证电子交易环境安全。而信息安全却是目前所面临的主要威胁，它不仅仅是依靠技术来解决的问题，更主要的是管理的问题，防止这些信息不被篡改、窃听、伪装，确保信息的完整性、交易双方的确定性。

（1）交易信息内容被篡改。从贸易活动角度，交易信息是商务活动中进行贸易活动所形成的一种信息，包括客户订单信息、订单确认信息、客户个人信息等。这些信息具有一定机密性，在信息传递过程中利用 Internet 或电话网对这些交易信息进行篡改或截获与恶意破坏。

（2）电子支付信息被盗取。电子支付是商务活动中的一种支付方式。电子支付信息包括客户银行账户、密码、个人银行识别码等。这些信息具有绝对机密性，如何防止非法者盗用信息，伪造假身份进入系统以及利用这些信息进行非法活动，是电子交易活动中必须要解决的问题。

（3）系统漏洞。非法者借助电子交易系统存在的漏洞进入系统，对系统中的数据进行篡改，取消用户订单信息，生成虚假信息等。

（4）抵赖行为。网上交易的双方通过计算机的虚拟网络环境进行谈判、签约、结账，当一方发现交易对自己不利时，可能产生抵赖行为，从而给另一方造成损失。

2．电子交易安全问题的解决方案

（1）加强电子交易的安全性与稳定性。在电子交易的运营过程中，首先要保证网络的安全设置与优化。信息网络的安全与高效畅通直接影响着电子交易的发展速度与质量。在网络的优化布局上，要做到全面高速覆盖的同时，避免网络资源的浪费以及建设过程中的重复性等问题。按照国际信息化网络的运营要求，要把目前的网络速度提升到100MB 以上。在这个过程中，还要注意信息源点的安全与保障，尽量将信息安全的风险系数降到最低。这要从建设之初就制定较高的网络安全级别标准，并且在网络的发展过程中不断地进行系统的升级与改造，以满足中小企业在发展过程中的诸多要求。

（2）建立健全法制体系对电子交易的监控与保障。电子交易在中国的发展速度比较快，很多配套的法律监控与保障体系相对比较滞后。因此，在提高电子交易的安全过程中，加大相关法律法规对其交易与网络运行的监管是非常必要的。

（3）大力提高企业电子交易人员的安全意识与职业素养。人才是企业发展的关键与竞争力的核心体现，在企业电子交易的发展过程中要从工作人员的安全意识与职业素养入手，大力提高其业务技能与素质。

（4）继续加快国内电子交易技术软件的研发进度。在电子交易安全的发展过程中，除了要具备匹配的基础网络工程与相应的设施外，还要有领先的电子交易技术软件的支持。很长时间以来，由于我国自主研发的信息化水平还不是很高，很多软件大都采用欧美国家的软件支持，这种技术依赖的局面，不利于我国未来电子交易顺利与安全的发展，需要引起科研技术部门的高度重视。

　　电子交易的安全问题直接影响着这一行业的整体发展,目前我国虽然在电子交易领域起步比较晚,但是这一行业所爆发出来的市场潜力已经让人们看到了其巨大的发展前景。所以,加强电子交易的安全系数,为电子交易的发展提供安全保证,是当下电子交易成长与发展的重中之重。本书从电子交易的内在特点与当前的成长近况入手,研究其存在的首要问题和问题的解决方案,希望能有助于实现安全电子交易在未来更快、更好地发展。

11.1.2　电子交易安全的发展

1. 电子交易的安全要素

　　通过对电子交易安全问题的分析,可以将电子交易的安全要素概括为以下 7 方面。

　　(1) 电子交易数据的机密性。电子交易作为一种贸易的手段,其交易信息直接涉及用户个人、企事业机构或国家的商业机密。传统的纸面贸易都是通过邮寄封装的信件或通过可靠的通信渠道发送商业报文达到保守机密的目的。电子交易数据的机密性是指信息在网络上传送或存储的过程中不被他人窃取、不被泄露或披露给未经授权的人或组织;或者经过加密伪装后,使未经授权者无法了解其内容。

　　(2) 电子交易数据的完整性。电子交易数据的完整性是保护数据不被未授权者修改、建立、嵌入、删除、重复传送或由于其他原因使原始数据被更改。存储时防止非法篡改,防止网站上的信息被破坏。传输时保证接收端收到的信息与发送的信息完全一致,保证数据的完整性。加密的信息在传输过程中,虽然能保证机密性,但是无法保证不被修改。

　　(3) 电子交易对象的认证性。电子交易对象的认证性主要指交易者身份的确定,交易双方在沟通之前相互确认对方的身份,保证身份的正确性,分辨参与者所声称身份的真伪,防止伪装攻击。

　　(4) 电子交易服务的不可拒绝性。保证贸易数据在确定的时间、指定的地点为有效的。电子交易服务的不可拒绝性也称为可用性,保证授权用户在正常访问信息和资源时不被拒绝,为用户提供稳定的服务。可用性的不安全是指"延迟"的威胁或"拒绝服务"的威胁,其结果是破坏计算机的正常处理速度或完全拒绝处理。

　　(5) 电子交易服务的不可否认性。电子交易服务的不可否认性也称为不可抵赖性或可审查性,确定电子合同、交易和信息的可靠性与可审查性,并预防可能的否认行为的发生。📖

📖知识拓展

不可否认性

　　(6) 访问的控制性。访问的控制性是指在网络上限制和控制通信链路对主机系统和应用的访问。用于保护计算机系统的资源(信息、计算和通信资源)不被未经授权人或以未授权方式接入、使用、修改、破坏、发出指令或植入程序等。

　　(7) 其他内容。电子交易的安全要素除了上面 6 项之外,还有匿名性业务(隐匿参与者的身份,保护个人或组织的隐私)等。

2. 电子交易安全常用技术

电子交易的安全不仅是狭义上的网络安全,如防病毒、防黑客、入侵检测等,从广义上还包括信息的完整性及交易双方身份认证的不可抵赖性,电子交易的安全内容涵盖面更广泛,从整体上可分为两大部分：网络系统安全和商务交易安全。电子交易安全常用技术主要包括 4 方面。

(1) 网络安全技术。主要包括防火墙技术、网络防毒技术、加密技术、密钥管理技术、数字签名、身份认证技术、授权、访问控制和审计等。

(2) 安全协议及相关标准规范。电子交易在应用过程中主要的安全协议及相关标准规范包括网络安全交易协议和安全协议标准等。

① 安全超文本传输协议(S-HTTP)。依靠密钥对加密,可以保障 Web 站点间交易信息传输的安全性。

② 安全套接层(secure sockets layer,SSL)协议。由 Netscape 公司提出的安全交易协议,提供加密、认证服务和报文的完整性。SSL 协议被用于 Netscape Communicator 和 Microsoft Internet Explorer 浏览器,以完成安全电子交易操作。

③ 安全交易技术(secure transaction technology,STT)协议。由 Microsoft 公司提出,STT 协议将认证和解密在浏览器中分离开,用于提高安全控制能力。Microsoft 公司在 Internet Explorer 中采用此项技术。

④ 安全电子交易(secure electronic transaction,SET)协议、UN/ EDIFACT 的安全等。

(3) 大力加强安全电子交易监督检查,建立健全各项规章制度和机制。建立交易的安全制度,交易的实时监控,提供实时改变安全策略的能力,对现有的安全系统漏洞的检查以及安全教育等。

(4) 强化社会的法律政策与法律保障机制,通过健全法律制度和完善法律体系,保证合法网上交易的权益,同时对破坏合法网上交易权益的行为进行立法严惩。

3. 电子交易安全采取的对应措施

适当设置防护措施可以降低或防止来自现实的威胁。在通信安全、计算机安全、人事安全、管理安全和媒体安全方面均可采取一定的措施,防止恶意侵扰。整个系统的安全取决于最薄弱环节的安全水平,需要从设计上考虑。

(1) 保密业务。保护信息不被泄露或披露给未经授权的人或组织。可用加密和信息隐匿技术来实现。

(2) 认证业务。保证身份的精确性,分辨参与者所声称身份的真伪,防止伪装攻击。可用数字签名和身份认证技术来实现。

(3) 接入控制业务。保护系统资源(信息、计算和通信资源)不被未经授权人或以未授权方式接入、使用、披露、修改、毁坏和发出指令等。防火墙技术可以实现接入业务。

(4) 数据完整性业务。保护数据不会被未经授权者建立、嵌入、删除、篡改、重放。

（5）不可否认业务。主要用于保护通信用户对付来自其他合法用户的威胁,如发送用户对他所发消息的否认,接收用户对他已收消息的否认等,而不是对付来自未知的攻击者。

（6）加快我国自主知识产权的计算机网络和电子交易安全产品的研制和开发,摆脱我国计算机网络和电子交易安全产品很多依赖进口的局面,将主动权掌握在自己手中。

（7）严格执行《计算机信息系统安全专用产品检测和销售许可证管理办法》,按照此规定规范企业电子交易设施的建设和管理。

☺讨论思考

（1）电子交易安全的主要问题是什么?

（2）电子交易的安全要素有哪些?

（3）电子交易安全采取的对应措施有哪些?

11.2　任务 1　电子交易安全的概念和体系结构

教学视频
课程视频 11.2

11.2.1　目标要求

本任务主要学习目标的具体要求如下。

（1）熟悉电子交易安全的概念和具体要求。

（2）掌握电子交易安全的内容和体系结构。

（3）理解电子交易安全的分类。

11.2.2　知识要点

1. 电子交易安全的概念和要求

电子交易安全是指通过采取各种安全措施,保证网络系统传输、交易和相关数据的安全。保证交易数据的安全是电子交易安全的关键。电子交易安全涉及很多方面,不仅同网络系统结构和管理有关,还与电子交易具体应用的环境、人员素质、社会法制和管理等因素有关。

电子交易安全的具体要求如下。

（1）授权的合法性。安全管理人员根据不同类型用户权限进行授权分配,并管理用户在权限内进行各种操作。

（2）电子交易系统运行安全。电子交易系统保持正常的运行和服务。

（3）交易者身份的真实性。交易双方交换数据信息之前,需要通过第三方的数字证书和签名进行身份验证鉴别。

（4）数据信息的完整性。避免数据信息在存储和传输过程中出现丢失、篡改、次序颠倒等破坏其完整性的行为。

（5）数据信息的安全性（机密性、完整性、可用性、可控性和可审查性）。

（6）可审查性。它也称为不可抵赖性，以电子记录或合同代替传统交易方式，对进行的交易行为不可否认。

2. 电子交易安全的分类和内容

电子交易的一项重要技术特征是利用 IT 技术传输、处理和存储商业数据。电子交易安全从整体上可分为两大部分：网络系统安全和商务交易安全。

网络系统安全的内容包括网络自身安全、数据库安全和运行安全等。针对网络本身、数据库和运行中可能存在的安全问题，实施有效的安全措施，以保证网络系统的安全性为目标、保证数据安全为核心。

商务交易安全针对在互联网络上商务交易产生的各种安全问题，切实保障电子交易过程的顺利进行。实现电子交易的保密性、完整性、可鉴别性、不可伪造性和不可抵赖性。

网络系统安全与商务交易安全密不可分，两者相辅相成，缺一不可。没有网络系统安全作为基础，商务交易安全就无法进行。没有商务交易安全作为保障，即使网络系统本身再安全，也无法保障商务交易和数据的安全。

电子交易安全的内容具体涉及 4 方面。

（1）电子交易安全立法和管理。利用国家安全立法和制度建设，完善电子交易安全法制化和规范化管理。电子交易安全立法和规章制度是对电子交易违法违规行为的重要约束和保障措施。

（2）电子交易系统实体（物理）安全。保护系统硬件设施的安全，包括服务器、终端和网络设备的安全，受到物理保护而免受影响、破坏及损失，保证其自身的可用性、可控性，并为系统提供基本安全保障。

（3）相关软件及数据安全。是指保护系统软件、应用软件和数据不被篡改、影响、破坏及非法复制。保障系统中数据的存取、处理和传输安全。

（4）电子交易系统运行安全。是指保护系统连续正常运行和服务。

3. 电子交易安全的体系结构

电子交易安全的体系结构包括 4 部分：服务器端、银行端、客户端与认证机构。

（1）服务器端。主要包括服务端安全代理、数据库管理系统、审计信息管理系统、Web 服务器系统等。

（2）银行端。主要包括银行端安全代理、数据库管理系统、审计信息管理系统、业务系统等。服务器端与客户端、银行端进行通信，实现服务器与客户的身份认证机制，以保证电子交易可以安全进行。

（3）客户端。客户端电子交易用户通过计算机与因特网连接，客户端除了安装有WWW 浏览器软件之外，还需要有客户安全代理软件。客户安全代理负责对客户的敏感信息进行加密、解密与数字签名,使用经过加密的信息与服务商或银行进行通信,并通过服务器端、银行端安全代理与认证中心实现用户的身份认证机制。

(4) 认证机构。为了确保电子交易安全,认证机构是必不可少的组成部分。网上交易的买卖双方在进行每笔交易时,都需要鉴别对方是否可以信任。认证机构就是为了保证电子交易安全,签发数字证书并确认用户身份的机构。认证机构是电子交易中的关键,它的服务通常包括 5 部分:用户注册机构、证书管理机构、数据库系统、证书管理中心与密钥恢复中心。

根据电子交易安全的要求,可以构建电子交易安全的体系结构,如图 11-1 所示。

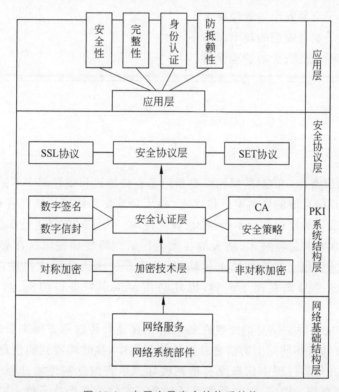

图 11-1　电子交易安全的体系结构

一个完整电子交易安全的体系由网络基础结构层、PKI 体系结构层、安全协议层、应用层 4 部分组成。其中,下层是上层的基础,为上层提供相应的技术支持;上层是下层的扩展与递进;各层次之间相互依赖、相互关联构成统一整体。通过不同的安全控制技术,实现各层的安全策略,保证电子交易系统的安全。

☺讨论思考

(1) 什么是电子交易安全? 电子交易安全的具体要求有哪些?

(2) 电子交易安全的内容包括哪些?

(3) 什么是电子交易安全的体系结构?

11.3　任务2　电子交易安全管理

11.3.1　目标要求

本任务主要学习目标的具体要求如下。

（1）熟悉电子交易安全的管理要求。

（2）掌握电子交易安全的技术保障。

（3）理解电子交易安全的管理保障。

11.3.2　知识要点

1. 电子交易安全的管理要求

（1）信息的保密性。信息的保密性是指信息在传输过程或存储中不被他人窃取。因此，对电子交易系统存储的资料要严格保密，必须对重要和敏感的信息进行加密，然后再放到网上传输，确保非授权用户不得侵入、查看使用。为了对信息进行保密，相应有一些保密性技术，如加密和解密技术、防火墙技术等。信息需要加密以及在必要的结点上设置防火墙。例如，信用卡号在网络上传输时，如果非持卡人从网上拦截，并知道了该号码，他也可以用这个号码在网上购物，因此必须对该卡号进行加密，然后再放到网上传输。

（2）信息的完整性。信息的完整性是从信息存储和传输两方面来看的。在存储时，要防止非法篡改和破坏网站上的信息。在传输过程中，接收端收到的信息与发送的信息完全一致，说明在传输过程中信息没有遭到破坏。尽管信息在传输过程中被加密，能保证第三方看不到真正的内容，但并不能保证信息不被修改或保持完整。要保证数据的完整性，技术上可以采用数字摘要的方法或采用数字签名的方法，还可以采用强有力的访问控制技术，防止对系统中数据的非法删除、更改、复制和破坏，此外还应防止意外损坏和丢失。任何对系统信息应有特性或状态的中断、窃取、篡改和伪造都是破坏信息完整性的行为。例如，如果发送的信用卡号码是2012，接收端收到的却是2021，这样信息的完整性就遭到了破坏。

（3）信息的不可否认性。信息的不可否认性是指信息的发送方不能否认已发送的信息，接收方不能否认已收到的信息。由于商情的千变万化，交易达成后是不能否认的，否则必然会损害一方的利益。因此电子交易通信过程中各个环节都必须是不可否认的。要达到不可否认的目的，可以采用数字签名和数字时间戳等技术。例如，买方向卖方订购石油，订货时世界市场的价格较低，收到订单时价格上涨了，如果卖方否认收到订单的时间，甚至否认收到了订单，那么买方就会因此而遭受损失。

数字签名是密钥加密和数字摘要相结合的技术,用于保证信息的完整性和不可否认性。由于发送者的私钥是自己严密管理的,他人无法仿冒,同时发送者不能否认用自己的私钥加密发送的信息,所以数字签名解决了信息的完整性和不可否认性的问题。

数字时间戳是由专门机构提供的电子交易安全服务项目,用于证明信息的发送时间。数字时间戳是一个经加密后形成的凭证文档,包括3部分:时间戳的文件摘要、DTS机构收到的日期和时间、DTS机构的数字签名。

(4) 交易者身份具有真实性。交易者身份具有真实性是指在虚拟市场中确定交易者的实际身份。网上交易的双方很可能素昧平生且相隔千里,要使交易成功首先要能确认对方的身份,商家要考虑客户端不能是骗子,而客户也会担心网上的商店是不是一个玩弄欺诈的黑店。因此,能方便而可靠地确认对方身份是交易的前提。对于为顾客或用户开展服务的银行、信用卡公司和销售商店,为了做到安全、保密、可靠地开展服务活动,都要进行身份的认证工作。对有关的销售商店来说,他们不知道顾客所用的信用卡的号码,商店只能把信用卡的确认工作完全交给银行来完成。银行和信用卡公司可以采用各种保密与识别方法,确认顾客的身份是否合法,同时还要防止发生拒付款问题以及确认订货和订货收据信息等问题。

(5) 交易信息的有效性。交易信息的有效性直接关系到个人、企业或国家的经济利益和声誉,要求对网络故障、操作错误、应用程序错误、硬件故障、系统软件错误及计算机病毒所产生的潜在威胁加以控制和预防,以保证贸易数据在确定的时刻、确定的地点是有效的。

(6) 支付信息的匿名性。支付信息的匿名性要求除了公正的第三方,没有人能够根据支付信息来跟踪并且识别用户的身份。匿名性就是保护个人隐私不受侵害,包括3方面:不可观察性、不可跟踪性和无关联性。不可观察性,外人不能获取交易的有用信息。外人包括电子支付系统中与该交易无关的其他参与者和系统之外的攻击者。当交易在网上进行并且参与交易者的身份需相互交换的情况下,非常有必要满足不可观察性。不可跟踪性,要求支付者在取款时传给发行银行的数据与用该电子支付手段进行支付时提交给商家的数据无关联,通常要求它们统计独立。因此即使电子支付系统中其他参与者合谋,也不能得到支付者的身份。无关联性,要求任何人不能将支付交易中提交给商家的信息关联起来。某支付者进行了两次支付交易,任何人都不知道这两次交易是来自同一个支付者。

2. 电子交易安全的技术保障

信息安全技术在电子交易系统中的作用非常重要,它守护着商家和客户的重要机密,维护着电子交易系统的信誉和财产,同时为服务方和被服务方提供极大便利,因此,只有采取了必要和恰当的技术手段才能充分提高电子交易系统的可用性和可推广性。安全保障体系主要保障的安全问题是支付安全和信息保密,像用户认证、信息的加密存储、信息的加密传输、信息的不可否认性、信息的不可修改性等要求,要用防火墙、加密、数字签名、数字邮戳、数字凭证和认证中心等技术和手段构成安全电子交易体系。

(1) 防火墙技术。防火墙是在内部网(intranet)和外部网(Internet)之间的界面上构造一个保护层，并强制所有的连接都必须经过此保护层，由其进行检查和连接，从而保护某个特定的网络不受其他网络的攻击，但又不影响该特定网络正常的工作。

（2）加密技术。数据加密技术是电子交易最基本的安全技术，是其他一系列安全技术的基础。电子交易活动有大量的敏感数据需要在网上传输，如果这些信息被窃取、篡改，势必影响电子交易的正常进行，甚至会给交易双方带来灾难性的损失。为了保证电子交易的安全，必须对数据进行加密。

（3）数字签名技术。在电子交易过程中，仅有数据加密技术还不足以保证电子交易信息传递的安全。数据加密技术仅能保证数据传输中的保密性。在确保信息的完整性、有效性、不可抵赖性等方面，数字签名技术占据着不可替代的位置。目前数字签名技术的应用主要有数字摘要、数字签名和数字时间戳技术。

3. 电子交易安全的管理保障

电子交易安全管理关键是要落实到制度上，这些制度包括保密制度、网络系统的日常维护制度、软件的日常维护和管理制度、数据备份制度等。

（1）保密制度。信息的安全级别一般分为3级：绝密级、机密级和秘密级。绝密级，此部分网址、密码不在 Internet 上公开，只限高层管理人员掌握，如公司经营状况报告、订货/出货价格、公司发展规划；机密级，此部分只限公司中层管理人员使用，如公司管理情况、会议通知等；秘密级，此部分在 Internet 上公开，供消费者浏览，但一定要保证信息安全，防止黑客侵入，如公司简介、新产品介绍及订货方式等。

（2）网络系统的日常维护制度。硬件的日常维护与管理，网络管理人员必须建立系统档案，包括设备型号、生产厂家、配置参数、安装时间、安装地点、IP 地址、上网目录和内容等。对于服务器，还要记录内存、硬盘容量和型号、终端型号和参数、多用户卡型号、操作系统名、数据库名等。对于网络设备，一般都要有相应的网络管理软件，可以多网络拓扑自动识别、显示和管理，网络系统结点配置与管理系统故障等，还要可以进行负载均衡和网络调优。对内部线路，尽可能采用结构化布线。

（3）软件的日常维护和管理制度。对于支撑软件，需要定期清理日志文件、临时文件，执行整理文件系统工作，检测服务器上的活动状态和用户注册数，处理运行中的死机情况。对于应用软件主要是控制版本，设置一台安装服务器，当远程客户机软件需要更新时，可以远程安装。

（4）数据备份制度。对于重要数据，应定期、完整、准确、真实地转存到不可更改的介质上，并要求集中和异地保存，保存期至少 2 年，保证系统发生故障时能够快速恢复。重要数据的存储应采用只读式记录设备，备份的数据必须指定专人负责保管，数据保管员必须对数据进行规范的登记，备份地点要防潮、防火、防热、防尘、防磁、防盗等。

（5）用户管理制度。每个系统都设置若干角色，用户管理任务就是添加或者删除用户和用户组号。

（6）病毒的防控。病毒对网络交易的顺利进行和交易数据的妥善保存构成了严重的威胁，因此必须做好防控措施。例如，安装防病毒软件、不打开陌生电子邮件、认真执行病毒定期清理制度、控制权限、高度警惕网络陷阱、应急措施。

（7）在计算机灾难事件发生时,可利用应急辅助软件和应急设施排除灾难和故障,保证计算机继续运行。恢复工作至关重要,包括硬件恢复和数据恢复。其中,数据恢复更为重要,目前运用的数据恢复技术主要是瞬时复制技术、远程磁盘镜像技术和数据库恢复技术。

☺讨论思考

（1）电子交易安全的管理要求有哪些?

（2）电子交易安全的技术保障有哪些?

（3）电子交易安全的管理保障有哪些?

11.4 任务 3 电子交易安全协议和证书

11.4.1 目标要求

本任务主要学习目标的具体要求如下。

（1）了解网上支付的相关概念。

（2）掌握 SSL 协议、SET 协议提供的安全服务和具体工作过程。

（3）熟悉电子交易安全的各种常用协议,熟悉 SET 协议的组成和工作机制。

11.4.2 知识要点

随着网络和电子交易的广泛应用,网络安全技术和交易安全也不断得到发展完善,特别是近几年多次出现的安全事故引起了国内外的高度重视,计算机网络安全技术得到大力加强和提升。安全核心系统、VPN 安全隧道、身份认证、网络底层数据加密和网络入侵检测等技术得到快速发展,可以从不同层面加强计算机网络的整体安全性。

电子交易应用的核心和关键问题是交易的安全性。由于因特网的开放性,使得网上交易面临着多种风险,需要提供安全措施。近几年,信息技术行业与金融行业联合制定了几种安全交易标准,主要包括安全套接层协议和安全电子交易协议等。

1. 安全套接层协议

安全套接层（SSL）协议为一种在网络传输层之上提供的基于 RSA 和保密密钥的,用于浏览器和 Web 服务器之间的安全连接技术。它是国际上最早应用于电子交易的由消费者和商家双方参加的信用卡或借记卡支付协议,采用 RSA 数字签名算法,可以支持 X.509 证书和多种保密密钥加密算法。SSL 协议通过认证确认身份,采用数字签名和数字证书保证信息完整性,通过加密保证信息不被窃取,从而实现客户端和服务器端的安全通信。

1）SSL 协议提供的服务

SSL 协议主要提供 3 种服务：数据加密服务、用户身份认证服务与数据完整性服务。首先，SSL 协议要提供数据加密服务。SSL 协议采用对称加密技术与公开密钥加密技术。SSL 协议客户机与服务器进行数据交换之前，首先需要交换 SSL 协议初始握手信息，在 SSL 协议握手时采用加密技术进行加密，以保证数据在传输过程中不被截获与篡改。其次，SSL 协议要提供用户身份认证服务。SSL 协议客户机与服务器都有各自的识别号，这些识别号使用公开密钥进行加密。在客户机与服务器进行数据交换时，SSL 协议握手需要交换各自的识别号，以保证数据被发送到正确的客户机或服务器上。最后，SSL 协议要提供数据完整性服务。它采用散列函数和机密共享的方法提供完整信息性的服务，在客户机与服务器之间建立安全通道，以保证数据在传输中完整地到达目的地。

2）SSL 协议工作流程及原理

SSL 协议的工作流程主要包括：SSL 协议客户机向 SSL 协议服务器发出连接建立请求，SSL 协议服务器响应 SSL 协议客户机的请求；SSL 协议客户机与 SSL 协议服务器交换双方认可的密码，一般采用的加密算法是 RSA 算法；检验 SSL 协议服务器得到的密码是否正确，并验证 SSL 协议客户机的可信程度；SSL 协议客户机与 SSL 协议服务器交换结束的信息。图 11-2 为 SSL 协议的工作原理。

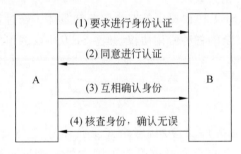

图 11-2　SSL 协议工作原理

在完成以上交互过程后，SSL 协议客户机与 SSL 协议服务器之间传送的信息都是加密的，收方解密而无法了解信息的内容。在电子交易过程中，由于有银行参与交易过程，客户购买的信息首先发往商家，商家再将这些信息转发给银行，银行验证客户信息的合法性后，通知商家付款成功，商家再通知客户购买成功，然后将商品送到客户手中。

SSL 协议也有其缺点：不能自动更新证书；认证机构编码困难；浏览器的口令具有随意性；不能自动检测证书撤销表；用户的密钥信息在服务器上是以明文方式存储的。另外，SSL 协议虽然提供了信息传递过程中的安全性保障，但是信用卡的相关数据应该是银行才能看到，然而这些数据到了商店端都被解密，客户的数据都完全暴露在商家的面前。SSL 协议虽然存在着弱点，但由于它操作容易、成本低，而且又在不断改进，所以在欧美等商业网站的应用非常广泛。

2. 安全电子交易协议

安全电子交易（SET）协议是一个通过 Internet 等开放网络进行安全交易的技术标

准。SET 协议是由 Master Card 和 Visa 联合 Netscape、Microsoft 等公司,于 1997 年 6 月 1 日推出的新的电子支付模型。SET 协议是 B2C 上基于信用卡支付模式而设计的,它保证了开放网络上使用信用卡进行在线购物的安全。SET 协议主要是为了解决用户、商家、银行之间通过信用卡的交易而设计的,它具有保证交易数据的完整性、交易的不可抵赖性等多种优点,因此,它成为目前公认的信用卡网上交易的国际标准。SET 协议向基于信用卡进行电子化交易的应用,提供了实现安全措施的规则。SET 协议主要由 3 个文件组成,分别是 SET 协议业务描述、SET 协议程序员指南和 SET 协议描述。SET 协议涉及的范围:加密算法的应用(如 RSA 和 DES),证书信息和对象格式,购买信息和对象格式,确认信息和对象格式,划账信息和对象格式,对话实体之间消息的传输。

1) SET 协议的主要目标

SET 协议主要达到以下 5 个目标。

(1) 信息传输的安全性。信息在因特网上安全传输,保证网上传输的数据不被外部或内部窃取。

(2) 信息的相互隔离。订单信息和个人账号信息的隔离,当包含持卡人账号信息的订单送到商家时,商家只能看到订货信息,而看不到持卡人的账户信息。

(3) 多方认证的解决。要对消费者的信用卡进行认证,要对网上商店进行认证,消费者、商店与银行之间的认证。

(4) 效仿 EDI 贸易形式。要求软件遵循相同协议和报文格式,使不同厂家开发的软件具有兼容和互操作功能,并且可以运行在不同的硬件和操作系统平台上。

(5) 交易的实时性。所有的支付过程都是在线的。

2) SET 协议的交易成员

SET 支付系统中的交易成员(组成),主要包括 6 部分。

(1) 持卡人。持卡消费者包括个人消费者和团体消费者,按照网上商店的表单填写,通过由发卡银行发行的信用卡进行付费。

(2) 网上商家。在网上的符合 SET 协议规格的电子商店,提供商品或服务,它必须是具备相应电子货币使用的条件,从事商业交易的公司组织。

(3) 收单银行。通过支付网关处理持卡人和商店之间的交易付款问题事务。接受来自商店端送来的交易付款数据,向发卡银行验证无误后,取得信用卡付款授权以供商店清算。

(4) 支付网关。这是由支付者或指定的第三方完成的功能。为了实现授权或支付功能,支付网关将 SET 协议和现有的银行卡支付的网络系统作为接口。在因特网上,商家与支付网关交换 SET 协议信息,而支付网关与支付者的财务处理系统具有一定直接连接或网络连接。

(5) 发卡银行。发卡银行是指电子货币发行公司或兼有电子货币发行的银行;发行信用卡给持卡人的银行机构;在交易过程开始前,发卡银行负责查验持卡人的数据,如果查验有效,整个交易才能成立;在交易过程中负责处理电子货币的审核和支付工作。

(6) 认证中心(CA)。认证中心是可信赖、公正的组织;接受持卡人、商家、银行以及支付网关的数字认证申请书,并管理数字证书的相关事宜,如制定核发准则,发行和注销数字证书等;负责对交易双方的身份确认,对厂商的信誉、消费者的支付手段和支付能力进行认证。

SET 支付系统中的交易成员如图 11-3 所示。

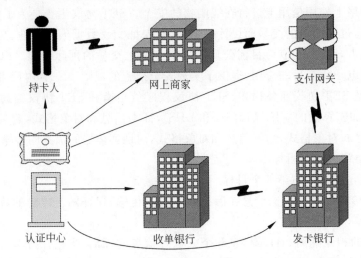

图 11-3　SET 支付系统中的交易成员

3）SET 协议的技术范围

SET 协议的技术范围包括加密算法、证书信息和对象格式、购买信息和对象格式、认可信息和对象格式、划账信息和对象格式、对话实体之间消息的传输。

4）SET 系统的组成

SET 系统的操作通过 4 个软件完成，包括电子钱包、商店服务器、支付网关和认证中心软件，这 4 个软件分别存储在持卡人、网上商家、发卡银行以及认证中心的服务器中，相互运作完成整个 SET 协议。

SET 系统的一般模型如图 11-4 所示。

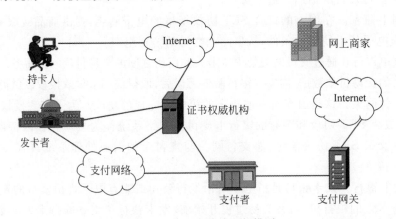

图 11-4　SET 系统的一般模型

（1）持卡人。持卡人是发行者发行的支付卡（例如，MasterCard 和 Visa）的授权持有者。

（2）网上商家。网上商家是有货物或服务出售给持卡人的个人或组织，这些货物或服务可以通过 Web 站点或电子邮件提供给持卡人。

（3）支付者。建立商家的账户并实现支付卡授权和支付的金融组织。支付者为网上商家验证给定的信用卡账户是否能用；支付者也对网上商家账户提供了支付的电子转账。

（4）支付网关。支付网关是由支付者或指定的第三方完成的功能。

（5）证书权威机构。证书权威机构是为持卡人、网上商家和支付网关发行 X. 509 v3 公共密码证书的可信实体。

5）SET 协议的认证过程

SET 协议的认证过程可分为注册登记、申请数字证书、动态认证和商业机构处理。

（1）注册登记。一个机构如要加入基于 SET 协议的安全电子交易系统中，必须先上网申请注册登记，申请数字证书。每个在认证中心进行了注册登记的用户都会得到双钥密码体制的一对密钥（一个公钥和一个私钥）。公钥用于提供对方解密和加密回馈的信息内容；私钥用于解密对方的信息和加密发出的信息。

密钥在加密、解密处理过程的作用如下。

① 对持卡人的作用。用私钥解密回函，用商家公钥填发订单，用银行公钥填发付款单和数字签名等。

② 对银行的作用。用私钥解密付款及金融数据，用商家公钥加密购买者付款通知。

③ 对商家的作用。用私钥解密订单和付款通知，用购买者公钥发出付款通知和代理银行公钥。

（2）申请数字证书。SET 协议的数字证书申请工作的具体步骤如图 11-5 所示。

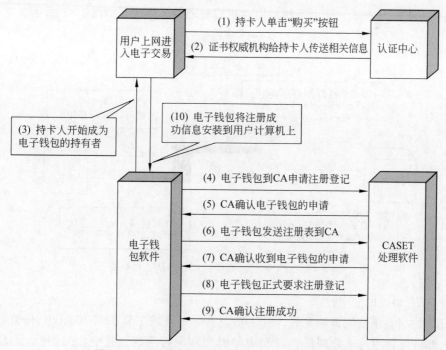

图 11-5　SET 协议的数字证书申请工作的具体步骤

（3）动态认证。注册成功以后，便可以在网络上进行电子交易活动。在从事电子交易时，SET 系统的动态认证工作步骤如图 11-6 所示。

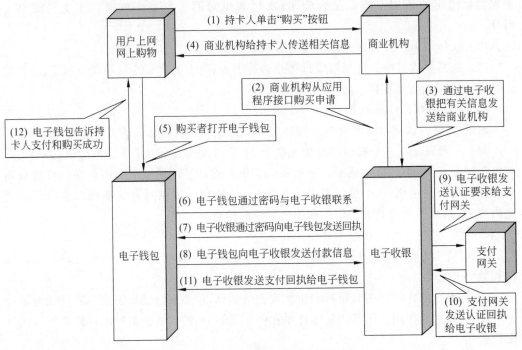

图 11-6 SET 系统的动态认证工作步骤

（4）商业机构处理。SET 系统的商业机构处理的工作步骤如图 11-7 所示。

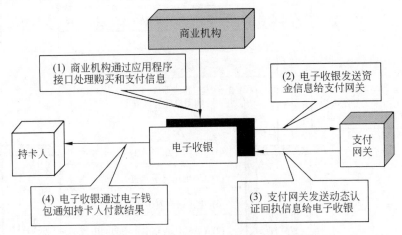

图 11-7 SET 系统的商业机构处理的工作步骤

6）SET 协议的安全技术

SET 协议在不断完善和发展。SET 协议有一个开放工具 SET Toolkit，任何电子交易系统都可以利用它来处理操作过程中的安全和保密问题。其中，支付和认证是 SET Toolkit 向系统开发者提供的两大主要功能。

目前,SET 协议的主要安全保障有以下 3 方面。

(1) 用双钥密码体制加密文件。

(2) 增加密钥的公钥和私钥的字长到 512～2048B。

(3) 采用联机动态的授权和认证检查,以确保交易过程的安全可靠。

安全保障措施的技术基础有 4 个。

(1) 利用加密方式确保信息机密性。

(2) 以数字化签名确保数据的完整性。

(3) 使用数字化签名和商家认证确保交易各方身份的真实性。

(4) 通过特殊的协议和消息形式确保动态交互式系统的可操作性。

☺讨论思考

(1) 什么是 SSL 协议? SSL 协议可以提供哪些服务?

(2) SSL 协议的工作流程是什么?

(3) 什么是 SET 协议? 其组成以及涉及的范围有哪些?

(4) SET 协议的主要目标是什么? 涉及哪些成员?

11.5 知识拓展 电子支付与 Web 站点安全

11.5.1 目标要求

本任务主要学习目标的具体要求如下。

(1) 熟悉基于 Web 安全通道的构建。

(2) 掌握数字证书服务的安装和管理。

11.5.2 知识要点

构建基于 SSL 协议的 Web 安全站点,包括基于 Web 安全通道的构建过程及方法,以及数字证书服务的安装与管理有关实际应用的操作。

1. 基于 Web 安全通道的构建

SSL 协议是一种在两台计算机之间提供安全通道的协议,具有保护传输数据以及识别通信机器的功能。在协议栈中,SSL 协议位于应用层之下,传输层之上,并且整个 SSL 协议 API 和微软公司提供的套接字层的 API 极为相似。因为很多协议都在 TCP 上运行,而 SSL 协议连接与 TCP 连接非常相似,所以通过 SSL 协议上附加现有协议来保证其安全是一项非常好的设计方案。目前,SSL 协议之上的协议有 HTTP、NNTP、SMTP、TELNET 协议和 FTP,另外,国内开始用 SSL 协议保护专有协议。最常用的是 OpenSSL 开发工具包,用户可以调用其中 API 实现数据传输的加密、解密以及身份识别。Microsoft 的 IIS 服务器也提供了对 SSL 协议的支持。

1）配置 DNS、Active Directory 及 CA 服务

建立一个 CA 认证服务器需要 Windows Server 上有 DNS 和 Active Directory 服务，并需要进行配置。用户只要按照"管理工具"中的"配置服务器"向导操作即可。另外，为了操作方便，CA 的颁发策略要设置成"始终颁发"。

2）服务器端证书的获取与安装

（1）获取 Web 站点数字证书。

（2）安装 Web 站点数字证书。

（3）设置"安全通信"属性。

3）客户端证书的获取与安装

客户端如果想通过安全通道访问需要安全认证的网站，必须具有此网站信任的 CA 颁发的客户端证书以及 CA 的证书链。申请客户端证书的步骤如下。

（1）申请客户端证书。

（2）安装证书链或 CRLC。

4）通过安全通道访问 Web 网站

客户端安装了证书和证书链后，就可以访问需要客户端认证的网站了，但是必须保证客户端证书和服务器端证书是同一个 CA 颁发的。在浏览器中输入以下网址 https://Web 服务器地址：SSL 协议端口/index. htm，其中，https 为浏览器要通过安全通道（即 SSL 协议）访问 Web 站点，并且如果服务器的 SSL 协议端口不是默认的 443 端口，那么在访问的时候要指明 SSL 协议端口。在连接刚建立时，浏览器会弹出一个安全警报对话框，这是浏览器在建立 SSL 协议通道之前对服务器端证书的分析，用户单击"确定"按钮以后，浏览器把客户端目前已有的用户证书全部列出来，供用户选择，选择正确的证书后单击"确定"按钮。

5）通过安全通道访问 Web 站点

在 Internet 上的数据信息基本是以明文传送，各种敏感信息遇到嗅探等软件很容易泄密，网络用户没有办法保护各自的合法权益，网络无法充分发挥其方便快捷、安全高效的效能，严重影响了我国电子商务和电子政务的建设与发展，阻碍了 B/S 系统软件的推广。

通过研究国外的各种网络安全解决方案，认为采用最新的 SSL 协议来构建安全通道是一种在安全性、稳定性、可靠性等方面考虑都很优秀的解决方案。

以上为在一种较简单的网络环境中实现的基于 SSL 协议的安全通道的构建，IIS 这种 Web 服务器只能实现 128 位的加密，很难满足更高安全性用户的需求。用户可以根据各自需要选择 Web 服务器软件和 CA 认证软件，最实用的是 OpenSSL 自带的安全认证组件，可实现更高位数的加密，以满足用户各种安全级别的需求。

【案例 11-1】 第一个电子交易。我国第一个安全电子交易系统——"中国东方航空公司网上订票与支付系统"经过半年试运行后，于 1999 年 8 月 8 日正式投入运

行,由上海市政府商业委员会、上海市邮电管理局、中国东方航空股份有限公司、中国工商银行上海市分行、上海市电子交易安全证书管理中心有限公司等共同发起、投资与开发。

安全电子交易系统结构由网上订票与支付系统组成,包括 4 个子系统:商户子系统、客户子系统、银行支付网关子系统、数字证书授权与认证子系统。

(1)商户子系统。第一个应用于销售飞机票的中国东方航空公司网站。

(2)客户子系统。安装于 PC 上的电子钱包软件,是信用卡持有人进行网上消费的支付工具。电子钱包中必须加入客户的信用卡信息与数字证书之后才可以进行网上消费。

(3)银行支付网关子系统。是指由收款银行运行的一套设备,用来处理商户的付款信息以及持卡人发出的付款指令。

(4)数字证书授权与认证子系统。为交易各方生成一个数字证书作为交易方身份的验证工具。其技术特点是采用 IBM 公司的电子交易框架结构、嵌入经国家密码管理委员会认可的加/解密用软/硬件产品。

安全电子交易系统具有的安全交易特点如下。

(1)遵循 SET 协议、具有 SET 协议规定的安全机制,是目前国际互联网上运行的比较安全的电子交易系统。

(2)兼顾国内信用卡/储蓄卡与国际信用卡的业务特点,具有一定的中国特色。

(3)具有开放特性,可与经 SETCO 国际组织认证的任何电子交易系统进行互操作。

2. 数字证书服务的安装与管理

对于构建基于 SSL 协议的 Web 安全站点,首先,需要下载数字证书并进行数字证书的安装与管理。实现电子交易安全的重要内容是电子交易的交易安全。只有使用具有 SSL 协议及 SET 协议的网站,才能真正实现网上安全交易。SSL 协议是对会话的保护,SSL 协议最为普遍的应用是实现浏览器和 WWW 服务器之间的安全 HTTP 通信。SSL 协议所提供的安全业务有实体认证、完整性、保密性,还可通过数字签名提供不可否认性。

【案例 11-2】 为保证电子交易的安全,我国制定颁布了《中华人民共和国电子签名法》,大力推进电子签名、电子认证、数字证书等安全技术手段的广泛应用。对于一些电子交易的安全问题,可以通过中国金融认证中心网(http://www.cfca.com.cn/)进行数字证书安全保护。

数字证书服务的安装与管理可以通过以下方式进行操作。

(1)打开 Windows 控制面板,单击"添加/删除程序"→"添加/删除 Windows 组件"按钮,弹出"Windows 组件向导"对话框,选中"证书服务"复选框,如图 11-8 所示。

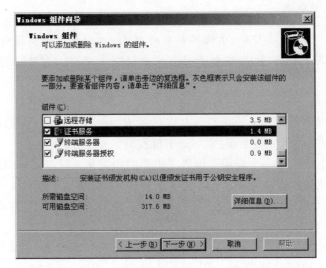

图 11-8　"Windows 组件向导"对话框

在 Windows Server 控制面板，单击"更改安全设置"按钮，出现"Internet 属性"对话框（或在 IE 浏览器中选择"工具"→"Internet 选项"命令），如图 11-9 所示，选择"内容"选项卡中"证书"按钮，出现"证书"对话框。单击"高级"按钮，出现如图 11-10 所示的"高级选项"对话框。

图 11-9　"Internet 属性"对话框

如果单击"证书"对话框中左下角"证书"链接，出现"证书帮助"对话框，可以通过选项查找有关内容的使用帮助。

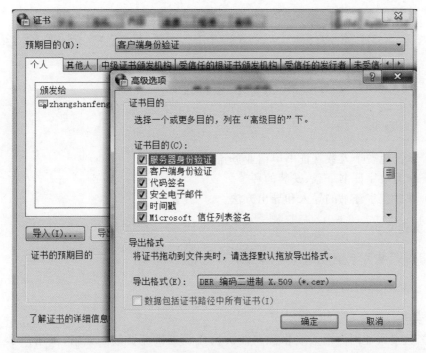

图 11-10 "高级选项"对话框

（2）在"Windows 组件向导"对话框中单击"下一步"按钮，弹出图 11-11，单击"是"按钮。

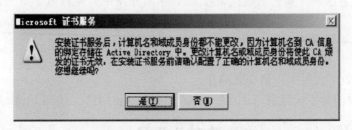

图 11-11 安装证书服务的提示信息

☺讨论思考

（1）如何进行基于 Web 安全通道的构建？

（2）数字证书服务的安装与管理的操作过程有哪些？

11.6 项 目 小 结

本章主要介绍了电子交易安全的概念、电子交易的安全问题、电子交易的安全要求、电子交易的安全体系，由此产生了电子交易安全需求。着重介绍了保障电子交易的安全技术、网上购物 SSL 协议和 SET 协议，并介绍了电子交易身份认证证书服务的安装与管理、Web 服务器数字证书的获取、Web 服务器的 SSL 协议设置、浏览器数字证书的获取与管理、浏览器的 SSL 协议设置及访问等，最后介绍了电子交易安全解决方案。

* 11.7　项目实施　实验 11　数字证书与网银应用

11.7.1　选做 1　数字证书的获取与管理

1. 实验目标

（1）掌握免费个人数字证书申请业务流程。
（2）掌握数字证书下载、安装的环节。
（3）掌握数字证书的导入和导出方法。

2. 实验环境

Windows 操作系统，Internet Explorer，网络。

3. 实验内容和步骤

1）免费个人数字证书说明

中国数字认证网为个人或非营利性机构在线提供免费数字证书，供用户学习使用。免费数字证书的有效期限为一年，申请人不需要支付证书使用费用，证书功能与正式证书一致。证书申请和发放采用在线处理的方式，用户可以在线完成证书的申请，并将证书下载安装到自己的计算机系统或数字证书存储介质中。免费数字证书所包含的内容未经 CA 审核，不提供任何信用等级的保证，不适用于需要确认身份的商业行为，也不应该作为任何商业用途的依据。

2）实验操作指导

（1）免费数字证书的申请安装操作。

① 访问中国数字认证网（http://www.ca365.com）主页，如图 11-12 所示，选择"免

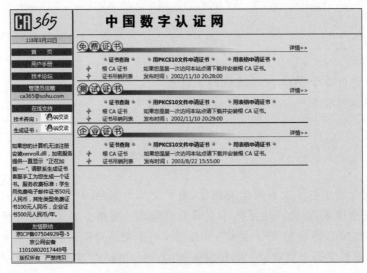

图 11-12　中国数字认证网主页

费证书"栏目的"根 CA 证书"。如果是第一次使用他们的个人证书需要先下载并安装根 CA 证书。

② 下载并安装根 CA 证书。只有安装了根 CA 证书的计算机,才能完成网上申请的步骤和证书的正常使用。出现"下载文件-安全警告"对话框,单击 rootFree. cer,出现如图 11-13 所示的"证书"对话框。单击"安装证书"按钮,根据证书导入向导提示,完成导入操作。

图 11-13 "证书"对话框

③ 在线填写并提交申请表。在图 11-12 中,选择"免费证书"栏目的"用表格申请证书",填写个人数字证书申请表,如图 11-14 所示。用户填写的基本信息包括名称(要求使

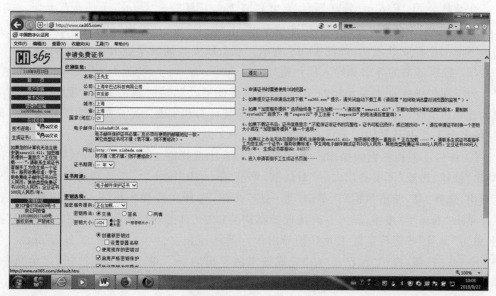

图 11-14 填写个人数字证书申请表

用用户真实姓名)、公司、部门、城市、省、国家(地区)、电子邮箱(要求邮件系统能够支持邮件客户端工具，不能填写错误，否则会影响安全电子邮件的使用)、证书期限、证书用途(可以选择"电子邮件保护证书")、密钥选项(可以选择 Microsoft Strong Cryptgraphic Provider)、密钥用法(可以选择"两者")、密钥大小(填写 1024)等，其他项目默认。注意要选中"创建新密钥对""启用严格密钥保护""标记密钥为可导出"3 项，"Hash 算法"(可以选择 SHA-1)。提交申请表后，出现"正在创建新的 RSA 交换密钥"提示框，确认将私钥的安全级别设为"中级"。

④ 下载安装数字证书。提交申请表后，证书服务器系统将立即自动签发数字证书，如图 11-15 所示。用户单击"直接安装证书"按钮开始下载安装证书，直到出现"安装成功!"的提示。

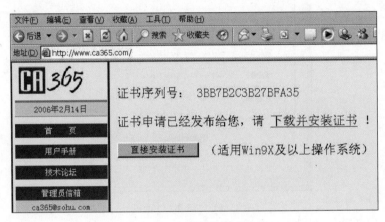

图 11-15 自动签发数字证书

(2) 数字证书的查看。

在微软公司 IE 6.0 浏览器的菜单栏选择"工具"→"Internet 选项"命令，弹出"Internet 选项"对话框，选择"内容"选项卡，单击"证书"按钮，弹出"证书"对话框，可以看到数字证书已经安装成功，如图 11-16 所示。双击新安装的数字证书查看证书内容。

(3) 数字证书的导出和导入操作指导。

为了保护数字证书及私钥的安全，需要进行证书及私钥的备份工作。如果需要在不同的计算机上使用同一张数字证书或者重新安装计算机系统，就需要重新安装根 CA 证书、导入个人证书及私钥。具体步骤如下。

① 备份证书和私钥的操作步骤。在图 11-16 中选择需要备份的个人数字证书，单击"导出"按钮，出现"证书导出向导"对话框，单击"下一步"按钮，可以选择将私钥跟证书一起导出，选择"是，导出私钥"。单击"下一步"按钮，选择文件导出格式，可以选择默认选项。单击"下一步"按钮，输入并确认保护私钥的口令(自己任意设置)。单击"下一步"按钮，单击"浏览"按钮确定证书及私钥导出保存的路径和文件名(文件扩展名为 pfx)。单击"下一步"按钮，提示"你已经成功完成证书的导出向导"，单击"完成"按钮，提示"证书导出成功"，单击"确定"按钮，证书成功导出。

② 导入证书及私钥的操作步骤。如果某台计算机系统中没有安装数字证书，可以进

入图 11-16 中,单击"导入"按钮,出现"证书导入向导"对话框,单击"下一步"按钮,单击"浏览"按钮确定证书及私钥文件的保存路径,查找到扩展名为 pfx 的证书备份文件打开。单击"下一步"按钮,输入保护私钥的口令,选择"启用强私钥保护"。单击"下一步"按钮,选择证书存储区域。单击"下一步"按钮,提示"证书导入成功",单击"确定"按钮,证书及私钥成功导入。

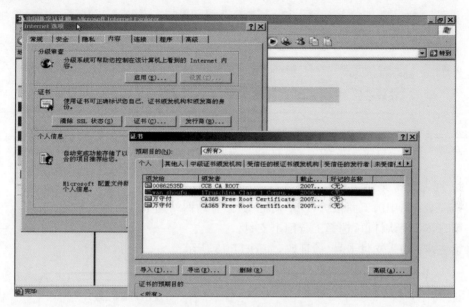

图 11-16 查看成功安装的数字证书

11.7.2 选做 2 网银常用安全支付操作

1. 实验目标

(1) 熟悉银行网上业务范围及具体内容。
(2) 熟悉注册开通商业银行网上银行功能的流程。
(3) 熟悉网上银行所提供的各种交易功能。

2. 实验要求

(1) 查找观察网上个人银行动态演示系统,熟悉操作流程。
(2) 查阅电子交易网站购物流程中关于网上银行支付使用的帮助说明。

3. 实验内容和步骤

1) 登录个人网银

当输入网银注册卡号(或登录别名)、登录密码、验证码后,将在登录的首页面展现"预留验证信息",如图 11-17 所示。

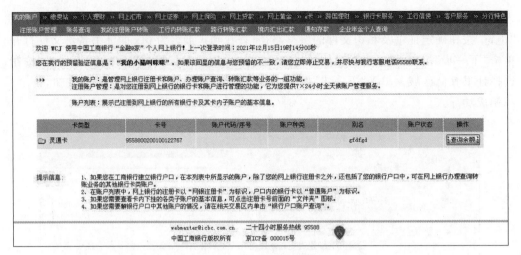

图 11-17　个人网银界面

2）网上购物支付

第一步：在中国工商银行（以下简称工行）特约网站选中商品放入购物车。

第二步：确认订单，选择工行网上支付。

第三步：输入支付卡号、验证码，如图 11-18 所示。

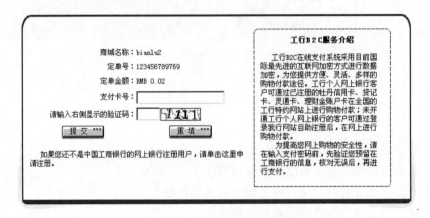

图 11-18　个人网银支付界面

第四步：确认页面显示的信息与设置的"预留验证信息"是否一致，如图 11-19 所示。

第五步：如果验证信息一致，单击"确定"按钮，在下一交易页面输入支付密码（证书客户还需要使用证书签名）、验证码，完成网上支付，如图 11-20 所示；如果信息不一致，请立即停止交易，并尽快与工行客服联系。

3）网上签订委托缴费协议

第一步：在工行收费站合作网站确认签订委托缴费协议。

第二步：输入支付卡号、验证码，如图 11-21 所示。

第三步：确认页面显示的信息与设置的"预留验证信息"是否一致。

第四步：如果信息一致，单击"确定"按钮，在下一交易页面输入支付密码、验证码，完

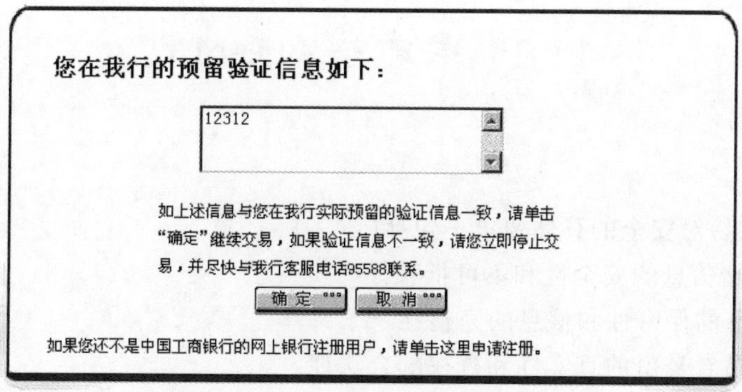

图 11-19 个人网银预留验证信息界面

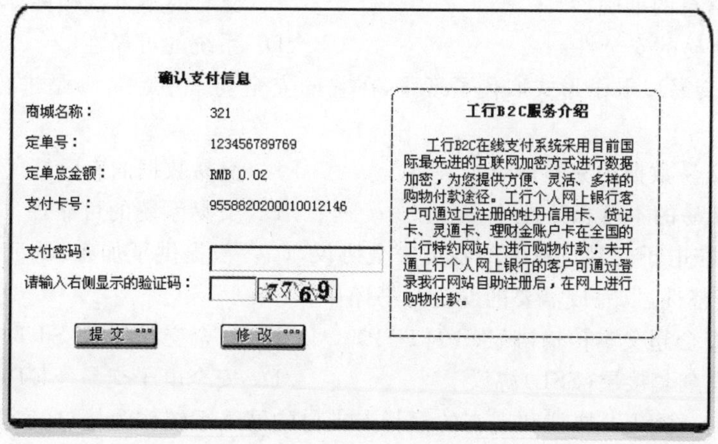

图 11-20 个人网银支持密码输入界面

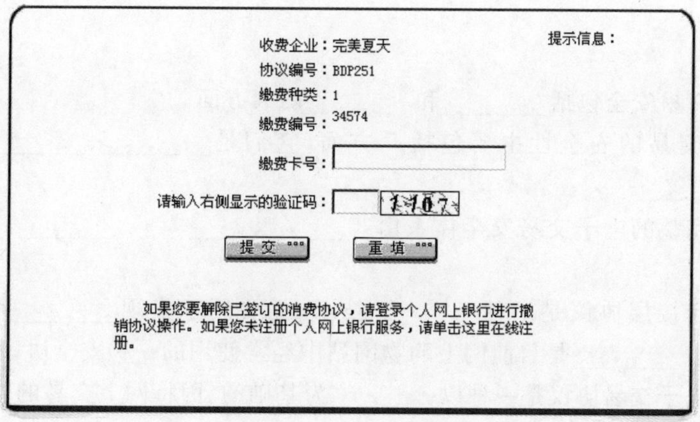

图 11-21 个人网银卡号输入界面

成协议签订。如果信息不一致,立即停止交易,并尽快与工行客服联系。

11.8　练习与实践 11

1. 选择题

(1) 电子交易对安全的具体要求不包括(　　)。

    A. 存储信息的安全性和不可抵赖性

    B. 信息的保密性和信息的完整性

    C. 交易者身份的真实性和授权的合法性

    D. 信息的安全性和授权的完整性

(2) 在 Internet 上的电子交易过程中，最核心和最关键的问题是(　　)

    A. 信息的准确性 　　　　　　　　B. 交易的不可抵赖性

    C. 交易的安全性 　　　　　　　　D. 系统的可靠性

(3) 电子交易以电子形式取代了纸张，在它的安全要素中(　　)是进行电子交易的前提条件。

    A. 交易数据的完整性 　　　　　　B. 交易数据的有效性

    C. 交易的不可否认性 　　　　　　D. 交易系统的可靠性

(4) 应用在电子交易过程中的各类安全协议，(　　)提供了加密、认证服务，并可以实现报文的完整性，以完成需要的安全交易操作。

    A. 安全超文本传输协议(S-HTTP)　B. 安全交易技术(STT)协议

    C. 安全套接层(SSL)协议 　　　　D. 安全电子交易(SET)协议

(5) (　　)将 SET 协议和现有的银行卡支付的网络系统作为接口，实现授权功能。

    A. 支付网关 　　　　　　　　　　B. 网上商家

    C. 电子货币银行 　　　　　　　　D. 认证中心(CA)

2. 填空题

(1) 电子交易安全包括_____和_____两大方面。

(2) 电子交易的安全性主要包括 5 方面，它们是_____、_____、_____、_____、_____。

(3) 一个完整的电子交易安全体系由_____、_____、_____、_____ 4 部分组成。

(4) 安全套接层协议是一种_____技术，主要用于实现_____和_____之间的安全通信。_____是目前网上购物网站中经常使用的一种安全协议。

(5) 安全电子交易协议是一种以_____为基础的、因特网上交易的_____，既保留_____，又增加了_____。

3. 简答题

(1) 什么是电子交易安全？

(2) 在电子交易过程中,交易安全存在哪些风险和隐患?

(3) SET 协议的主要目标是什么? 交易成员有哪些?

(4) 简述 SET 协议的安全保障及技术要求?

(5) SET 协议是如何保护在因特网上付款的交易安全?

(6) 基于 SET 协议的电子交易系统的业务过程有哪几个?

(7) 什么是移动证书? 与浏览器证书的区别是什么?

(8) 简述 SSL 协议的工作原理和步骤。

(9) 电子交易安全体系是什么?

(10) SSL 协议的用途是什么?

4. 实践题

(1) 安全地进行网上购物,如何识别基于 SSL 协议的安全性商业网站?

(2) 浏览一个银行提供的移动证书,查看与浏览器证书的区别。

(3) 什么是 WPKI,尝试到一些 WPKI 提供商处申请无线应用证书。

(4) 查看一个电子交易网站的安全解决方案等情况,提出整改意见。

网络安全新技术及解决方案

科学有效地解决网络安全问题,必须采用网络安全新技术、新方法和具体解决方案,需要综合各种要素才能更好地发挥实效,网络安全解决方案是多种实用技术、管理和方法的综合应用。更全面、系统、综合地运用网络安全技术和管理,还需要认真分析、设计、实施并撰写网络安全解决方案。

重点:网络安全解决方案的概念、要点、要求、分析与设计。

难点:网络安全新技术相关概念、特点和应用,网络安全解决方案的要点、要求、设计原则和质量标准、分析与设计、应用与文档编写。

关键:网络安全解决方案的概念、要点、设计原则和质量标准、分析与设计。

目标:了解网络安全新技术相关概念、特点和应用,理解网络安全解决方案的概念、要点、要求和任务、设计原则和质量标准,掌握网络安全解决方案的分析与设计、案例与编写。

教学视频
课程视频 12.1

12.1　项目分析　网络安全急需新技术和解决方案

【引导案例】　发展网络安全新技术,并以安全操作系统为核心,已成为国家信息安全领域的发展要务。我国关键信息产品大部分源自国外,对于政府、国防、通信等重要部门,将出现网络安全问题,构建我国自主产权的新技术极为重要。沈昌祥院士指出:作为国家信息安全基础建设的重要组成部分,自主创新的可信计算平台和相关产品实质上也是国家主权的一部分。只有掌握关键技术,才能提升我国信息安全的核心竞争力。打造我国可信计算技术产业链,形成和完善中国可信计算标准,并在国际标准中占有一席之地。

12.1.1　网络安全急需新技术与创新

中国科学院沈昌祥院士指出:目前,大部分网络安全系统主要由防火墙、入侵检测和病毒防范等"老三样"组成。在实际应用中,新型网络及信息技术不断涌现、更新和更广泛地拓展各种应用与服务,而且通常一些网络信息系统的安全问题由设计缺陷而引起,或已经严重滞后于网络安全攻击和隐患问题,消极被动地封堵、查杀陈旧技术,无法及时解决企事业机构和个人用户的实际需求,可信计算、大数据安全保护、云安全等新智能化关键核心技术必须得到高度重视和研发。

1. 国家高度重视可信计算等新技术

中国政府和科研机构对可信计算高度重视,在人财物和政策等方面给予极大支持和重点扶植与帮助,使其得到快速发展,取得很多重大的新科研成果。为了更好地促进可信计算技术(含可信操作系统)的快速发展,2008 年 4 月由 16 个企业、安全机构和大学发起的"中国可信计算联盟"成立,为可信计算技术的快速发展起到了极为重要的作用。

可信计算是一种运算和防护并存的主动免疫的新计算模式,具有身份识别、状态度量、保密存储等功能,可以及时识别"自己"和"非己"成分,从而防范与阻断异常行为的攻击。可信计算可从多方面理解:①用户身份认证是对使用者的信任;②平台软硬件配置正确性,可体现使用者对平台运行环境的信任;③应用程序的完整性和合法性,可体现应用程序运行的可信;④平台之间的可验证性是指网络环境下平台之间的相互信任。可信度量、识别和控制主要用于云计算、大数据、移动互联网、虚拟动态异构计算环境等。

2. 云安全技术的实际应用

趋势科技利用云安全技术取得很好效果。云安全技术六大主要应用如下。

(1) Web 信誉服务。借助全球最大的域信誉数据库,按照恶意软件行为分析发现的网站、历史位置变化和可疑活动迹象等因素指定信誉分数,追踪网页可信度。并提高准确性、降低误报率。

(2) 电子邮件信誉服务。利用已知垃圾邮件来源的信誉数据库检查 IP 地址,并利用可实时评估邮件发送者信誉的动态服务对 IP 地址进行验证。

(3) 文件信誉服务。可以检查位于端点、服务器或网关处文件的信誉。检查依据包括已知的文件清单,即防病毒特征码。高性能的内容分发网络和本地缓冲服务器将确保在检查过程中使延迟时间降到最低。

(4) 行为关联分析技术。利用行为分析的"相关性技术"将威胁活动综合关联,确定恶意行为。通过将威胁部分关联并更新其威胁数据库,实时响应,针对电子邮件和 Web 威胁提供及时、自动的保护。

(5) 自动反馈机制。通过检查单个客户的路由信誉确定各种新型威胁,利用类似的"邻里监督"方式,实时探测和及时的"共同智能"保护,将有助于确立全面的最新威胁指数。单个客户常规信誉检查发现的各种新威胁都会自动更新位于全球各地的所有威胁数据库,防止后续客户遇到其威胁。

(6) 威胁信息汇总。在趋势科技中国防病毒研发暨技术支持中心,各种语言的员工将提供实时响应，全天候威胁监控和攻击防御，以探测、预防并清除攻击。

3. 网格环境的安全需求

网格环境的基本安全需求包括认证需求、安全通信需求和灵活的安全策略。

（1）认证需求。为实现网络资源对用户的透明性，需要为用户提供单点登录功能，用户在一个管理域被认证后，可以使用多个管理域的资源，而不需要对用户进行多次认证。用户的单点登录功能需要通过用户认证、资源认证和信任关系的全生命周期管理。

（2）安全通信需求。网格环境中存在多个管理域和异构网络资源，在此环境的安全通信需支持多种可靠的通信协议。而且，为支持网格环境中安全的组通信，需要进行动态的组密钥更新和组成员认证。

（3）灵活的安全策略。网格环境中用户的多样性，以及资源异构的安全域，要求为用户提供多种可选的安全策略，以提供灵活的互操作安全性。

12.1.2　网络安全急需解决方案

对于各种繁杂多变的网络安全问题，必须采用网络安全整体协同解决方案才能真正取得实效。网络安全解决方案的发展方向必须"与时俱进，优化发展"，正在趋向于大数据、云安全、智能化协同解决方案，通过多用户云客户端异常特征情况，获取各种计算机病毒和运行异常等数据信息，发送到智能云平台，经过深入的复杂解析和智能处理，将最终解决方案汇集到各用户终端。利用大数据，有效整合再分析，推送到云用户客户端，再经客户端交叉、网状大数据，反馈给云平台。同时也避免了采用各自为战技术、信息孤岛及互相不交互且不能形成整体协同防御的防范技术。

网络安全解决方案的整体防御作用，如图 12-1 所示。

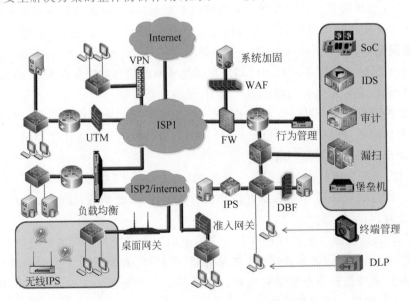

图 12-1　网络安全解决方案的整体防御作用

☺讨论思考

（1）解决网络安全问题为何急需网络安全新技术？

（2）网络安全防范为何需要网络安全解决方案？

12.2 任务 1 网络安全新技术概述

12.2.1 目标要求

本任务主要学习目标的具体要求如下。

（1）理解可信计算的概念、技术结构框架及应用和大数据安全防护。

（2）掌握云安全的相关概念、特点、关键技术和应用。

（3）了解网格安全的概念、技术特点和关键技术。

12.2.2 知识要点

1. 可信计算及其应用

1）可信计算的概念及关键技术

可信计算（trusted computing）也称可信用计算，是一种基于可信机制的计算方式。计算同安全防护并进，使计算结果总是与预期一样，计算全程可测可控，不被干扰破坏，以提高系统整体的安全性。

可信计算技术的核心是可信平台模块（trusted platform module，TPM）的安全芯片。它含有密码运算部件和存储部件，以此为基础，可信机制主要体现在以下 3 方面。

（1）可信的度量。对将要获得控制权的实体，都需要先进行可信度量，主要是完整性的计算等。

（2）度量的存储。可将所有度量值形成一个序列，并保存在 TPM 中，主要包括度量过程日志的存储。

（3）度量的报告。可通过"报告"机制确定平台的可信度，让 TPM 报告度量值和相关日志信息，其过程需要询问实体和平台之间，进行双向的认证。若平台的可信环境被破坏，询问者有权拒绝与该平台的交互或向该平台提供服务。

可信计算组织（Trusted Computing Group，TCG）规范主要常用的 **5** 个关键技术。

① 签注密钥（endorsement key）。是一个 RSA 公共和私有密钥对，它在芯片出厂时随机生成且不可改变。公共密钥用于认证及加密发送到该芯片的敏感数据。

② 安全输入输出（secure input and output）。指用户认为与之交互的软件间受保护的路径。计算机系统上恶意软件有多种方式拦截用户和软件进程间传送的数据。例如，键盘监听和截屏。

③ 存储器屏蔽（memory curtaining）。可拓展存储保护技术，提供完全独立的存储区域，包含密钥的位置。操作系统也没有被屏蔽存储的完全访问权限，所以即使操作系统被攻击控制也可使信息安全。

④ 密封存储（sealed storage）。将机密信息和所用软硬件平台配置信息捆绑在一起来保护机密信息，使该数据只能在相同的软硬件组合环境下读取。例如，某用户不能读取无许可证的文件。

⑤ 远程认证（remote attestation）。准许用户改变被授权方感知。例如，避免用户干扰其软件以规避技术保护措施。利用计算机可将生成的证明书传送给远程被授权方来显示该软件尚未被干扰。

2）可信计算技术结构框架

可信计算技术结构框架，如图 12-2 所示。

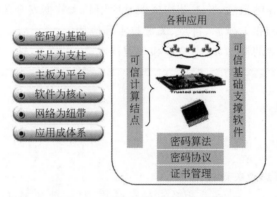

图 12-2　可信计算技术结构框架

（1）可信计算模式。构建的可信计算双体系架构可以解决一系列网络安全相关问题，如图 12-3 所示。

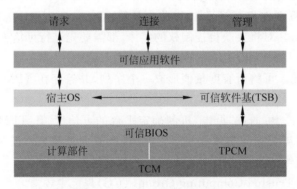

图 12-3　可信计算双体系架构

（2）安全可信系统框架。主要包括 5 方面：体系结构可信、操作行为可信、资源配置可信、数据存储可信和策略管理可信。通过构建可信安全管理中心支持的积极主动三重防护框架，能够达到网络安全目标要求。

3）可信计算的典型应用

（1）数字版权管理。可信计算可构建安全的数字版权管理系统等,安全性高,可防范破解。

（2）身份盗用保护。可信计算可用于防止身份盗用。如网上银行,当用户用远程认证接入银行网站,服务器可产生正确的认证证书并只对该页面服务。用户便可通过该页面发送用户名、密码和账号等信息。

（3）保护系统不受病毒或间谍软件侵害。软件的数字签名可识别出经过第三方修改加入的间谍插件的应用程序。操作系统可发现某版本缺失有效签名并提示该程序已被篡改,并确定签名有效性。

（4）保护生物识别身份验证数据。用于身份认证的生物鉴别设备可使用可信计算技术(存储器屏蔽,安全 I/O),确保无间谍软件窃取敏感的生物识别信息。

（5）核查远程网格计算的结果。可以确保网格计算系统的参与者返回的结果不是伪造的。这样大型模拟运算(如天气系统模拟)无须繁重的冗余运算保证结果不被伪造,从而得到想要的正确结论。

（6）防止在线模拟训练、投票或作弊。可信计算对用户远程认证在线模拟训练、投票或活动作弊等。

2. 大数据安全保护

“大数据”一词源于未来学家阿尔文·托夫勒 1980 年所著的《第三次浪潮》。数据安全技术是保护数据安全的主要措施。大数据的存储和传输过程经常需要对关键数据加密处理,通过各种手段进行有效保护。

（1）数据发布匿名保护技术。是对大数据中结构化数据实现隐私保护的核心关键与基本技术手段。能够很好地解决静态、一次发布的数据隐私保护问题。

（2）社交网络匿名保护技术。主要包括两部分:一是匿名用户标识与属性,在数据发布时隐藏用户标志与属性信息;二是匿名用户间关系,在数据发布时隐藏用户间关系。

（3）数据水印技术。是指将标识信息以难以察觉的方式嵌入数据载体内部且不影响其使用的方法,多见于多媒体数据版权保护,也有针对数据库和文本文件的水印方案。

（4）风险自适应的访问控制。是针对在大数据场景中,安全管理员可能缺乏足够的专业知识,无法准确地为用户指定其可以访问的数据的情况。

（5）数据溯源技术。目标是帮助用户确定数据仓库中各项数据的来源,也可用于文件的溯源与恢复,基本方法即标记法,如通过对数据进行标记来记录数据在数据仓库中的查询与传播历史。

📖注意:政策法规的完善是构建大数据等信息安全环境的重要保障和基础。📖

📖知识拓展
大数据安全
需要保护

3. 云安全技术

1）云安全的基本概念

云安全(cloud security)是指通过大量客户端对网络中异常行为的监测,获取相关信息,传送到服务器端进行自动分析和处理,再把解决方案分发到各客户端,构成整个网络系统的安全体系。

云安全是一种全网防御的安全体系结构,包括智能化客户端、集群式服务端和开放的平台3个层次。它是现有反病毒技术基础上的强化与补充,最终目的是为了让互联网时代的用户都能得到更快、更全面的安全保护。

2）云安全的特点

针对云计算服务模式和资源池的特征,云安全继承了传统信息安全的特点,更凸显了传统信息安全在数据管理、共享虚拟安全、安全管理等方面的问题,同时改变了传统信息安全的服务模式,主要包括以下3个特点。

（1）共享虚拟安全。在云计算中心,虚拟化技术是实现资源分配和服务提供的最基础和最核心的技术。可将不同的软硬件和网络等资源虚拟为一个巨大的资源池,根据用户需求,动态提供所需的资源。虚拟机的安全除了传统上虚拟机监督程序的安全性以及虚拟机中恶意软件等造成的安全问题和隐私泄露之外,虚拟化技术本身的安全问题在云中也显得非常重要。

（2）数据失控挑战。在云计算应用中,用户将数据存放在远程的云计算中心,失去了对数据的物理控制,对数据的安全与隐私的保护完全由云计算提供商提供。通过技术手段使用户可以确信其数据和计算的安全,则对打消用户对云计算安全与隐私问题的顾虑有极大帮助。

（3）安全即服务模式。敏感数据大量分散在网络中,容易造成数据泄露。利用云计算强大的计算与存储能力,可以将安全以服务的形式（简称安全即服务）提供给用户,使得客户能够随时使用到更好、更安全的服务。安全即服务可以在反病毒、防火墙、安全检测和数据安全等多方面为用户提供专业服务。

📖知识拓展
云安全的主要关键技术

3）云安全关键技术

可信云安全的关键技术主要包括可信密码学技术、可信模式识别技术、可信融合验证技术、可信"零知识"挑战应答技术、可信云计算安全架构技术等。📖

【案例12-1】 云安全技术主要应用案例。在最近几年出现的网络安全新技术主要成果中,可信云电子证书得到了快速发展和广泛应用,其电子证书发放的主要过程如图12-4所示。此外,网络可信云端互动的终端接入主要过程如图12-5所示。

云安全实现的六大核心技术如下。

（1）Web信誉服务。借助全信誉数据库,云安全可以按照恶意软件行为分析所发现的网站页面、历史位置变化和可疑活动迹象等因素来指定信誉分数,从而追踪网页的可信度。然后将通过该技术继续扫描网站并防止用户访问被侵害或病毒感染的网站。

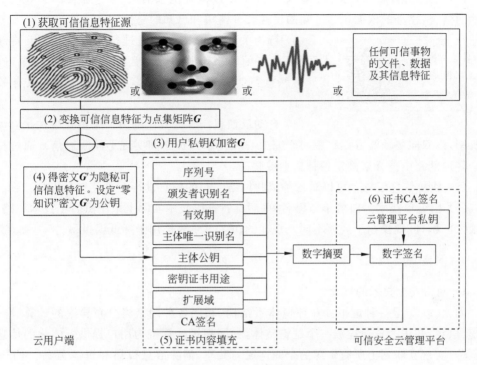

图 12-4　可信云电子证书发放的主要过程

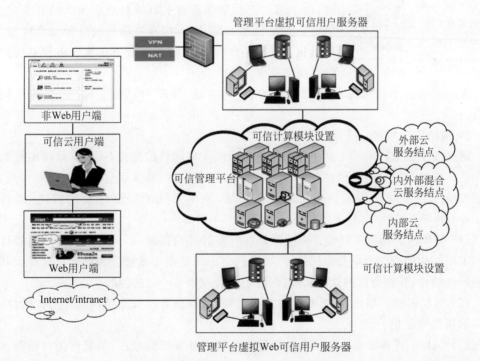

图 12-5　可信云端互动的终端接入主要过程

（2）文件信誉服务。文件信誉服务技术可以检查位于端点、服务器或网关处的每个文件的信誉，检查的依据包括已知的良性文件清单和已知的恶性文件清单。

知识拓展
互联网是云查
杀病毒系统

（3）行为关联分析技术。通过行为分析的"相关性技术"可以把多种网络威胁、病毒等活动综合联系起来，确定其异常恶意行为并及时进行关联检测、分析，采取有效措施。📖

（4）自动反馈机制。云安全的另一个重要组件是自动反馈机制，以双向更新流方式在威胁研究中心和技术人员之间实现不间断通信。通过检查单个客户的路由信誉来确定各种新型威胁。

（5）威胁信息汇总。可以对各种威胁网络安全的信息进行汇总及交互传输。

（6）白名单技术。白名单与黑名单（病毒特征码技术实际上采用黑名单技术思路）并无很大区别，区别仅在于规模不同。现在的白名单主要被用于降低误报率。

4. 网格安全技术

1）网格安全技术的概念

网格（grid）是一种虚拟计算环境体系结构，利用各种网络将分布异地的计算、存储、系统、信息、知识等资源连成一个逻辑整体，如同超级计算机为用户提供一体化的信息应用服务，实现互联网上所有资源的全面连通与共享，消除信息孤岛和资源孤岛。网格作

知识拓展
新网格安全
解决方案

为一种先进的技术和基础设施，已经得到广泛的应用。同时，由于其动态性和多样性的环境特点带来新的安全挑战，需要新安全技术方案，并考虑兼容流行的各种安全模型、安全机制、协议、平台和技术，通过某种方法实现多种系统之间的互操作安全。📖

网格安全技术是指保护网格安全的技术、方法、策略、机制、手段、标准和措施等集合。

2）网格安全技术的特点

网格安全技术主要用于防止非法用户使用或获取网格的资源，从而确保网络资源的安全性。网格环境具有异构性、可扩展性、结构不可预测性和多级管理域等主要特点，网格的安全问题不同于传统的分布式计算环境，网格系统的安全体系的构建，除具有Internet 的安全特性外，其主要特征还包括以下 4 方面。

（1）异构性。网格可以包含跨地理分布的多种异构资源、不同体系结构的超级计算机和不同结构的操作系统及应用软件，要求网格系统能动态地适应多种计算机资源和复杂的系统结构，异构资源的认证和授权，给安全管理带来一定的挑战。

（2）可扩展性。用户、资源和结构为动态变化，网格系统安全结构具有可扩展性，以适应网格规模变化。

（3）结构不可预测性。传统高性能计算系统中计算资源独占，系统行为可预测。在网格计算系统中，资源的共享造成系统行为和系统性能常变化，网格结构具有不可预测性。

（4）多级管理域。计算网格的分布性特点，使与用户和资源有关的各种属性可跨越物理层属于多个组织机构。通常，由于构成网格计算系统的超级计算机资源属于不同机构或组织，且使用不同安全机制，需要各个机构或组织共同参与解决多级管理域问题。

3）网格安全关键技术

网格安全的研究常用于定义一系列的安全协议和安全机制，在虚拟组织间建立一种安全域，为资源共享提供一个可靠的安全环境。网格安全关键技术主要基于密码技术，可实现网格系统中信息传递的机密性、收发信息可审查性和完整性。

（1）安全认证技术。主要包括公钥基础设施（PKI）、加密、数字签名和数字证书等技术。

（2）网格中的授权。通过用户在本地组织中的角色加入解决社区授权服务（CAS）负担过重的问题。网格安全基础设施是基于公钥加密、X.509 证书和安全套接层（SSL）协议的一种安全机制，用于解决虚拟组织（VO）中的认证和消息保护问题。

（3）网格访问控制。可通过区域授权服务或虚拟组织成员服务提供。CAS 允许虚拟组织维护策略，并可用策略与本地站点交互。每个资源提供者都要通知 CAS 服务器关于 VO 成员对于其资源所拥有的权限，用户要访问资源，需向 CAS 服务器申请基于其自身权限的证书，由资源对证书验证后才可访问。

（4）网格安全标准。Web 服务安全规范可集成现有的安全模型，开发 Web 服务时可在更高层次上构建安全框架，网格安全体系结构中将 Web 服务安全规范作为构建跨越不同安全模型的网格安全结构的基础。

国内外，还涌现出很多其他的网络安全新技术、新成果和新应用。📖

☺讨论思考

（1）如何理解可信计算的概念和大数据安全防护？

（2）云安全的特点和可信云安全的关键技术都有哪些？

（3）网格安全技术的特点主要有哪些？

12.3 任务 2 网络安全 解决方案

12.3.1 目标要求

本任务主要学习目标的具体要求如下。

（1）理解网络安全解决方案的概念、要点、要求和任务。

（2）了解网络安全解决方案的设计原则和质量标准。

（3）掌握网络安全解决方案的分析与设计、案例与编写。

12.3.2 知识要点

1. 网络安全解决方案概述

> **【案例12-2】** 网络安全解决方案在实际应用中极为重要。某网上商品销售有限公司，以前由于没有很好地构建完整的企业整体网络安全解决方案，致使公司的商品销售和支付子系统、数据传输和存储等方面不断出现一些网络安全问题，网络安全人员一直处于应付状态——"头痛医头，脚痛医脚"，自从构建了整体网络安全解决方案并进行有效实施后才得到彻底改善。

1) 网络安全解决方案的概念

网络安全方案是指针对网络系统中存在的各种安全问题，通过系统的安全性分析、设计和具体实施过程构建综合整体方案，包括所采用的各种安全技术、方式、方法、策略、措施、安排和管理文档等。

网络安全解决方案是指解决各种网络系统安全问题的综合技术、策略和管理方法的具体实际运用，也是综合解决网络安全问题的具体措施的体现。高质量的网络安全解决方案主要体现在网络安全技术、网络安全策略和网络安全管理3方面，网络安全技术是基础，网络安全策略是核心，网络安全管理是保证。

2) 网络安全方案的特点和种类

网络安全方案的特点具有整体性、动态性和相对性，应当综合多种技术、策略和管理方法等要素，并以发展及拓展的动态性和安全需求的相对性整体分析、设计和实施。在制定整个网络安全方案项目的可行性论证、计划、立项、分析、设计和施行与检测过程中，需要根据实际安全评估，全面和动态地把握项目的内容、要求和变化，力求真正达到网络安全工程的建设目标。

网络安全方案可以分为多种类型：网络安全设计方案、网络安全建设方案、网络安全解决方案、网络安全实施方案等，也可以按照行业特点或单项需求等方式进行划分。如网络安全工程技术方案、网络安全管理方案，金融行业数据应急备份及恢复方案，大型企业局域网安全解决方案、校园网安全管理方案等。在此只重点介绍网络安全解决方案。

3) 制定网络安全解决方案的原则

制定网络安全解决方案的原则如下。

(1) 可评价性原则。预先评价一个网络安全设计并验证其网络的安全性，需要通过国家有关网络信息安全测评认证机构的评估来实现。

(2) 综合性及整体性原则。应用系统工程的观点、方法，具体分析网络系统的安全性和具体措施。应从整体分析和把握网络系统所遇到的风险和威胁，不能像"补漏洞"一样，只对有问题的地方补，可能越补问题越多，应当全面地进行评估并统筹兼顾、协同一致，采取整体性保护措施。安全措施主要包括行政法律手段、各种管理制度（如人员审查、工作流程、维护保障制度等）以及技术措施（如身份认证、访问及存取控制、密码及加密技术、低辐射、容错、防病毒、防火墙技术、入侵检测与防御技术、采用高安全产品等）。

（3）动态性及拓展性原则。动态性是网络安全的一个重要原则。由于安全问题本身动态变化，网络、系统和应用也不断出现新情况、新变化、新风险和威胁，决定了网络安全解决方案的动态可拓展特性。

（4）易操作性原则。安全措施需要人为去完成，如果措施过于复杂，对人的要求过高，本身就降低了安全性。其次，措施的采用不能影响系统的正常运行。

（5）分步实施原则。由于网络系统及其应用扩展范围广阔，随着网络规模的扩大及应用的增加，网络脆弱性也会不断增加。一劳永逸地解决网络安全问题是不现实的。同时，由于实施信息安全措施需要相当的费用支出。因此分步实施，既可满足网络系统及信息安全的基本需求，又可节省费用开支。

（6）多重保护原则。任何措施都不可能绝对安全，需要建立一个多重保护系统，各层保护相互补充，当某层保护被攻破时，其他层保护仍可保护信息安全。

（7）严谨性及专业性原则。在制定方案过程中，应以一种严谨的工作态度，不应有不实的感觉，在制定方案时，应从多方面对方案进行论证。专业性是指对机构的网络系统和实际业务应用，应从专业的角度分析、研判和把握，不能采用一些大致、基本可行的做法，使用户觉得不够专业，难以信任。

（8）一致性及唯一性原则。主要是指网络安全问题应与整个网络的工作周期（或生命周期）同时存在，制定的安全体系结构必须与网络的安全需求相一致。由于安全问题的动态性和严谨性，决定了安全问题的唯一性，因此确定每个具体的网络系统安全的解决方式方法都不能模棱两可。

4）制定网络安全解决方案的注意事项

在制定网络安全解决方案前，必定对企事业机构的网络系统及数据（信息）安全的实际情况深入调研，并进行全面翔实的安全需求分析，对可能出现的安全威胁、隐患和风险进行测评和预测，在此基础上进行认真研究和设计，并写出客观的、高质量的网络安全解决方案。制定网络安全解决方案的注意事项包括以下两点。

（1）以发展变化角度制定方案。主要是指在网络安全解决方案制定时，不仅要考虑到企事业单位现有的网络系统安全状况，也要考虑到将来的业务发展和系统的变化与更新的需求，以一种发展变化和动态的视觉进行考虑，并在项目实施过程中既能考虑到目前的情况，又能很好地适应将来网络系统的升级，预留升级接口。动态安全是制定方案时一个很重要的概念，也是网络安全解决方案与其他项目的最大区别。

（2）网络安全的相对性。在制定网络安全解决方案时，应当以一种客观真实的"实事求是"的态度来进行安全分析、设计和编制。由于事物和时间等因素在不断发生变化，计算机网络又无绝对安全，不管是分析、设计还是编制，都无法达到绝对安全。因此，在制定方案过程中应与用户交流，只能做到尽力避免风险，努力消除风险的根源，降低由于风险所带来的隐患和损失，而不能做到完全彻底消灭风险。在注重网络安全的同时兼顾网络的功能、性能等方面，不能顾此失彼。

在网络安全工程中，动态性和相对性非常重要，可以从系统、人员和管理3方面来考虑。网络系统和网络安全技术是重要基础，在分析、设计、实施和管理过程中，人员是核心,管理是保证。从项目实现角度来看,系统、人员和管理是项目质量的保证。操作系统是一个很庞大复杂的体系,在制定方案时,对其安全因素可能考虑相对较少,容易存在一些人为因素,可能带来安全方面的风险和损失。

2. 网络安全解决方案的内容及制定

制定一个完整的网络安全解决方案,通常包括网络系统安全需求分析与评估、方案设计、方案编制、方案论证与评价、具体实施、测试检验和效果反馈等基本过程,制定网络安全解决方案总体框架应注重以下5方面。在实际应用中,可以根据企事业单位的实际需求进行适当优化选取和调整。

1) 网络安全风险概要分析

对企事业单位现有的网络系统安全风险、威胁和隐患,先要做出一个有重点的安全评估和安全需求概要分析,并能够突出用户所在的行业及其业务的特点、网络环境和应用系统等要求进行概要分析。同时,要有针对性,如政府行业、金融行业、电力行业等,应当体现很强的行业特点,使用户感到真实可靠、具体且有针对性,便于理解接受。

2) 网络安全风险具体分析要点

通常,对企事业单位用户的实际网络安全风险可从4方面进行分析:网络风险分析、系统风险分析、应用安全分析、对系统和应用的安全分析。

(1) 网络风险分析。对企事业单位现有的网络系统结构进行详细分析并辅以图示,找出产生安全隐患和问题的关键,指出风险所带来的危害,对这些风险和隐患可能产生的后果需要做出一个翔实的分析报告,并提出具体的意见、建议和解决方法。

(2) 系统风险分析。对企事业单位所有的网络系统都要进行一次具体翔实的安全风险检测与评估,分析所存在的具体风险,并结合实际业务应用,指出存在的安全隐患和后果。对现行网络系统所面临的安全风险,结合用户的实际业务,提出具体的整改意见、建议和解决方法。

(3) 应用安全分析。对实际业务系统和应用的安全是企业信息化安全的关键,也是网络安全解决方案中最终确定要保护的具体部位和对象,同时由于应用的复杂性和相关性,分析时要根据具体情况进行认真、综合、全面的分析和研究。

(4) 对系统和应用的安全分析。尽力帮助企事业单位发现、分析网络系统和实际应用中存在的安全风险和隐患,并帮助找出网络系统中需要保护的重点部位和具体对象,提出实际采用的安全产品和技术解决的具体方式方法。

3) 网络系统安全风险评估

网络系统安全风险评估是利用安全检测工具和实用安全技术手段对现有网络系统安全状况进行的测评和估计,通过综合评估掌握具体安全状况和隐患,可以有针对性地采取有效措施,同时也给用户一种很实际的感觉,使其愿意接受提出的具体安全解决方案。

4) 常用的网络安全关键技术

制定网络安全解决方案,常用的网络安全关键技术有6种:身份认证与访问控制技术、病毒防范技术、传输加密技术、防火墙技术、入侵检测与防御技术和应急备份与恢复技术等,结合用户的网络、系统和应用的实际情况,对技术进行比较和分析,分析应客观、结果要务实,帮助用户选择最有效的技术,不应崇洋媚外,片面追求"新、好、全、高、大、上"。

（1）身份认证与访问控制技术。从系统的实际安全问题进行具体分析,指出网络应用中存在的身份认证与访问控制方面的风险,结合相关的产品和技术,通过部署这些产品和采用相关的安全技术,帮助用户解决系统和应用在这些方面存在的风险。

（2）病毒防范技术。针对用户的系统和应用的特点,对终端、服务器、网关病毒防范及病毒流行性与趋势进行概括和比较,如实说明病毒所带来的安全威胁和后果,详细指出防范措施及方法。

（3）传输加密技术。利用加密技术进行科学分析,指出明文传输的巨大危害,通过结合相关的加密产品和技术,明确指出现有网络系统的危害和风险。

（4）防火墙技术。结合企事业单位网络系统的特点,对各类新型防火墙进行概括和比较,明确其利弊,并从中立的角度帮助用户选择一种更为有效的防火墙产品。

（5）入侵检测与防御技术。通过对入侵检测与防御系统翔实的介绍,对于在用户的网络和系统安装一个相关产品后对现有的安全状况将会产生的影响进行实际分析,并结合相关的产品及其技术,指明其对用户的系统和网络会带来的具体好处及其重要性和必要性,否则将会带来的后果、风险和影响等。

（6）应急备份与恢复技术。经过深入实际调研并结合相关案例分析,对可能出现的突发事件和隐患,制定出一个具体的应急处理方案(预案),侧重解决重要数据的备份、系统还原等应急处理措施等。

5）安全管理与服务的技术支持

安全管理与服务的技术支持主要是通过技术手段向用户提供长期安全管理与服务支持,对于不断更新变化的安全技术、安全风险和安全威胁,对安全技术合理补充与完善的安全管理与服务也应与时俱进、不断更新。

（1）网络拓扑安全。根据用户网络系统存在的安全风险,详细分析机构的网络拓扑结构,并根据其结构的特点、功能和性能等实际情况,指出现在或将来可能存在的安全风险,并采用相关的安全产品和技术,帮助企事业单位消除产生安全风险和隐患的根源。

（2）系统安全加固。通过实际的安全风险检测、评估和分析,找出企事业单位相关系统已经存在或是将来可能存在的风险,并采用相关的安全产品、措施手段和安全技术,加固用户的系统安全。

（3）应用安全。根据企事业单位的业务应用程序和相关支持系统,通过相应的风险评估和具体分析,找出企事业用户和相关应用已经存在或将来可能存在的漏洞、风险及隐患,并运用相关的安全产品、措施手段和技术,防范现有系统在应用方面的各种安全问题。

（4）紧急响应。对于突发事件,需要及时采取紧急处理预案和处理流程,如突然发生地震、雷击、断电、服务器死机、数据存储异常等,应立即执行相应的紧急处理预案将损失和风险降到最低。

（5）应急备份恢复。通过对企事业机构的网络、系统和应用安全的深入调研和实际分析,针对可能出现的突发事件和灾难隐患,制定出一份具体详细的应急备份恢复方案,如系统备份与还原、数据备份恢复等应急措施，以应对突发情况。

（6）安全管理规范。健全完善的安全管理规范是制定安全方案的重要组成部分，如银行部门的安全管理规范需要具体规定固定 IP 地址，暂时离开计算机时需要锁定等。结合实际分成多套方案，如系统管理员安全规范、网络管理员安全规范、高层领导安全规范、普通员工管理规范、设备使用规范和安全运行环境及审计规范等。

（7）服务体系和培训体系。提供网络安全产品的售前、使用和售后服务，并提供安全产品和技术的相关培训与技术咨询等。

3. 网络安全的需求分析

做好网络安全需求分析是制定网络安全解决方案非常重要的基础性工作，网络安全需求分析的好坏直接关系到后续工作的全面性、准确性和完整性，甚至影响到整个网络安全解决方案的质量。

1）网络安全需求分析的内容

由于网络安全需求与网络安全技术的广泛性、复杂性以及网络安全工程与其他工程学科之间的复杂关系，使得网络安全产品、系统和服务的开发、评估和改进工作更为困难和复杂。需要有一种全面、综合的系统级安全工程体系结构，对安全工程实践进行指导、评估和改进。

（1）网络安全需求分析要点。在进行需求分析时，主要内容注重以下 6 方面。

① 网络安全体系。应从网络系统工程的高度设计网络安全系统，在网络各层次都有相应的具体安全措施，还要注意到内部的网络安全管理在安全系统中的重要作用。

② 可靠性。网络安全系统自身具有必备的安全可靠运行能力，必须能够保证独立正常运行基本功能、性能和自我保护能力，不致因为网络安全系统局部出现故障，就导致整个网络出现瘫痪。

③ 安全性。网络安全系统既要保证网络及其运行和应用的安全，又要保证系统自身的基本安全。

④ 开放性。保证网络安全系统的开放性，以使不同厂家的不同安全产品能够集成到网络安全系统中，并保证网络安全系统和各种应用的可靠安全运行。

⑤ 可扩展性。网络安全技术应有一定的可伸缩与扩展性，以适应网络规模等的更新与变化。

⑥ 便于管理。为了有助于提高管理效率，主要包括两方面：一是网络安全系统本身应当便于管理；二是网络安全系统对其管理对象的管理应当简单便捷。

（2）需求分析案例。对企事业单位的现有网络系统进行初步的概要分析，以便对后续工作进行判断、决策和交流。一般初步分析包括机构概况、网络系统概况、主要安全需求、网络系统管理概况等。

> 【案例 12-3】 某企业集团的网络安全分析。其系统包括企业总部和多个基层单位，按地域位置可分为本地网和远程网，也称为 A 地区以内和 A 地区以外两部分。

由于该网主要为机构和基层单位之间数据交流服务,网上运行大量重要信息,因此,要求入网站点物理上不与 Internet 连接。从安全角度考虑,本地网用户地理位置相对集中,又完全处于独立使用和内部管理的封闭环境下,物理上不与外界有联系,具有一定的安全性。而远程网的连接由于是通过 PSTN 公共交换网实现的,比本地网安全性要差。网络系统拓扑结构如图 12-6 所示。

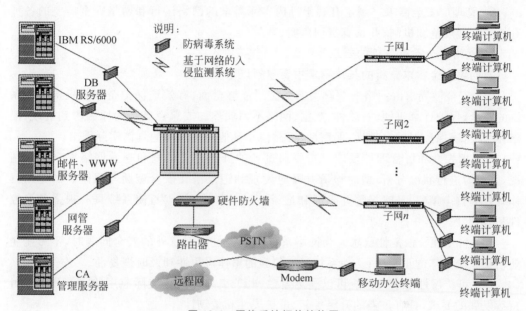

图 12-6　网络系统拓扑结构图

（3）网络安全需求分析。它是在初步概要分析基础上的全面深入分析,主要包括 5 方面。

① 物理层安全需求。各企事业机构"网络中心"主机房服务器等都有不同程度的电磁辐射,考虑到现阶段网络建设情况,A 地区中心机房需要电磁干扰器作为防护措施,对可能产生的电磁干扰加以防范,避免发生泄密。同时,对 A 地区"网络中心"主机房需要安装采用 IC 卡和磁卡及指纹等进行身份鉴别的门控系统,并安装相关的监视系统。

② 网络层安全需求。在 A 地区以外的基层单位,通过宽带与 A 地区主网分布联系,外部网存在的安全隐患和风险比较大。因此,应为这些各基层单位配备加密设施。另外为实现远程网与本地网之间数据的过滤和控制,需要在网络之间的路由器后面加设防火墙。

📖 知识拓展
网络层安全
的其他需求

③ 系统层安全需求。在系统层应使用安全性较高的操作系统和数据库管理系统,并及时进行漏洞修补和安全维护。对于操作系统存在的漏洞隐患,可以通过下载补丁、进行安全管理的设置等手段减少或消除。另外,可以使用安全扫描软件帮助管理员有效地检查主机的安全隐患和漏洞,并及时给出常用的处理提示。

为了在数据及系统突发意外或破坏时及时进行恢复,需要进行数据和系统备份。

④ 应用层安全需求。利用 CA 认证管理机制和先进身份认证与访问控制手段,在基于公钥体系的密码系统中建立密钥管理机制,对密钥证书进行统一管理和分发,实现身份认证、访问控制、信息加密、数字签名等安全保障功能,从而达到保证信息的隐秘性、完整性和可审查性等安全目标要求。📖

⑤ 管理层安全需求。制定有利于机构实际需求的网络运行和网络安全需要的各种有效的管理规范和机制,并认真贯彻落实。

2) 网络安全需求分析的要求

对网络安全需求分析的具体要求主要包括以下 5 项。

(1) 安全性要求。网络安全解决方案必须能够全面、有效地保护企事业机构网络系统的安全,保护计算机硬件、软件、数据、网络不因偶然的或恶意破坏的原因遭到更改、泄露和丢失,确保数据的完整性、保密性、可靠性和其他安全方面的具体实际需求。

(2) 可控性和可管理性要求。主要通过各种操作方式检测和查看网络安全实际情况,并及时进行状况分析,适时检测并及时发现和记录潜在安全威胁与风险。制定出具体有效的安全策略,及时报警并阻断和记录各种异常攻击行为,使系统具有很强的可控性和管理性。

(3) 可用性及恢复性要求。当网络系统个别部位出现意外的安全问题时,不影响企业信息系统整体的正常运行,使系统具有很强的整体可用性和及时恢复性。

(4) 可扩展性要求。系统可以满足金融、电子交易等业务实际应用的需求和企业可持续发展的要求,具有很强的升级更新、可扩展性和柔韧性。

(5) 合法性要求。使用的安全设备和技术具有我国安全产品管理部门的合法认证,达到规定标准要求。

3) 网络安全解决方案的主要任务

通常,制定网络安全解决方案的主要任务有 4 方面。

(1) 调研网络系统。深入实际调研用户计算机网络系统,包括各级机构、基层业务单位和移动用户的广域网的运行情况,还包括网络系统的结构、性能、信息点数量、采取的安全措施等,对网络系统面临的威胁及可能承担的风险进行定性与定量的具体分析与评估。

(2) 分析评估网络系统。对网络系统的分析评估主要包括服务器操作系统、客户端操作系统的运行情况,如操作系统的类型及版本、提供用户权限的分配策略等,在操作系统最新发展趋势的基础上,对操作系统本身的缺陷及可能带来的风险及隐患进行定性和定量的分析和评估。

(3) 分析评估应用系统。对应用系统的分析评估主要包括业务处理系统、办公自动化系统、信息管理系统、电网时实管理系统、地理信息系统和 Internet/ intranet 信息发布系统等的运行情况,如应用体系结构、开发工具、数据库软件和用户权限分配等。在满足各级管理人员和业务操作人员的业务需求的基础上,对应用系统存在的具体安全问题、面临的威胁及可能出现的风险隐患进行定性与定量的分析和评估。

（4）制定网络系统安全策略和解决方案。在上述定性和定量评估与分析基础上，结合用户的网络系统安全需求和国内外网络安全最新发展态势，按照国家规定的安全标准和准则进行具体实际安全方案设计，有针对地制定出机构的网络系统具体的安全策略和解决方案，确保机构网络系统安全可靠地运行。

4. 网络安全解决方案设计及标准

1）网络安全解决方案的设计目标

为了确保网络系统的安全，利用网络安全技术和措施设计网络安全解决方案的目标，包括以下 6 方面。

（1）机构各部门、各单位局域网得到有效的安全保护。

（2）保障与 Internet 相连的安全保护。

（3）提供关键信息的加密传输与存储安全。

（4）保证应用业务系统的正常安全运行。

（5）提供机构整体安全网的监控与审计措施。

（6）最终目标：实现网络系统的机密性、完整性、可用性、可控性与可审查性。通过对网络系统的风险分析及需要解决的安全问题的研究，对照设计目标要求可以制定出切实可行的安全策略及安全方案，以确保网络系统的最终目标。

2）网络安全解决方案的设计要点

具体网络安全解决方案的设计要点主要体现在以下 3 方面。

知识拓展
技术规范对设计方案的影响

（1）访问控制。利用防火墙等技术将内部网与外部网隔离，对与外部网交换数据的内部网及主机、所交换的数据等进行严格的访问控制和操作权限管理。同样，对内部网，由于各部门有不同的应用业务和不同的安全级别，也需要使用防火墙等技术将不同的 LAN 或网段隔离，并实现相互间的访问控制。

（2）数据加密。这是防止数据在传输、存储过程中被非法窃取、篡改的有效手段。

（3）安全审计。这是识别与防止网络攻击行为、追查网络泄密等行为的重要措施之一。具体包括两方面的内容：一是采用网络监控与入侵防范系统，识别网络各种违规操作与攻击行为，及时响应（如报警）并进行及时阻断；二是对信息内容的审计，可以防止内部机密或敏感信息的非法泄露。

3）网络安全解决方案的设计原则

根据网络系统的实际评估、安全需求分析和正常运行要求，按照国家规定的安全标准和准则，提出需要解决的实际具体安全问题，兼顾系统与安全技术的特点、技术措施实施难度及经费等因素，设计时遵循的原则如下。

（1）网络系统的安全性和保密性得到有效增强。

（2）保持网络原有的各种功能、性能及可靠性等特点，对网络协议和传输具有很好的安全保障。

（3）安全技术方便实际操作与维护，便于自动化管理，而不增加或少增加附加操作。

（4）尽量不影响原网络拓扑结构，同时便于系统及系统功能的扩展。

（5）提供的安全保密系统具有较好的性能价格比，可以一次性投资长期使用。

（6）使用经过国家有关管理部门的认可或认证安全与密码产品，并具有合法性。

（7）注重质量，分步实施，分段验收。严格按照评价安全方案的质量标准和具体安全需求，精心设计网络安全综合解决方案，并采取几个阶段进行分步实施、分段验收，确保总体项目质量。

根据以上设计原则，在认真评估与需求分析基础上，可以精心设计出具体的网络安全综合解决方案，并可对各层次安全措施进行具体解释和分步实施。

4）网络安全解决方案的评价标准

在实际工作中，在把握重点关键环节的基础上，明确评价安全方案的质量标准、具体安全需求和安全实施过程，有利于设计出高质量的安全方案。网络安全解决方案的评价标准主要包括以下8方面。

（1）确切唯一性。这是评估安全解决方案最重要的标准之一，由于网络系统和安全性要求相对比较特殊和复杂，所以，在实际工作中，对每一项具体指标的要求都应当是确切的和唯一的，不能模棱两可，以便根据实际安全需要进行具体实现。

（2）综合把握和预见性。综合把握和理解现实中的安全技术和安全风险，并具有一定的预见性，包括现在和将来可能出现的所有安全问题和风险等。

（3）评估结果和建议应准确。对用户的网络系统可能出现的安全风险和威胁，结合现有的安全技术和安全隐患，应当给出一个具体、合适、实际、准确的评估结果和建议。

（4）针对性强且安全防范能力提高。针对企事业用户系统安全问题，利用先进的安全产品、安全技术和管理手段，降低用户的网络系统可能出现的风险和威胁，消除风险和隐患，增强整个网络系统防范安全风险和威胁的能力。

（5）切实体现对用户的服务支持。将所有的安全产品、安全技术和管理手段都体现在具体的安全服务中，以优质的安全服务保证网络安全工程的质量，提高安全水平。

（6）以网络安全工程的思想和方式组织实施。在解决方案起草过程和完成后，都应当经常与企事业用户进行沟通，以便及时征求用户对网络系统在安全方面的实际需求、期望和所遇到的具体安全问题。

（7）网络安全是动态的、整体的、专业的工程。在整个设计方案过程中，应当清楚网络系统安全是一个动态的、整体的、专业的工程，需要分步实施，不能一步到位彻底解决用户所有的安全问题。

（8）具体方案中所采用的安全产品、安全技术和具体安全措施都应当经得起验证、推敲、论证和实施，应当有实际的理论依据、坚实基础和标准准则。

可根据侧重点综合运用上述评价标准要求，经过不断地探索和实践，完全可以制定出高质量的实用网络安全解决方案。一个好的网络安全解决方案不仅要求运用合适的安全技术和措施，还应当综合各方面的技术和特点，切实解决具体的实际问题。

☺讨论思考

（1）制定网络安全解决方案的设计原则有哪些？

(2) 网络安全解决方案的质量标准有哪些？

(3) 网络安全解决方案需求分析的具体要求是什么？

12.4　项目案例　网络安全解决方案应用

12.4.1　目标要求

本任务主要学习目标的具体要求如下。

(1) 掌握金融网络安全解决方案的需求分析和设计方法。

(2) 了解电力网络安全解决方案的需求分析和设计要点。

(3) 理解电子政务网络安全解决方案的需求分析和设计。

12.4.2　知识要点

1. 金融网络安全解决方案

【案例 12-4】　上海××网络信息技术有限公司通过竞标方式，最后以 128 万元获得某银行网络安全解决方案工程项目的建设权。其中的"网络系统安全解决方案"包括 8 项主要内容：信息化现状分析、安全风险分析、完整网络安全实施方案的设计、实施方案计划、技术支持和服务、项目安全产品、检测验收报告和安全技术培训。

现在金融行业日益国际化、现代化，我国银行注重技术和服务创新，不仅依靠信息化建设实现城市间的资金汇划、消费结算、储蓄存取款、信用卡交易电子化、电话银行等多种服务，而且以资金清算系统、信用卡异地交易系统等，形成了全国性的网络化服务。此外，许多银行开通了 SWIFT 系统，并与海外银行建立了代理行关系，各种国际结算业务往来电文可在境内外快速接收与发送，为企业国际投资、贸易与交往和个人境外汇款提供了便捷的金融服务。

1) 金融系统信息化现状分析

金融行业信息化建设经过多年的快速发展，信息化程度已达到了很高水平。信息技术在提高管理水平、促进业务创新、提升企业竞争力等方面发挥着日益重要的作用。随着银行信息化的深入发展以及银行业务系统对信息技术的高度依赖，银行业网络信息安全问题也日益严重，新的安全威胁不断出现，并且由于银行数据的特殊性和重要性，成为黑客攻击的主要对象，针对金融信息网络的计算机犯罪案件呈逐年上升趋势，特别是随着银行全面进入业务系统整合、数据大集中的新的发展阶段，以及银行卡、网上银行、电子商务、网上证券交易等新的产品和新一代业务系统的迅速发展，现在不少银行开始将部分业务放到互联网上，以后还将迅速形成一个以基于 TCP/IP 为主的复杂的、全国性的网络应用环境，来自外部和内部的信息安全风险将不断增加，对金融系统的安全性提出了更高的要求，金融信息安全对金融行业稳定运行、客户权益乃至国家经济金融安全、社会稳定都具有越来越重要的意义。金融行业迫切需要建设主动的、深层的、立体的信息安全保障体系，保障业务系统的正常运转，保障企业经营使命的顺利实现。

目前，我国金融行业典型网络拓扑结构如图 12-7 所示，通常为一个多级层次化的互联广域网体系结构。

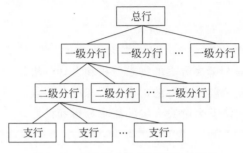

图 12-7　金融行业典型网络拓扑结构

2）金融网络系统安全面临的风险

随着近几年国际金融危机和国内金融改革，各银行将竞争的焦点集中到服务上，不断加大信息化建设投入，扩大网络规模和应用范围。但是，信息化在给银行带来一定经济效益和利益的同时，也为银行网络系统带来新的安全问题，而且显得更为迫切。

金融网络系统存在安全风险的主要原因有 3 个。

（1）防范和化解金融风险成了各级政府和金融部门非常关注的问题。随着我国经济体制和金融体制改革的深入，扩大对外开放、金融风险迅速增大。

（2）随着计算机网络的快速发展和广泛应用，系统的安全漏洞也不断增加。多年以来，银行迫于竞争的压力，不断扩大信息化网点、推出信息化新品种，计算机信息管理制度和安全技术与措施的建设不完善，使计算机系统安全问题日益突出。

（3）金融行业网络系统正在向国际化方向发展，计算机技术日益普及，网络威胁和隐患也在不断增加，利用计算机犯罪的案件呈逐年上升趋势，这也迫切要求银行信息系统具有更高的安全防范体系和措施。

金融行业网络系统面临的内部和外部风险复杂多样，主要风险有 3 方面。

（1）组织方面的风险。系统风险对于缺乏统一的安全规划与安全职责的组织机构和部门中更为突出。

（2）技术方面的风险。由于安全保护措施不完善，致使所采用的一些安全技术和安全产品对网络安全技术的利用不够充分，仍然存在一定风险和隐患。

（3）管理方面的风险。网络安全管理需要进一步提高，安全策略、业务连续性计划和安全意识培训等都需要进一步完善和加强。

【案例 12-5】　上海××网络信息技术有限公司，1993 年成立并通过 ISO 9001 认证,注册资本 6800 万元。公司主要提供网络安全产品和网络安全解决方案,公司提出的安全理念是解决方案 PPDRRM,它给用户带来稳定安全的网络环境,已经覆盖了网络安全工程项目中的产品、技术、服务、管理和策略等方面,成为一个完善、严密、整体和动态的网络安全理念。网络安全解决方案 PPDRRM 如图 12-8 所示。

图 12-8　网络安全解决方案 PPDRRM

金融行业网络安全解决方案 **PPDRRM** 主要包括以下 6 方面。

(1) 综合的网络安全策略(policy)。主要根据企事业用户的网络系统实际状况,通过具体的安全需求调研、分析、论证等方式,确定出切实可行的综合的网络安全策略并实施,主要包括环境安全策略、系统安全策略、网络安全策略等。

(2) 全面的网络安全保护(protect)。主要提供全面的保护措施,包括安全产品和技术,需要结合用户网络系统的实际情况来制定,内容包括防火墙保护、防病毒保护、身份验证保护、入侵检测保护等。

(3) 连续的安全风险检测(detect)。主要通过检测评估、漏洞技术和安全人员,对用户的网络系统和应用中可能存在的安全风险和威胁隐患连续地进行全面安全风险检测和评估。

(4) 及时的安全事故响应(response)。主要指对用户的网络系统和应用遇到的安全入侵事件需要做出快速响应和及时处理。

(5) 快速的安全灾难恢复(recovery)。主要指当网络系统中的网页、文件、数据库、网络和系统等遇到意外破坏时,可以采用迅速恢复技术。

(6) 优质的安全管理服务(management)。主要指在网络安全项目中,以优质的网络安全管理与服务作为项目有效实施过程中的重要保证。

3) 网络安全风险分析的内容

网络安全风险分析的内容主要包括对网络物理结构、网络系统和网络应用进行的各种安全风险和威胁隐患的具体分析。

(1) 网络物理结构安全分析。对机构用户现有的网络物理结构进行安全分析,主要是详细具体地调研分析该银行与各分行的网络结构,包括内部网络、外部网络和远程网络的物理结构。

(2) 网络系统安全分析。对机构用户的网络系统进行安全分析,主要是详细调研分析该银行与各分行网络的实际连接、操作系统的使用和维护情况、Internet 的浏览访问使用情况、桌面系统的使用情况和主机系统的使用情况，找出可能存在的各种安全风险和威胁隐患。

（3）网络应用安全分析。对机构用户的网络应用情况进行安全分析，主要是详细调研分析该银行与各分行的所有服务系统及应用系统，找出可能存在的各种安全漏洞和风险。

4）网络安全解决方案设计

（1）公司技术实力。主要概述公司的主要发展和简介、技术实力、具体成果和典型案例，突出先进技术、方法和特色等，突出其技术实力和质量，增强承接公司的信誉和影响力。

（2）人员层次结构。主要包括公司现有管理人员、技术人员、销售及服务人员情况。具有中级以上技术职称的工程技术人员情况，其中教授级高级工程师或高级工程师人数、工程师人数，硕士学历以上人员占所有人员的比重，以体现知识技术型的高科技网络公司的特点。

（3）典型成功案例。介绍公司完成的主要网络安全工程的典型成功案例，特别是与企事业用户项目相近的重大网络安全工程项目，使用户确信公司的工程经验和可信度。

（4）产品许可证或服务认证。网络系统安全产品的许可证非常重要，在国内只有取得了许可证的安全产品才允许在国内销售和使用。现在网络安全工程项目的公司属于提供服务的公司，通过国际认证可以有利于提高良好信誉。

（5）实施网络安全工程意义。在网络安全解决方案设计工作中，实施网络安全工程意义部分主要着重结合现有的网络系统安全风险、威胁和隐患进行具体翔实分析，并写出网络安全工程项目实施完成后，用户的网络系统的信息安全所能达到的具体安全保护标准、防范能力与水平，以及解决信息安全的现实意义与重要性。

5）金融网络安全体系结构及方案

以金融网络安全解决方案为例，概述网络安全解决方案建立过程，主要包括以下5方面。

（1）金融网络安全体系结构

> 【案例12-6】　某银行制定的信息系统安全性总原则是"制度防内，技术防外"。"制度防内"是指对内建立健全严密的安全管理规章制度、运行规程，形成内部各层人员、各职能部门、各应用系统的相互制约关系，杜绝内部作案和操作失误的可能性，并建立良好的故障处理反应机制，保障银行信息系统的安全正常运行。"技术防外"主要是指从技术手段上加强安全措施，重点防止外部黑客的入侵。在不影响银行正常业务与应用的基础上建立银行的安全防护体系，从而满足银行网络安全运行的要求。

📖知识拓展
网络安全的
目标要求

对于金融网络系统，构建一个网络安全解决方案非常重要，可以从网络安全、系统安全、访问安全、应用安全、内容安全、管理安全6方面综合考虑，并注重网络安全的目标要求。📖

① 网络安全问题。一是利用防火墙系统阻止来自外部

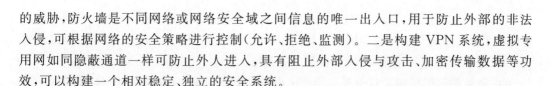

的威胁,防火墙是不同网络或网络安全域之间信息的唯一出入口,用于防止外部的非法入侵,可根据网络的安全策略进行控制(允许、拒绝、监测)。二是构建 VPN 系统,虚拟专用网如同隐蔽通道一样可防止外人进入,具有阻止外部入侵与攻击、加密传输数据等功效,可以构建一个相对稳定、独立的安全系统。

② 系统安全问题。入侵防御与检测系统可对危险情况进行阻拦及报警,为网络安全提供实时的入侵检测并采取相应的防护措施,如报警、记录事件及证据、跟踪、恢复、断开网络连接等。通过漏洞扫描系统定期检查内部网络和系统的安全隐患,并及时进行修补。

③ 访问安全问题。强化身份认证系统和访问控制措施。对网络用户的身份进行认证,保证系统内部所有访问过程的合法性。

④ 应用安全问题。实施主机监控与审计系统。通过计算机管理员可以监控不同用户对主机的使用权限。加强主机本身的安全,对主机进行安全监控。同时,需要构建服务器群组防护系统,强化对病毒的防范。

⑤ 内容安全问题。借助网络审计系统记录各种操作和行为事件,便于审计和追踪与特殊事件的认定。对网络系统中的通信数据,可以按照设定规则将数据进行还原、实时扫描、实时阻断等,最大限度地提供对企业敏感信息的监察与保护。

⑥ 管理安全问题。实行网络运行监管系统。可以对整个网络系统和单个主机的运行状况进行及时的监测分析,实现全方位的网络流量统计、蠕虫后门监测定位、报警、自动生成拓扑等功能。

📖 知识拓展
网络安全技术实施策略

(2) 网络安全技术实施策略。📖

(3) 网络安全管理技术。结合第 3 章内容将网络安全管理与安全技术紧密结合、统筹兼顾,进行集中、统一、安全的高效管理和培训。

(4) 紧急响应与灾难恢复。为了防止突发的意外事件发生,必须制订详细的紧急响应计划和预案,当企事业机构用户的网络、系统和应用遇到意外或破坏时,应当及时响应并进行应急处理和记录等。

制订并实施具体的灾难恢复计划和预案,及时地将企事业用户所遇到的网络、系统和应用的意外或破坏恢复到正常状态,同时消除产生安全风险和威胁。

(5) 具体网络安全解决方案。

实体安全解决方案。保证网络系统各种设备的实体安全是整个计算机系统安全的前提和重要基础。在 1.3 节介绍了实体安全是保护网络设备、设施和其他媒体免遭地震、水灾、火灾等环境事故,以及人为操作行为导致的破坏。主要包括 3 方面:环境安全、设备安全、媒体安全。

为了保护网络系统的实体及运行过程中的信息安全,还要防止系统信息在空间的传播扩散过程中的电磁泄漏。通常是在物理上采取一定的防护措施,来减少或干扰扩散出去的空间信号。这是政府、军队、金融机构在建设信息中心时首要的必备条件。

为了保证网络系统的正常运行,在实体安全方面应采取以下 4 项措施。

① 产品保障措施。指网络系统及相关设施产品在采购、运输、安装等方面的安全措施。

② 运行安全措施。网络系统中的各种设备，特别是安全类产品，在使用过程中必须能够从生产厂家或供货单位得到快速且周到的技术支持与服务。同时，对一些关键的安全设备、重要的数据和系统，应设置备份应急系统。

③ 防电磁辐射措施。对所有重要涉密设备都应当采用防电磁辐射技术，如辐射干扰机等。

④ 保安措施。主要是防盗、防火、防雷电和其他安全防范，还包括网络系统所有的网络设备、计算机及服务器、安全设备和其他软硬件等的安全防护。

知识拓展
链路安全的
其他措施

链路安全解决方案。对于机构网络链路方面的安全问题，重点解决网络系统中链路级点对点公用信道上的相关安全问题的各种措施、策略和解决方案等。📖

知识拓展
广域网络安
全解决方案

广域网络安全解决方案。主要包括广域网络安全方面的解决措施。📖

数据安全解决方案。主要是指数据传输安全、数据存储安全、网络安全审计。数据安全主要包括数据传输安全（动态安全）、数据加密、数据完整性鉴别、防抵赖（可审查性）、数据存储安全（静态安全）、数据库安全、终端安全、数据防泄密、数据内容审计、用户鉴别与授权、数据备份与恢复等。

① 数据传输安全。对于在网络系统内数据传输过程中的安全，根据机构具体实际需求与安全强度的不同，可以设计多种解决方案。如数据链路层加密方案、IP层加密方案、应用层加密解决方案等。

② 数据存储安全。在网络系统中存储的数据主要包括两大类：企事业用户进行业务实际应用的纯粹数据和系统运行中各种功能数据。对纯粹数据的安全保护，以数据库的数据保护为重点。对各种功能文件的保护，终端安全最重要。为了确保数据安全，在网络系统安全的设计中应注重8项内容：进行数据访问控制的具体策略和措施；网络用户的身份鉴别与权限控制方法；数据机密性保护措施，如数据加密、密文存储与密钥管理等；数据完整性保护的具体策略和措施；防止非法软盘复制和硬盘启动的实际举措；防范计算机病毒和恶意软件的具体措施和办法；备份数据的安全保护的具体策略和措施；进行数据备份和恢复的相关工具。

③ 网络安全审计。是一个安全的系统网络必备的功能特性，是提高网络安全性的重要工具，通过安全审计可以记录各种网络用户使用计算机网络系统进行所有活动及过程。通过安全审计不仅可以识别访问者有关情况，并能够记录事件、操作和进行过程跟踪。

⚠注意：企事业机构的网络系统聚集了大量的重要机密数据和用户信息。一旦这些重要数据被泄露，将会产生严重的后果和不良影响。此外，由于网络系统与 Internet 相连，不可避免地会流入一些杂乱的不良数据。为防止与追查网上机密数据的泄露行为，并防止各种不良数据的流入，可在网络系统与 Internet 的连接处对进出网络的数据流实施内容审计与记载。

2. 电力网络安全解决方案

【案例 12-7】 电力网络业务数据安全解决方案。由于省(自治区、直辖市,下同)级电力行业网络信息系统相对比较特殊,涉及的各种类型的业务数据广泛且很庞杂,而且,内部网与外部网在体系结构等方面差别很大,在此仅概述一些省级电力网络业务数据安全解决方案。

1) 电力网络安全现状及需求分析

(1) 网络安全问题对电力系统的影响。随着信息化的日益深入和信息网络技术的应用日益普及,网络安全问题已经成为影响网络效能的重要问题。而 Internet 所具有的开放性、全球性和自由性在增加应用自由度的同时,对安全提出了更高要求。

电力系统信息安全问题已威胁到电力系统的安全、稳定、经济、优质运行,影响着数字电力系统的实现进程。研究电力系统信息安全问题、制定电力系统信息遭受外部攻击时的防范与系统恢复措施等信息安全战略,是当前信息化工作的重要内容。电力系统信息安全已经成为电力企业运营、经营和管理的重要组成部分。同时,注意使电力信息网络系统不受黑客和病毒的入侵,保障数据传输的安全性、可靠性。

(2) 省级电力网络系统现状。省级电力网络系统是一个覆盖全省的大型广域网络,其基本功能包括 FTP、TELNET、Mail 及 WWW、News、BBS 等客户-服务器模式的服务。省级电力公司信息网络系统是业务数据交换和处理的信息平台,在网络中包含各种各样的设备:服务器系统、路由器、交换机、工作站、终端等,并通过专线与 Internet 相连。各地市电力公司/电厂的网络基本采用 TCP/IP 以太网星状拓扑结构,而它们的外联出口通常为上一级电力公司网络。

随着业务的发展,省级电力网络系统原有的基于内部网络的相对安全将被打破,无法满足业务发展的安全需求,急需重新制定安全策略,建立完整的安全保障体系。

(3) 网络系统风险分析。现阶段省级电力网络系统存在安全隐患。从系统层、网络层、管理、应用层 4 个角度结合省级电力网络应用系统的实际情况进行电力网络风险分析。

电力网络系统的分区结构及面临的安全威胁如图 12-9 所示。📖

📖知识拓展
电力网络系统风险分析

网络系统需要在各市局本地局域网与省级网的边界处部署防火墙,用于实现网络系统的访问控制。而且,需要在市局本地局域网与省级网的边界处部署入侵检测探测器,实现对潜在安全攻击的实时检测。同时需要在网中部署全方位的网络防病毒系统,针对所有服务器和客户机建立病毒防范体系。在网中部署漏洞扫描系统,及时发现网络中存在的安全隐患并提出解决建议和方法。

综上所述,电力网络系统安全解决方案需要构建统一的安全管理中心,通过安全管理中心使所有的安全产品和安全策略可以集中部署、集中管理与分发。需要制定省级电力网络安全策略,安全策略是建立安全保障体系的基石。

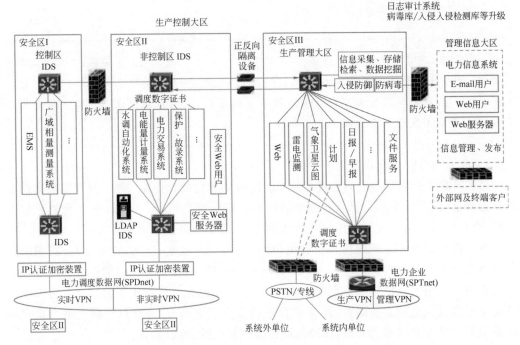

图 12-9　电力网络系统的分区结构及面临的安全威胁

2）电力网络安全解决方案设计

（1）网络系统安全策略要素。网络系统安全策略模型有 3 个要素：网络安全管理策略、网络安全组织策略和网络安全技术策略。

网络安全策略模型将网络安全工作中的"管理中心"的特性突出地描述出来。根据模型为省级电力网络提供的信息安全解决方案不仅包含各种安全产品和技术，更重要的是建立一个统一的网络安全体系，即建立网络安全组织策略体系、网络安全管理策略体系和网络安全技术策略体系。

（2）网络系统总体安全策略。省级电力网络系统安全体系应该按照三层结构建立：第一层首先是要建立安全标准框架，包括安全组织和人员、安全技术规范、安全管理办法、应急响应制度等；第二层是考虑省级电力 IT 基础架构的安全，包括网络系统安全、物理链路安全等；第三层是省级电力整个 IT 业务流程的安全，如各机构的办公自动化（OA）应用系统安全。针对网络应用及用户对安全的不同需求，电力信息网的安全防护层次分为 4 级，如表 12-1 所示。

表 12-1　电力信息网的安全防护层次分析

级　　别	防 护 对 象
最高级	OA，MS，网站、邮件等公司应用系统、业务系统，重要部门服务器
高级	主干网络设备，其他应用系统，重要用户网段
中级	部门服务器，边缘网络设备
一般	一般用户网段

3) 网络安全解决方案的实施

通过对省级电力信息网络的风险和需求分析,按照安全策略的要求,整个网络安全措施应按系统体系建立,并且系统的总体设计将从各个层次对安全予以考虑,并在此基础上制定详细的安全解决方案,建立完整的行政制度和组织人员安全保障措施。整个安全解决方案包括防火墙子系统、入侵检测子系统、病毒防范子系统、安全评估子系统、安全管理中心子系统。

(1) 总体方案的技术支持。网络系统安全由安全的操作系统、应用系统、防病毒、防火墙、系统物理隔离、入侵检测、网络监控、信息审计、通信加密、灾难恢复、安全扫描等多个安全组件组成,一个单独的组件是无法确保信息网络的安全性。

(2) 网络的层次结构。在省级网络的层次结构上,主要体现:在数据链路层采用链路加密技术;网络层的安全技术可以采用的技术包括包过滤、IPSec、VPN 等;TCP 层可以使用 SSL 协议;应用层采用的安全协议有 SHTTP、PGP、SMIME 以及开发的专用协议;其他网络安全技术包括网络隔离、防火墙、访问代理、安全网关、入侵检测、日志审计入侵检测、漏洞扫描和追踪等。

(3) 电力信息网络安全体系结构。在实际业务中构建的省级电力信息网络安全体系结构,主要特点为分区防护、突出重点、区域隔离、网络专用、设备独立、纵向防护。

通常的省级电力信息网络安全体系结构,如图 12-10 所示。

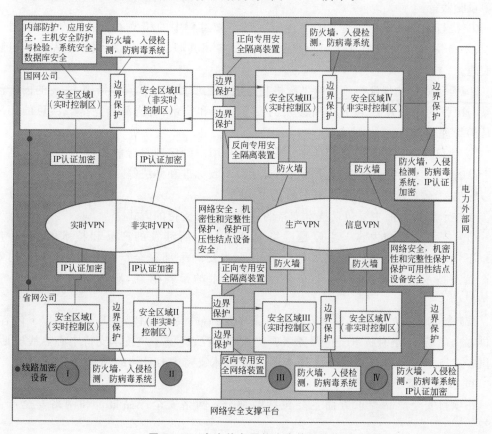

图 12-10　电力信息网络安全体系结构

（4）电力信息网络中的安全机制。省级电力信息网络中的安全机制包括认证方式、安全隔离技术、主站安全保护、数据加密、网络安全保护、数据备份、访问控制技术、可靠安全审计、定期的安全风险评估、密钥管理、制定合适的安全管理规范、加强安全服务教育培训等。

3. 电子政务网络安全解决方案

1）电子政务网络安全解决方案需求

电子政务网络安全解决方案需求主要有两方面。

（1）网络安全项目管理。在实际工作中，网络安全项目管理主要包括项目流程、项目管理制度和项目进度。

① 项目流程。通过较为详细的项目具体实施流程来保证项目的顺利实施。

② 项目管理制度。项目管理主要包括对项目人员的管理、产品的管理和技术的管理，实施方案需要写出项目的管理制度，主要是保证项目的质量。

③ 项目进度。主要以项目实施的进度表作为项目实施的时间标准，应全面考虑完成项目所需要的物质条件，制订出一个比较合理的时间进度安排表。

（2）网络安全项目质量保证。主要包括执行人员的质量职责、项目质量的保证措施和项目验收等。

① 执行人员的质量职责。需要规定项目实施过程中的相关人员的职责，如项目经理、技术负责人、技术工程师等，以保证相关人员各司其职、各负其责，使整个安全项目顺利实施。

② 项目质量的保证措施。应当严格制定出保证项目质量的具体措施，主要的内容涉及参与项目的相关人员、项目中所涉及的安全产品和技术、机构派出支持该项目的相关人员的管理等。

③ 项目验收。根据项目的具体完成情况，与用户确定项目验收的详细事项，包括安全产品、技术、项目完成情况、达到的安全目的、验收标准和办法等。

2）电子政务网络安全解决方案的技术支持

在技术支持方面主要包括技术支持的内容和技术支持的方式。

（1）技术支持的内容。主要是网络安全项目中所涉及的产品和技术的服务，包括以下内容：在安装调试网络安全项目中所涉及的全部安全产品和技术，采用的安全产品及技术的所有文档，提供安全产品和技术的最新信息，服务期内免费产品升级情况。

（2）技术支持的方式。网络安全项目完成以后，提供的技术支持服务包括以下内容：提供客户现场 24 小时技术支持服务事项及承诺情况，提供客户技术支持中心热线电话，提供客户技术支持中心 E-mail 服务，提供客户技术支持中心具体的 Web 服务。

3）项目安全产品要求

在项目安全产品要求方面主要包括两部分：网络安全产品报价和网络安全产品介绍。

4）电子政务网络安全解决方案的制定

【案例 12-8】 电子政务网络安全建设项目实施方案案例。某城市政府机构准备构建并实施一个"电子政务网络安全建设项目"。通常，对于"电子政务网络安全建设项目"需要在对网络系统安全进行需求分析的基础上，设计、制定并实施"电子政务网络安全解决方案"和"电子政务网络安全实施方案"，后者是在网络安全解决方案的基础上提出的实施策略和具体实施方案等。

（1）电子政务建设需求分析。我国电子政务建设的首要任务是以信息化带动现代化，加快国民经济结构的战略性调整，实现社会生产力的跨越式发展。国家信息化领导小组决定，把大力推进电子政务建设作为今后一个时期我国信息化工作的重点。

目前，世界各国的信息技术产品市场的竞争异常激烈，都在争夺信息技术的制高点。我国针对信息化建设和电子政务建设提出：改革开放以来，我国信息化建设取得了很大成绩，信息产业发展成为重要的支柱产业。从我国现代化建设的全局来看，要进一步认识信息化对经济和社会发展的重要作用。建设电子政务系统，构筑政府网络平台，形成连接中央到地方的政府业务信息系统，实现政府网上信息交换、信息发布和信息服务，是我国信息化建设重点发展十大领域之一。

根据《我国电子政务建设指导意见》，为了达到加强政府监管、提高政府效率、推进政府高效服务的目的，提出当前要以"两网一站四库十二金"为目标的电子政务建设要求，如图 12-11 所示。

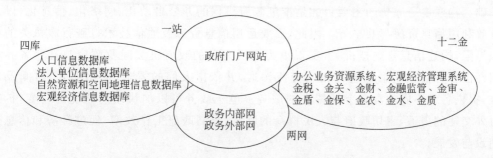

图 12-11 两网一站四库十二系统建设要求

"两网"指政务内部网和政务外部网两个基础平台。"一站"指政府门户网站。"四库"指人口信息数据库、法人单位信息数据库、自然资源和空间地理信息数据库，以及宏观经济信息数据库。"十二金"大致可分为 3 个层次：一是办公业务资源系统和宏观经济管理系统，将在决策、稳定经济环境方面起主要作用；二是金税、金关、金财、金融监管（银行、证监和保监）和金审 5 个系统，主要服务于政府收支的监管；三是金盾、金保（社会保障）、金农、金水（水利）和金质（市场监管）5 个系统，重点保障社会稳定和国民经济发展的持续。

电子政务网络系统建设的内外网络安全体系如图 12-12 所示。

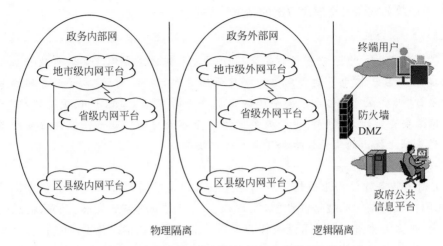

图 12-12　电子政务网络系统建设的内外网络安全体系

　　我国政府机构聚集着 80％的有价值的社会信息资源和众多的数据库资源，需要采取有效措施让这些有价值的信息与社会共享，使信息资源得到充分利用并产生增值。省级有关部门对于启动省内机构，通过网络技术开发利用信息资源做了一定的工作，但在全国范围内还没有很好地对政府信息资源进行有效利用与开发，缺乏行之有效的组织和办法。企事业机构和个人用户经常无法通过正规渠道获取有关信息资源，甚至由于消息不灵通造成经济上的损失或浪费，影响了建设与发展。

　　由于政府信息化是社会信息化的重要组成部分，可以为社会信息化建设奠定重要基础。构建电子政务的主要目的是推进政府机构的办公自动化、网络化、信息化，以及有效利用信息资源与共享等。因此，需要运用信息资源及通信技术打破行政机关的组织界限，构建信息化虚拟机关，实现更为广泛意义的政府机关间及政府与社会各界之间经由各种信息化渠道进行相互交流沟通，并依据人们的需求、使用形式、时间及地点，提供各种不同的具有个性特点的服务。电子政务可以加快政府职能的转变，扩大对外交往的渠道，密切政府与人民群众的联系，提高政府工作效率，促进经济和信息化建设与发展。

　　（2）政府网站所面临的威胁。随着信息技术的快速发展和广泛应用，各种网络安全问题不断出现。网络系统漏洞、安全隐患、黑客、网络犯罪、计算机病毒等安全问题严重制约了电子政务信息化建设与发展，成为系统建设重点考虑的问题。目前，我国网络信息安全面临许多严峻的问题，在信息产业和经济金融领域，网络系统硬件面临遏制和封锁的威胁；网络系统软件面临市场垄断和价格歧视的威胁；国外一些网络系统硬件、软件中隐藏着"特洛伊木马"或安全隐患与风险；网络信息与系统安全的防护能力尚需提高，许多应用系统甚至处于不设防状态，具有极大的风险性和危险性，特别是"一站式"门户开放网站的开通，虽然极大地方便了公众的办事效率，拉近了与社会公众的距离，但也使政府网站面临安全风险增大。

📖知识拓展
政府网站面临
的其他威胁

　　在电子政务建设中,网络安全问题产生的因由主要体现为 7 种形式:网上黑客入侵干扰和破坏、网上病毒泛滥和蔓延、信息间谍的潜入和窃密、网络恐怖集团的攻击和破坏、内部人员的违规和违法操作、网络系统的脆弱和瘫痪、信息产品的失控等。

　　(3) 网络安全解决方案及建议。网络安全技术应用主要包括操作系统安全、应用系统安全、病毒防范、防火墙技术、入侵检测、网络监控、信息审计、通信加密等。然而,任何一项单独的组件或单项技术根本无法确保网络系统的安全性,网络安全是动态的、整体的系统工程,因此,一个优秀的网络安全解决方案,应当是全方位的、立体的整体解决方案,同时还需要兼顾网络安全管理等其他因素。📖

🔖知识拓展
网络安全方案
不能一劳永逸

　　对于政府机构,构建一个安全的电子政务网络环境非常重要,可以进行综合考虑,提出具体的网络安全解决方案,并突出重点、统筹兼顾。政府电子政务网站关键在于内部网系统的安全建设,电子政务内部网系统安全部署拓扑结构如图 12-13 所示。

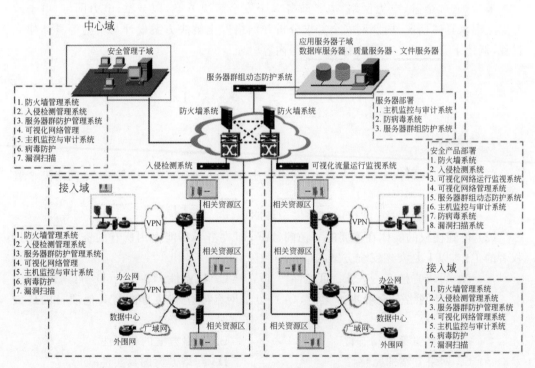

图 12-13　电子政务内部网系统安全部署拓扑结构

☺讨论思考

(1) 金融网络安全解决方案的需求分析是什么?

(2) 电力网络安全解决方案的设计原则是什么?

(3) 电子政务网络安全解决方案如何进行部署?

12.5 项目小结

本章概述了网络安全新技术的概念、特点和应用，包括可信计算、云安全技术、大数据安全、网格安全技术和网络安全解决方案的分析、设计、制定、实施等过程及要求与实际应用。

网络安全解决方案是网络安全技术和管理等方面的综合运用，其解决方案的制定直接影响整个网络系统安全建设的质量，关系到机构网络系统的安危以及用户的信息安全，意义重大。本章概述了网络安全解决方案在需求分析、方案设计、实施和测试检验等过程中，主要涉及的网络安全解决方案的基本概念、方案的过程、内容要点、安全目标及标准、需求分析、主要任务等，并且通过结合实际的案例具体介绍了安全解决方案分析与设计、安全解决方案案例、实施方案与技术支持、检测报告与培训等，同时讨论了如何根据机构实际安全需求进行调研分析和设计，制定完整的网络安全解决方案的方法。

最后，通过金融、电力网络、电子政务 3 个安全解决方案，以金融、电力网络、电子政务安全现状具体情况、内部网安全需求分析和网络安全解决方案设计与实施等具体建立过程，概述了安全解决方案的制定及编写内容。

12.6 练习与实践 12

1. 选择题

（1）在设计网络安全解决方案中，网络安全技术是基础，（　　）是核心，网络安全管理是保证。

    A. 系统管理员   B. 网络安全策略   C. 用户   D. 领导

（2）得到授权的实体在需要时可访问数据，即攻击者不能占用所有的资源而阻碍授权者的工作，以上是实现安全方案的（　　）目标。

    A. 可审查性   B. 可控性   C. 机密性   D. 可用性

（3）在设计网络安全解决方案时，（　　）是网络安全解决方案与其他项目的最大区别。

    A. 网络方案的动态性   B. 网络方案的相对性

    C. 网络方案的完整性   D. 网络方案的真实性

（4）在某部分系统出现问题时不影响企业信息系统的正常运行，是网络安全解决方案设计中（　　）需求。

    A. 可控性和可管理性   B. 可持续发展

    C. 系统的可用性和及时恢复性   D. 安全性和合法性

（5）在网络安全需求分析中，安全系统必须具有（　　），以适应网络规模的变化。

    A. 开放性   B. 安全体系

    C. 易于管理   D. 可伸缩性与可扩展性

2. 填空题

(1) 高质量的网络安全解决方案主要体现在_____、_____和_____3 方面，其中_____是基础、_____是核心、_____是保证。

(2) 制定网络安全解决方案时,网络系统的安全原则体现在_____、_____、_____、_____和_____。

(3) _____是识别与防止网络攻击行为、追查网络泄密行为的重要措施之一。

(4) 在网络安全设计方案中,只能做到_____、_____和_____,而不能做到_____。

(5) 方案中选择网络安全产品时主要考察其_____、_____、_____、_____、_____等。

(6) 一个优秀的网络安全解决方案,应当是_____整体解决方案,同时还需要_____等其他因素。

3. 简答题

(1) 网络安全解决方案的主要内容有哪些?

(2) 网络安全解决方案的目标具体是什么?

(3) 评价网络安全解决方案的质量标准有哪些?

(4) 简述网络安全解决方案的需求分析。

(5) 网络安全解决方案框架包含哪些内容? 制定时需要注意什么?

(6) 网络安全解决方案设计时遵循的原则有哪些?

(7) 金融行业网络安全解决方案具体包括哪些方面?

(8) 电力网络安全解决方案是从哪几方面进行拟定的?

4. 实践题(综合应用与课程设计)

(1) 通过进行校园网调查,分析现有的网络安全解决方案,并提出解决办法。

(2) 对企事业网站进行社会实践调查,编写一份完整的网络安全解决方案。

(3) 根据自选题目进行调查,并编写一份具体的网络安全解决方案。

附录 A

appendix A

练习与实践部分习题答案

注：限于篇幅，更多习题答案见课程网站（网址见前言）。

第 1 章 练习与实践 1 部分答案

1. 选择题

(1) A　　(2) C　　(3) D　　(4) C　　(5) B　　(6) A　　(7) B　　(8) D

2. 填空题

(1) 计算机科学、网络技术、信息安全技术
(2) 保密性、完整性、可用性、可控性、不可否认性
(3) 实体安全、运行安全、系统安全、应用安全、管理安全
(4) 物理上和逻辑上、对抗
(5) 身份认证、访问管理、加密、防恶意代码、加固、监控、审核跟踪、备份恢复
(6) 多维主动、综合性、智能化、全方位防御
(7) 技术和管理、偶然和恶意
(8) 网络安全体系和结构、描述和研究

第 2 章 练习与实践 2 部分答案

1. 选择题

(1) D　　(2) A　　(3) B　　(4) B　　(5) D　　(6)D

2. 填空题

(1) 保密性、可靠性、协商层、记录层
(2) 物理层、数据链路层、网络层、传输层、会话层、表示层、应用层
(3) 有效性、保密性、完整性、可靠性、不可否认性
(4) 网络层、操作系统、数据库
(5) 网络接口层、网络层、传输层、应用层
(6) 客户机、隧道、服务器

(7) 安全性高、费用低廉、管理便利、灵活性强、服务质量高

第 3 章 练习与实践 3 部分答案

1. 选择题

(1) D (2) D (3) C (4) A (5) B (6) C

2. 填空题

(1) 信息安全战略、信息安全政策和标准、信息安全运作、信息安全管理、信息安全技术

(2) 分层安全管理、安全服务与机制(认证、访问控制、数据完整性、抗抵赖性、可用可控性、审计)、系统安全管理(终端系统安全、网络系统、应用系统)

(3) 信息安全管理体系、多层防护、认知宣传教育、组织管理控制、审计监督

(4) 一致性、可靠性、可控性、先进性

(5) 安全立法、安全管理、安全技术

(6) 网络安全策略、网络安全管理、网络安全运作、网络安全技术

(7) 安全政策、可说明性、安全保障

(8) 网络安全漏洞、隐患、风险

(9) 环境安全、设备安全、媒体安全

(10) 应用服务器模式、软件老化

第 4 章 练习与实践 4 部分答案

1. 选择题

(1) A (2) C (3) B (4) C (5) D

2. 填空题

(1) 隐藏 IP 地址、踩点扫描、获得特权攻击、种植后门、隐身退出

(2) 系统加固、屏蔽出现扫描症状的端口、关闭闲置及有潜在危险端口

(3) 盗窃资料、攻击网站、恶作剧

(4) 分布式拒绝服务攻击

(5) 基于主机、基于网络、分布式(混合型)

第 5 章 练习与实践 5 部分答案

1. 选择题

(1) A (2) B (3) D (4) C (5) B

2. 填空题

（1）数学、物理学

（2）密码算法设计、密码分析、身份认证、数字签名、密钥管理

（3）明文、明文、密文、密文、明文

（4）代码加密、替换加密、边位加密、一次性加密

第6章   练习与实践6部分答案

1. 选择题

（1）C   （2）C   （3）A   （4）D   （5）C

2. 填空题

（1）保护级别、真实、合法、唯一

（2）私钥、加密、特殊数字串、真实性、完整性、防抵赖性

（3）主体、客体、控制策略、认证、控制策略实现、安全审计

（4）自主访问控制（DAC）、强制访问控制（MAC）、基本角色的访问控制（RBAC）

（5）安全策略、记录、检查、审查、检验

第7章   练习与实践7部分答案

1. 选择题

（1）D   （2）C   （3）B、C   （4）B   （5）D

2. 填空题

（1）无害型病毒、危险型病毒、毁灭型病毒

（2）引导单元、传染单元、触发单元

（3）传染控制模块、传染判断模块、传染操作模块

（4）引导区病毒、文件型病毒、复合型病毒、宏病毒、蠕虫病毒

（5）移动式存储介质、网络传播

（6）无法开机、开机速度变慢、系统运行速度慢、频繁重启、无故死机、自动关机

第8章   练习与实践8部分答案

1. 选择题

（1）C   （2）B   （3）B   （4）C   （5）B

2. 填空题

（1）最小特权原则

（2）状态检测防火墙

（3）双重宿主主机

（4）代理服务器技术

（5）路由模式

第 9 章 练习与实践 9 部分答案

1. 选择题

（1）C　　（2）B　　（3）D　　（4）A　　（5）C

（6）B　　（7）A　　（8）D　　（9）B　　（10）C

2. 填空题

（1）控制策略

（2）SUID 程序

（3）改进

（4）权限提升类漏洞

（5）取消不必要的服务

（6）管理员账户

（7）8

（8）轮询记录

（9）在未登录系统前关机

（10）可控性

第 10 章 练习与实践 10 部分答案

1. 选择题

（1）B　　（2）C　　（3）B　　（4）C　　（5）A　　（6）D

2. 填空题

（1）Windows 验证模式、混合模式

（2）认证与鉴别、存取控制、数据库加密

（3）原子性、一致性、隔离性

（4）主机-终端结构、分层结构

（5）数据库登录权限类、资源管理权限类、数据库管理员权限类

（6）表级、列级

˚第 11 章　练习与实践 11 部分答案

1. 选择题

（1）D　　（2）C　　（3）A　　（4）C　　（5）A

2. 填空题

（1）网络安全、商务交易安全

（2）电子交易系统的可靠性、交易数据的有效性、商业信息的机密性、交易数据的完整性、交易的不可抵赖性（可审查性）

（3）服务器端、银行端、客户端、认证机构

（4）传输层、浏览器、Web 服务器、SSL 协议

（5）信用卡、付款协议书、对客户信用卡认证、对商家身份认证

˚第 12 章　练习与实践 12 部分答案

1. 选择题

（1）B　　（2）D　　（3）A　　（4）C　　（5）D

2. 填空题

（1）网络安全技术、网络安全策略、网络安全管理、网络安全技术、网络安全策略、网络安全管理

（2）动态性原则、严谨性原则、唯一性原则、整体性原则、专业性原则

（3）安全审计

（4）尽力避免风险、努力消除风险的根源、降低由于风险所带来的隐患和损失、完全彻底消灭风险

（5）类型、功能、特点、原理、使用和维护方法

（6）全方位的立体的、兼顾网络安全管理

参 考 文 献

[1] 贾铁军,等.网络安全实用技术[M].2 版.北京:清华大学出版社,2016.

[2] 贾铁军,等.网络安全技术及应用[M].3 版.北京:机械工业出版社,2017.

[3] 贾铁军,等.网络安全管理及实用技术[M].2 版.北京:机械工业出版社,2019.

[4] 贾铁军,等.网络安全技术及应用实践教程[M].3 版.北京:机械工业出版社,2018.

[5] 贾铁军,等.网络安全技术及应用学习与实践指导[M].北京:电子工业出版社,2015.

[6] William Stallings.网络安全基础:应用与标准[M].5 版.北京:清华大学出版社,2019.

[7] 刘远生,李民,张伟.计算机网络安全[M].3 版.北京:清华大学出版社,2018.

[8] 石志国.计算机网络安全教程[M].2 版.北京:清华大学出版社,2018.

[9] 李启南,王铁君.网络安全教程与实践[M]. 2 版.北京:清华大学出版社,2018.

[10] 张虹霞,王亮.计算机网络安全与管理项目教程[M].北京:清华大学出版社,2018.

[11] 梁亚声.计算机网络安全教程[M].3 版.北京:机械工业出版社,2019.

[12] 程庆梅.信息安全教学系统实训教程[M].北京:机械工业出版社,2019.

[13] 程庆梅,徐雪鹏.网络安全高级工程师[M].北京:机械工业出版社,2018.

[14] 程庆梅,徐雪鹏.网络安全工程师[M].北京:机械工业出版社,2018.

[15] 徐雪鹏,等. 网络安全项目实践[M].北京:机械工业出版社,2017.

[16] 孙建国,张立国,汪家祥,等.网络安全实验教程[M].3 版.北京:清华大学出版社,2017.

[17] 左晓栋,等.中华人民共和国网络安全法百问百答[M].北京:电子工业出版社,2017.

[18] Man Young Rhee.无线移动网络安全[M].葛秀慧,等译.2 版.北京:清华大学出版社,2016.

[19] 沈鑫剡,俞海英,胡勇强,等.网络安全实验教程[M].北京:清华大学出版社,2017.

[20] 李涛.网络安全中的数据挖掘技术[M].北京:清华大学出版社,2017.

[21] 马丽梅,王方伟.计算机网络安全与实验教程[M].2 版.北京:清华大学出版社,2016.

[22] 石磊,赵慧然.网络安全与管理[M].2 版.北京:清华大学出版社,2016.

[23] 王清贤,朱俊虎,邱菡,等.网络安全实验教程[M].北京:电子工业出版社,2016.

[24] Douglas Jacobson.网络安全基础——网络攻防、协议与安全[M].仰礼友,赵红宇,译.北京:电子工业出版社,2016.

[25] 贾铁军,等.数据库原理及应用与实践[M].3 版.北京:高等教育出版社,2017.

[26] 贾铁军,等.数据库原理及应用[M].北京:机械工业出版社,2017.

[27] 贾铁军,等.数据库原理及应用学习与实践指导[M].2 版.北京:科学出版社,2016.

[28] 贾铁军,等.软件工程与实践[M].3 版.北京:清华大学业出版社,2019.

图书资源支持

感谢您一直以来对清华版图书的支持和爱护。为了配合本书的使用，本书提供配套的资源，有需求的读者请扫描下方的"书圈"微信公众号二维码，在图书专区下载，也可以拨打电话或发送电子邮件咨询。

如果您在使用本书的过程中遇到了什么问题，或者有相关图书出版计划，也请您发邮件告诉我们，以便我们更好地为您服务。

我们的联系方式：

地　　址：北京市海淀区双清路学研大厦 A 座 701

邮　　编：100084

电　　话：010-83470236　　010-83470237

资源下载：http://www.tup.com.cn

客服邮箱：2301891038@qq.com

QQ：2301891038（请写明您的单位和姓名）

资源下载、样书申请

书 圈

扫一扫，获取最新目录

课 程 直 播

用微信扫一扫右边的二维码，即可关注清华大学出版社公众号"书圈"。